服装与服饰设计专业系列教材

服装市场营销

梁建芳　编著

中国纺织出版社有限公司

内 容 提 要

针对服装行业可持续发展的要求，服装市场营销需要不断创新。本教材基于纺织服装全局视角，综合社会、健康、安全、法律、文化、经济及技术多个维度，秉承专业教育和思政教育相结合的教育理念，通过构建基于项目的创新型"五步进阶"内容体系和实践构架，培养、强化学生的责任意识和可持续营销的高阶思维，提升学生应对和破解复杂问题的能力和素质，共同推动服装行业的"绿色发展"。

本书图文并茂、形象生动，既可作为本科院校服装设计与工程、服装与服饰设计、纺织工程、市场营销等相关专业的配套教材，也可作为高职院校师生、服装行业营销、管理、电子商务及贸易等相关从业人员的参考用书。

图书在版编目（CIP）数据

服装市场营销／梁建芳编著 . -- 北京：中国纺织出版社有限公司，2021.1 （2023.7重印）
　　服装与服饰设计专业系列教材
　　ISBN 978-7-5180-8158-5

　　Ⅰ．①服… Ⅱ．①梁… Ⅲ．①服装—市场营销学—高等学校—教材 Ⅳ．① F768.3

中国版本图书馆 CIP 数据核字（2020）第 216869 号

策划编辑：宗　静　华长印　　责任编辑：宗　静　渠水清
责任校对：寇晨晨　　责任印制：何　建

中国纺织出版社有限公司出版发行
地址：北京市朝阳区百子湾东里A407号楼　邮政编码：100124
销售电话：010—67004422　传真：010—87155801
http://www.c-textilep.com
中国纺织出版社天猫旗舰店
官方微博 http://weibo.com/2119887771
北京通天印刷有限责任公司印刷　各地新华书店经销
2021年1月第1版　2023年7月第2次印刷
开本：787×1092　1/16　印张：20
字数：413千字　定价：59.80元

前言

近年来，随着消费需求逐步向个性化、数字化和智能化方向发展，带来了服装行业商业模式以及营销方式的变革，因此，服装市场营销也应与时俱进，不断创新。然而，在当今环境问题日益突出、新媒体层出不穷、智能化要求越来越高的情况下，我国的服装市场营销与管理运作状况并不成熟，部分服装企业尚处于传统的、感性的甚至落后的运作模式当中，难以适应现阶段经济和社会发展的要求。

正是基于这样的背景，《服装市场营销》将基础理论与服装市场现实状况相结合，基于纺织服装的全局视角，综合考虑社会、健康、安全、法律、文化、经济及技术多个维度，运用多学科交叉知识，从个人、团队合作等角度解决服装市场中的复杂问题，强调人才培养的多样性和实践创新性。本教材在注重理论知识体系完整的基础上，在教学思想、教学内容以及教学模式上形成以下特色：

（1）在教学思想上，秉承专业教育和思政教育相结合的教育理念，通过服装市场营销基本理论的学习，引导学生有意识地关注服装行业的资源浪费以及环境污染问题，培养学生形成良好的责任感以及可持续消费和营销的高阶思维，共同推动"绿色发展"。

（2）在教学内容和教学模式上，基于经典市场营销理论体系，本着理论知识适度、够用的原则，立足于服装行业，构建了"基于项目—问题导入—理论引入—项目实践—案例借鉴—知识拓展"的内容体系和实践构架，以循循善诱的方式，引导学生发现问题、分析问题并提出解决方案，逐步培养学生应对和破解复杂问题的能力。

本教材由梁建芳担任主编，并负责全书的统稿与审定。参加编写人员分工如下：

王进富（西安工程大学）负责全书的教学方法设计和凝练工作。

李筱胜（西安工程大学）负责第二章、第三章的资料收集、整理和编写工作。

刘洁（西安工程大学）负责第一章、第十一章的资料收集、整理和编写工作，并负责全书图例的收集和精选。

梁建芳（西安工程大学）负责全书框架和结构的设计，负责第四章至第十章的编写，并负责统稿。

另外，西安工程大学服装与艺术设计学院研究生魏山森、王睿雯、袁贤、封竹、谷叶馨、孙艳波、雷钦渊等参与了资料和图例的收集、整理、绘制以及版面设计等工作。

在近两年的筹划和编写过程中，作者曾翻阅并参考了国内外大量的服装市场营销书籍、文件和期刊，走访和调研了国内外的一些服装企业，并从互联网上收集了大量有关服装市场营销的典型案例，力图呈现给读者最新、最具前瞻性的研究成果。本书在编写期间，得到了国内外的一些专家、学者以及同行的有益指导和建议，尤其是得到了山东舒朗服装服饰股份有限公司吴健民董事长、李蒙副总经理、影儿时尚集团贺萍副总经理的大力协助。在此，作者向这些专家、学者们表示深深的敬意和最诚挚的谢意！

对于参阅的文献，作者力求以参考文献的形式详细列出，但由于有些资料著录项目无法全面获得，因而不能一一列出所有作者的姓名。在此，谨向这些研究者表示深深的歉意和真诚的感谢！

另外，本书的顺利出版得益于西安工程大学教务处处长万明教授、服装与艺术设计学院院长吕钊教授、刘静伟教授以及副院长袁燕副教授的指导和支持。在此，谨向他们表示由衷的感谢！

由于作者水平有限，书中难免存在不足之处，敬请各位专家和读者批评指正。

梁建芳

2020年夏　于西安

目录

第一章　寻幽入微：服装市场知多少

　　服装作为人类衣食住行中重要的部分，其功能已不仅局限于遮体御寒，而是更多地折射出不同时期人们审美观念的改变与进步，呈现出人类服饰文化的变迁。服装消费不仅体现了人们的消费水平，也体现了消费者的价值观。改革开放40年来，我国服装市场取得了巨大发展，经历了从数量增长到追求质量和效益的过程，现已进入品牌经营阶段。然而，由于服饰产品流行性强、产品更新速度快，因此，服装市场成为现代市场营销中竞争异常激烈的一个领域。

　　在市场经济条件下，从服装生产企业到消费者个人，无不与市场有着千丝万缕的联系。市场是所有企业从事生产经营活动的出发点和归宿，是不同国家、地区、行业的生产者相互联系和竞争的载体。市场营销是服装企业整体活动的中心环节，也是评判服装企业生产经营活动成败的决定要素。因此，服装企业必须不断地研究市场、认识市场，进而适应市场并驾驭市场。

问题导入

　　服装市场是看得见、摸得着的吗？你认知中的服装市场是什么样子？

PART 1　理论、方法及策略基础

第一节　服装市场与营销

一、服装市场的含义

　　市场是社会生产力发展到一定阶段的产物，属于商品经济的范畴。在市场经济条件下，企业的生产和经营活动必须重视市场的需求。随着商品经济的发展，市场的内涵也在不断充实和发展，结合服装产品的特性，应从多角度理解服装市场的含义，具体如下：

1. 商品买卖的场所

　　服装商品的交换活动一般都要在一定的空间范围内进行，因此服装市场首先表现为买卖双方聚在一起进行商品交换的地点或场所，如服装集市、服装商场等（图1-1）。可以看出，这是一个时空市场的概念，是人们对市场最初的认识，虽不全面但仍具有现实意义。

图1-1 服装交换场所
（图片来源：批发市场网）

2. 服装商品的需求量

从市场营销者的立场来看，营销学家菲利普·科特勒（Philip Kotler）指出："市场是由一切具有特定欲望和需求并且愿意和能够以交换来满足这些需求的潜在顾客所组成。"在这里，市场显然是指消费者（包括个人和组织）的购买需求和购买能力，是指对服装商品的需求量。因此，"市场规模的大小，由具有需求拥有他人所需要资源，且愿意以这些资源交换其所需的人数而定。"消费者数量越多，购买欲望越大，购买能力越强，市场就越大，相反则市场就越小。"从企业立场看，市场是外在的、无法控制的（尽管是可以影响的）；它是交换的场所和发展增值关系的场所。"

从市场营销的构成要素来看，人口、购买欲望和购买能力这三个相互制约的因素，结合起来才能构成现实的市场，并决定着市场的规模与容量（图1-2）。人们常说的"某某市场很大"，并不都是指交易场所的面积宽大，而是指某某商品的现实需求和潜在需求的数量很大。按照这样的含义来理解市场，对开展市场调研有直接的指导意义。

图1-2 现实市场的构成

3. 服装商品交换关系的总和

经济学家从揭示经济实质角度提出市场概念，认为市场属于商品经济范畴，是商品内在矛盾的表现，是供求关系，是商品交换关系的总和，是通过交换反映出来的人与人之间的关系。因此，"哪里有社会分工和商品生产，哪里就有'市场'"。市场是为完成商品形态转化、在商品所有者之间进行商品交换的总体表现。这是抽象市场的概念。

服装市场是服装商品供求双方相互作用的总和。人们经常使用的"买方市场"或"卖方市场"的说法，就反映了服装商品供求双方交易力量的不同状况。同时，服装市场是服装商品交换关系的总和。在服装市场中，一切商品都要经历商品—货币—商品的循环过程。一种形态是由商品转化为货币，另一种则是由货币转化为商品。这种互相联系、不可分割的商品买卖过程，就形成了社会的整体市场。

4. 服装商品的交换活动

管理学家侧重从具体的交换活动及其运行规律去认识市场。在他们看来，市场是供需双方在共同认可的一定条件下所进行的商品或劳务的交换活动。如美国学者奥德森（W.Alderson）和科克斯（R.Cox）认为，"广义的市场概念，包括生产者和消费者之间实现商品和劳务的潜在交换的任何一种活动。"

综上所述，得到针对服装市场较为完整的认识如下：

（1）服装市场是建立在社会分工和商品生产基础上的交换关系。

（2）现实服装市场的形成包含三个基本条件：一是消费者（用户）一方需要或欲望的存在，并拥有其可支配的交换资源；二是存在由另一方提供的能够满足消费者（用户）需要的服装产品或服务；三是要有促成交换双方达成交易的各种条件，如双方接受的价格、时间、空间、信息和服务方式等。

（3）服装市场的发展是一个由消费者决定、由生产者推动的动态过程。

二、服装市场的功能

服装市场的功能一般表现为服装市场在运动过程中所具有的客观职能，集中体现在以下几方面（图1-3）：

1. 交换功能

商品交换是市场功能的核心。通过市场进行商品的购销，能实现商品所有权与货币持有权的互相转移，使买卖双方都得到满足。服装市场的交换功能是指服装市场所承担的服装商品的收购和销售的职能。

2. 价值实现的功能

服装商品的价值是在劳动过程中创造的，但其价值的实现则是在服装市场上通过交换来完成的。

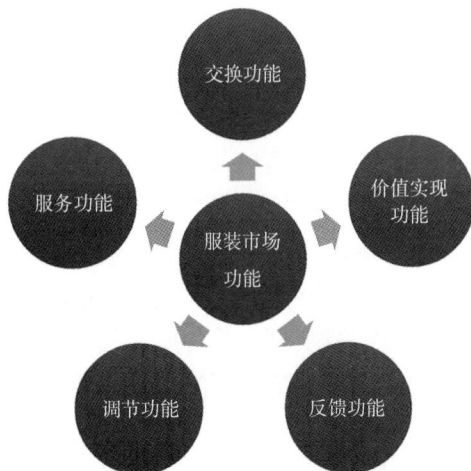

图1-3 服装市场的功能

3. 反馈功能

服装市场是洞察服装商品供求变化的窗口,以它特有的信息反馈功能把供求正常或供求失调的信息反馈给服装生产经营者,以利于商品生产和流通的正常进行。

4. 调节功能

自发地调节商品供求关系是市场最基本的作用,它包括调节商品供求总量的状况、商品供求构成状况、商品供求的主要品种状况和本行业商品的供求状况。市场的调节功能是通过价值规律和竞争规律来体现的。供求关系是市场调研人员研究市场问题最重要的信息。

5. 服务功能

随着市场结构的不断完善和市场机制的高度发展,为保证商品交换顺利实现,能对商品流通提供种种便利的各种服务机构和服务手段。如市场情报提供(市场信息服务)、风险承担、商品标准化服务等。在目前社会化大生产、大流通的条件下,充分发挥服装市场的服务功能,是企业有效组织好商流和物流的重要保证。

三、服装市场营销的含义及其特点

1. 服装市场营销的含义

一般意义上,市场营销可理解为与市场有关的人类活动。而作为一门学科,它被理解为企业按照市场需求引导商品或劳务从生产者到消费者(或使用者)所实施的一切企业活动。市场营销的概念及其含义是动态变化的,随着企业市场营销实践的发展而发展。

现代市场营销活动已远远突破了市场销售过程,向生产过程和消费行为延伸。菲利普·科特勒指出:企业的市场营销职能是识别目前未满足的需要和欲望,估量和确定需求量的大小,选择本企业能最好地为它服务的目标市场,并且决定适当的产品、服务和计划,以便为目标市场服务。因此,可以将服装市场营销概念具体归纳以下几点:

(1)服装市场营销的最终目标是"满足顾客的需求和欲望"。

(2)服装市场营销的核心是"交换"。交换过程是一个主动、积极寻找机会,满足双方需求和欲望的社会过程和管理过程。

(3)服装商品的交换过程能否顺利进行,取决于营销者创造的产品和价值满足顾客需求的程度和交换过程管理的水平。

2. 服装市场营销的特点

通常,服装市场营销具有以下特点:

(1)服装市场营销分为宏观和微观两个层次。宏观市场营销是反映社会的经济活动,其目的是满足社会需要,实现社会目标;微观市场营销是一种服装企业的经济活动过程,它是根据目标顾客的要求,生产适销对路的产品,从生产者流转到目标顾客,旨在满足目标顾客的需要,并实现企业目标。

(2)服装市场营销的核心是交换,但其范围并不局限于商品交换的流通过程,而且包括产前和产后的活动。所以,"市场营销"与"销售"或"推销""促销"的含义并不一致。"市场营销"是企业为实现经营目标而组织的各种活动,包括市场需求研究、产品设计开发、定价、分销、销售促进、售后服务等。而"销售"是企业整体营销活动的一个部分或一个环节，"促销"是销售过程中促进销售的一种手段。

（3）服装市场营销是以消费者的需求为中心。市场营销活动围绕不同消费者的各种需求而展开，是以满足消费者需求为目的的。这一基本目的贯穿于服装市场营销活动的整个过程，其实现直接表现为市场交易的完成。

（4）服装市场营销以实现最大利润为目标。服装企业以满足消费者的需求作为营销活动的中心，并在满足消费者需求的过程中追求本企业利润的最大化。服装企业通过有计划、有步骤地开展市场营销活动，不断提供满足消费者需求的商品，通过顺利实现商品或劳务的交换以完成这一过程。

四、服装市场营销核心概念

1. 需要、欲望和需求

需要是指没有得到某些基本满足的感受状态。如人们为了生存对食品、服装、住房、安全、归属、受人尊重等的需要。这些需要与生俱来，存在于人类自身生理和心理结构之中。市场营销者不能凭空创造需要，但可采用不同方式来满足需要。

欲望是指想得到上述基本需要的具体满足物的愿望。一种需要可以用不同的具体满足物来满足。人类的需要并不多，而他们的欲望却多种多样。

人的需求是指对具有支付能力购买并且愿意购买的某个具体产品的欲望。当具有购买能力时，欲望便能转化成需求。因此，现代市场营销不仅要估量有多少人想要本企业的产品，更重要的是，应该了解有多少人真正愿意购买并且具有支付能力购买。

2. 产品

人们靠产品来满足自己的各种需要和欲望。从广义上来说，任何能用以满足人类某种需要或欲望的东西都是产品。因此市场营销学的产品包括实体产品和无形产品。实体产品是指对人有某种效用的实物，如一件服装、一杯饮料等；无形产品则是指围绕产品提供的各种服务。

3. 价值和满足

市场营销学上的价值，是指消费者对产品满足各种需要能力的评估，而不是指产品本身价值的大小。消费者可以把产品按最喜欢的到最不喜欢的次序排列，位于顶端的，即最喜欢的那个产品对他来说价值最大。

举例来说，某清洁工人冬天上班需要工作服，满足这种需要的方式有很多，比如羊毛大衣、羽绒服、棉衣、皮衣等，这些产品构成了可供选择的产品组。同时，这位清洁工人对服装提出了下列要求：穿着舒适、行动方便、价格便宜、防风保暖。显然，最为满意的产品——理想产品，应是一种既方便、舒适，又经济、保暖的产品。每一个可选择产品的价值取决于它与理想产品的接近程度，现有产品越接近理想产品，则这个产品的价值就越大。

4. 交换和交易

交换是指从他人处取得所需之物，而以某种东西作为回报的行为。人们对满足需求或欲望之物的取得，可以通过各种方式，如自产自用、强取掠夺、乞讨和交换等方式。其中，只有交换方式存在于市场营销之中。而交换的发生，必须具备下列五个条件（图1-4）：

只有具备了上述条件，交换行为才有可能发生；而交换能否真正产生，则取决于买卖双方能否通过交换而得到比交换前更多的满足。因此，交换也可描述成一个价值创造的过程。

5. 市场营销与营销者

在交换双方中，如果一方比另一方更主动、更积极地寻求交换，则称前者为市场营销者，后者为潜在顾客。换句话说，所谓市场营销者，是指希望从别人那里取得资源并愿意以某种有价值的东西作为交换的所有人。市场营销者可以是卖方，也可以是买方。当买卖双方都表现积极时，则双方都称为市场营销者，这种营销称为相互市场营销。

6. 营销管理

营销管理是指为实现营销目标而对整个营销活动，包括营销计划的编制、执行、营销手段的采用、分销渠道的选择、产品价格的制订等进行控制和调节。但任何营销活动在实践过程中都会发生偏差，进而影响营销目标的实现。因此，营销管理是市场营销活动不可缺少的重要环节。

综上所述，对市场营销做如下概括：市场营销是个人和集体通过创造并同别人进行交换产品和价值、以获得其所需所欲之物的一种社会过程。这一定义包含了上述讨论过的核心概念。如图1-5所示，营销产生于人类的需要和欲望；需要和欲望要由产品来满足；消费者在对产品作选择时，要考虑价值和期望满足；营销者面对市场开展营销活动实质上就是使潜在交换成为现实而进行的一系列活动；为了使这些活动有效，营销者必须对其进行管理。

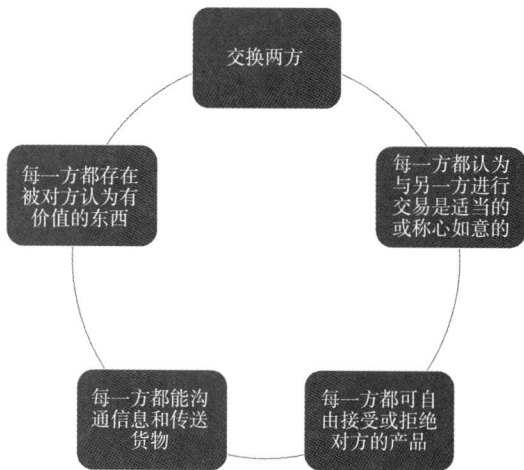

图1-4 交换发生的条件

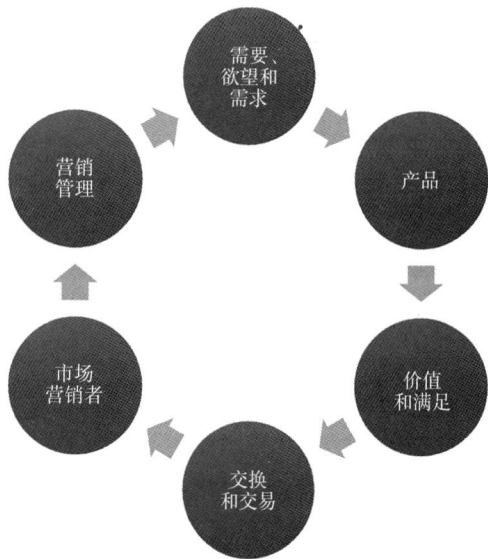

图1-5 市场营销学的核心概念

第二节 服装市场划分及营销组合

一、市场的划分

按照不同的标准可以将市场划分为不同的类型。从市场营销的角度来看，常见的市场划分标准有以下几种：

1. 按流通范围划分

按流通范围，市场可分为国内市场和国际市场两大类。国内市场又可以划分为城镇市场和农村市场、本地市场和外埠市场、沿海地区市场、内陆地区市场以及民族地区市场等；国际市场又称世界市场，可分为北美市场、东欧市场、东南亚市场、欧共体市场等。

2. 按产品用途划分

按产品用途，市场可分为消费资料市场和生产资料市场两大类。消费资料市场是指为个人提供最后的、直接的消费品的市场；生产资料市场是指为满足各种形式生产者的生产需要而提供物质资料的市场。

3. 按经济用途划分

按经济用途，市场可分为商品市场、金融市场、劳动力市场、运输市场、技术市场、信息市场、房地产市场、旅游市场等。这种分类方法有利于研究不同产品和服务的特点，制订特定的营销策略。

4. 根据购买者的特点及其购买商品的目的划分

根据购买者的特点及其购买商品的目的，通常将市场划分为消费者市场和组织市场两种。就买主而言，消费者市场是个人市场，组织市场则是法人市场。不同的市场有不同的需求和购买行为，因此，这种分类方法有利于分别研究各类市场的特点，使营销者能按照特定顾客的要求制订专门的市场营销策略。

5. 按供求关系划分

按供求关系，市场可分为买方市场和卖方市场。

6. 按商品市场的组织形式划分

按商品市场的组织形式，市场可以分为直接交易市场、零售市场、批发市场以及期货市场、招标市场、拍卖市场等。

7. 按市场竞争程度划分

按竞争程度，市场可以分为完全竞争市场、完全垄断市场和不完全竞争市场三大类。完全竞争是指竞争不受任何阻碍和干扰的市场结构；完全垄断是指整个行业中只有一个生产者的市场结构；不完全竞争是指某些行业因具有经营规模越大，经济效益越好，边际成本不断下降，规模报酬递增的特点，而可能为少数企业所控制，从而产生垄断现象。

8. 按产品的种类划分

按产品的种类，市场可分为服装市场、钢材市场、蔬菜市场等。

二、服装市场的类型和特点

如前所述，从服装商品卖方的角度来看，服装市场就是未满足需求的现实的和潜在的服装购买者的集合，服装市场营销的核心就是如何最好地满足服装购买者的需求。如图1-6所示的皮衣生产和分销的组织交易过程中可以看出：在服装市场体系中，任何个人和企业都可能是服装商品的购买者，其购买目的不外乎是满足个人或家庭生活的需要，或者是作为生产资料。因此，依据"谁在市场上购买以及购买商品的目的"可以将服装市场划分为消费者市场和组织市场两种，以下将详细分析两类市场。

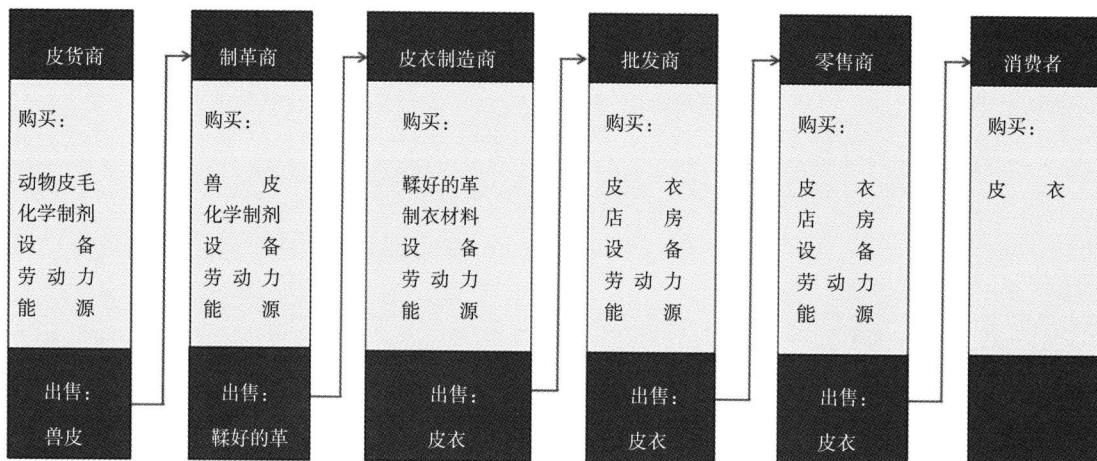

皮货商	制革商	皮衣制造商	批发商	零售商	消费者
购买： 动物皮毛 化学制剂 设　备 劳动力 能　源	购买： 兽　皮 化学制剂 设　备 劳动力 能　源	购买： 鞣好的革 制衣材料 设　备 劳动力 能　源	购买： 皮　衣 店　房 设　备 劳动力 能　源	购买： 皮　衣 店　房 设　备 劳动力 能　源	购买： 皮　衣
出售： 兽皮	出售： 鞣好的革	出售： 皮衣	出售： 皮衣	出售： 皮衣	

图1-6　皮衣生产和分销的组织交易过程

1. 服装消费者市场及其特点

服装消费者市场是指个人或家庭为了生活消费而购买服装产品和服务的市场。在社会再生产的循环中，消费者的购买是通向最终消费的购买，这一市场庞大而分散，同时又是所有社会生产的终极目标。服装企业为服装消费者市场服务并实现其营销计划的过程，就是最终实现服装商品的价值和使用价值的过程。所以说，服装消费者市场是其他服装市场存在的基础，在整个服装市场结构中占有十分重要的地位。表1-1为服装消费者市场所具有的特点。

2. 服装组织市场及其特点

服装组织市场指工商企业为从事服装生产、销售等业务活动，以及政府部门和非营利组织为履行职责而购买服装产品和服务所构成的市场。简言之，服装组织市场是以某种组织为购买单位的服装购买者所构成的市场，是服装消费者市场的对称。就买主而言，消费者市场是个人市场，组织市场则是法人市场。

表1-1　服装消费者市场特点

特点	解　释
广泛性和分散性	服装是人类的一种生活必需品，只要有人口居住的地方，就会有服装消费的需求；服装消费者具有人多面广的特点；服装经销单位应尽可能地增加商品的经营网点，最大限度地方便消费者购买
频繁性和少量化	由于受购买能力、产品寿命周期以及人们着装人性化和流行性的需求，个人或者家庭需要随时购买服装，但每次的购买数量较少，且时间、地点分散；由于现代服装市场商品供应丰富，购买方便，不必大量储存

特点	解　释
多样性和替代性	消费者因年龄、性别、职业、收入、受教育程度、身体状况、性格、习惯、文化、市场环境等多种因素的影响而具有不同的服装消费需求和消费行为，所购服装商品的档次、品种、规格、质量、花色和价格千差万别。故各品牌针对同一类型服装会开发不同的款式（图1-7），以满足消费者的不同需求
易变性和发展性	随着服装市场商品供应的丰富和企业竞争的加剧，消费者要求服装的品种、款式不断翻新，求新求异，因此，大多品牌每周都会更新款式（图1-8） 同时，随着科学技术的不断进步，服装新品不断出现，消费者收入水平不断提高，消费需求也呈现出由少到多、由粗到精、由低级到高级的发展趋势。如图1-9所示的中国国际服装服饰博览会（CHIC）2019春季展商的"第一粒扣"，将服装单品的信息融入功能性组件——纽扣当中，经过消费者手机扫描，便能够直接导向产品库和电商链接
地域性和季节性	同一地区的消费者在生活习惯、收入水平、购买特点和商品需求等方面有较大的相似之处，而不同地区消费者的消费行为则表现出较大的差异性。如圣诞节时，欧洲国家消费者通常会穿圣诞节服饰来庆祝节日（图1-10） 同时，自然气候影响人们的着装，在不同的气候条件和环境下，人们对服装的要求也不相同，因而形成了具有不同特点的服装市场。如由于阿拉伯地区独特的气候和地域，人们通常会着阿拉伯袍（图1-11）
伸缩性和情感性	服装消费需求受消费者收入、生活方式、商品价格和储蓄利率影响较大，在购买数量和品种选择上表现出较大的需求弹性或伸缩性，收入多则增加购买，收入少则减少购买。商品价格高或储蓄利率高的时候减少消费，商品价格低或储蓄利率低的时候增加消费 由于大多数消费者对服装并不具备专门知识，对服装的面料、性能、款式、结构、特点、使用、保养方法、市场行情等很少有专门的研究，因此其购买行为只能根据个人好恶和感觉做出购买决策，多属非专家购买，受情感因素影响大，易受广告宣传、商品包装和装潢、推销方式以及服务质量的影响
共享性和协作性	随着共享经济的快速普及，服饰租赁和共享可以使资源得到充分使用，同时对于服装租赁产生的用户偏好数据，给品牌方用作服装设计和生产的参考，有助于推进服装产业的柔性供应链改造

图1-7　不同品牌开发的不同款式衬衣
（图片来源：播官网、江南布衣官网）

图1-8　ZARA官网每周新品

（图片来源：ZARA官网）

图1-9　"第一粒扣的优化创意"

（图片来源：中国服饰商情网）

图1-10　圣诞季服装

（图片来源：搜狐网）

图1-11　阿拉伯长袍

（图片来源：济宁哈桑服饰公司官网）

服装组织市场包括生产者市场、中间商市场、非营利组织市场和政府市场。

（1）生产者市场。指购买产品或服务用于制造其他产品或服务，然后销售或租赁给他人以获取利润的单位和个人，如每年举办两次的中国国际家用纺织品及辅料博览会（图1-12）。

图1-12　2019 Intertextile秋冬面辅料展
（图片来源：全球纺织网）

（2）中间商市场。也称为转卖者市场，指购买服装产品用于转售或租赁以获取利润的单位和个人，包括批发商和零售商。绝大多数服装产品并不是从生产企业直接转移到消费者手中，其间要经过流通环节，也就是说要先到达转卖者市场，之后才进入消费者市场与消费者见面。如大家熟知的广州国际轻纺城、宁波轻纺城等均属于中间商市场（图1-13）。

图1-13　广州国际轻纺城和宁波轻纺城

（3）非营利组织。泛指所有不以营利为目的、不从事营利性活动的组织。通常情况下，非营利组织是指机关团体、事业单位。非营利组织市场指为了维持正常运作和履行职能而购买产品和服务的各类非营利组织所构成的市场。

（4）政府市场。指为了执行政府职能而购买或租用产品的各级政府和下属各部门。各国政府通过税收、财政预算掌握了相当部分的国民收入，形成了潜力极大的政府采购市场，成为非营利组织市场的主要组成部分。

同服装消费者市场相比，服装组织市场的特点见表1-2。

表1-2　服装组织市场的特点

特点	解　释
购买者比较少	组织市场营销人员比消费品营销人员接触的顾客要少得多。例如：服装设备生产者的顾客是各地极其有限的服装厂
购买数量大	购买者每次购买数量都比较大，有时一位买主就能买下一个企业较长时期内的全部产量，一张订单的金额可能达数千万元甚至数亿元
供需双方关系密切	购买者需要有源源不断的货源，供应商需要有长期稳定的销路，每一方对另一方都有重要的意义，因此供需双方互相保持着密切的关系
购买者的地理位置相对集中	购买者往往集中在某些区域，以至于这些区域的业务用品购买量占据全国市场很大的比重。例如，福建的石狮、江苏和宁波等地服装面料、辅料的购买量就比较集中
派生需求	服装组织市场的购买者购买商品或服务是为了给自己的服务对象提供所需的商品或服务，因此，业务用品需求是由服装需求派生而来的，且随着服装需求的变化而变化。例如，消费者的着装需求引起服装厂对设备、原材料、水电气的需求，连锁引起有关企业和部门对棉花、化肥、农资等产品的需求。派生需求往往是多层次的，形成一环扣一环的链条，消费者需求是这个链条的起点，是原生需求，是组织市场需求的动力和源泉
需求弹性小	服装组织市场对产品和服务的需求总量受价格变动的影响较小。一般规律是：在需求链条上距离消费者越远的产品，价格的波动越大，需求弹性却越小。原材料的价值越低或原材料成本在制成品成本中所占的比重越小，其需求弹性就越小。组织市场的需求在短期内特别无弹性，因为企业不可能临时改变产品的原材料和生产方式
需求波动大	服装组织市场需求的波动幅度大于服装消费者市场需求的波动幅度，对一些新企业和新设备尤其如此。当消费需求不变时，服装企业用原有设备就可生产出所需的产量，仅支出更新折旧费，原材料购买量也不需增加；而当消费需求增加时，许多企业要增加机器设备，这笔费用远大于单纯的更新折旧费，原材料购买也会大幅度增加
专业人员采购	服装组织市场的采购人员大都经过专业训练，具有丰富的专业知识，清楚地了解产品的性能、质量、规格和有关技术要求。供应商应当向他们提供详细的技术资料和特殊的服务，从技术的角度说明本企业产品和服务的优点
影响购买决策人多	与服装消费者市场相比，影响服装组织市场购买决策的人员较多（图1-14）。大多数企业有专门的采购组织，重要的购买决策往往由技术专家和高级管理人员共同做出，其他人也直接或间接地参与，这些组织和人员形成事实上的"采购中心"
直接采购	组织市场的购买者往往向供应方直接采购，而不经过中间商环节，价格昂贵或技术复杂的项目更是如此
互惠购买	服装组织市场的购买者往往这样选择供应商："你买我的产品，我就买你的产品"，即买卖双方经常互换角色，互为买方和卖方
共享和租赁	服装组织市场往往通过租赁方式取得所需产品。对于一些特殊的专用机器，由于价格昂贵，许多服装企业无力购买或需要融资购买，此时可以采用租赁的方式以节约成本

三、服装市场营销组合要素

服装企业深受外部环境的不确定性和不可控制性影响，因此需要制订相应战略和策略去主动应对环境的影响及可能的变化。其中，营销策略是企业在市场上获得竞争优势最重要的手段，它由一系列相互关联的企业可以设计和控制的因素组成。这些因素的组合一般称为营销组合。图1-15反映了市场营销组合的发展和演变过程。

1. 第一代营销模式："4P"理论

目前，在市场营销理论中被广泛接受的营销组合是由美国销售学家杰罗姆·麦卡锡（Jerome Macarthy）在1975年提出的，他将众多的营销策略和手段概括归纳为产品（Product）、价格（Price）、销售渠道（Place）和促销（Promotion），即4P营销组合。市场营销观念认为：产品、价格、销售渠道、促销都是不断变动的，在市场营销实践中可以进行多种组合。服装市场营销组合的基本内容包括以下四个方面：

（1）产品策略。生产并经营什么样的产品，是企业市场营销活动中的核心问题。在产品开发上，企业首先必须根据顾客的需要决定新产品的功能、品质、商标、包装、服务等，给顾客提供包括实质产品、形式产品和附加产品三个层次的整体产品。其次，要密切关注产品生命周期发展的不同阶段，选择能适当发挥自身优势的阶段进行生产并不断创新。最后，企业还应

图1-14　服装组织市场购买决策的参与者

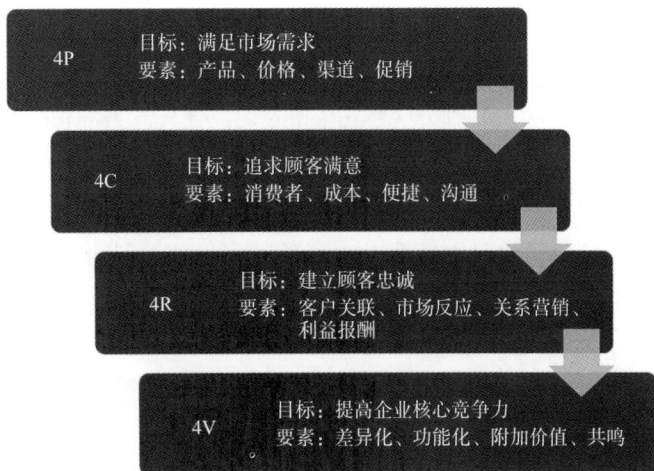

图1-15　营销组合的发展和演变过程

通过市场调查、市场细分、市场定位等各种渠道来提高产品的竞争力。

（2）价格策略。价格策略包括定价目标、基本价格、定价方法、折扣与减让、付款方式、卖方信贷、补贴、影响因素等内容，是十分敏感而又最难有效控制的因素，但却是影响商品销售的关键性因素。既要考虑企业自身的因素，也要考虑消费者对价格的理解和接受能力。因此，企业定价要根据企业的战略目标选择适当的定价目标，综合分析成本、供求关系、竞争和政府控制等因素，运用科学的方法制订价格，并根据实际情况及时调整，考虑折扣、支付期限等。

（3）分销渠道策略。有了适销对路、竞争力强的产品，还必须选择有利的销售渠道，使产品能以最短的时间、最少的费用和最合理的途径从生产者手中转移到最终消费者手中，并使他们满意。分销渠道的选择包括分销渠道的结构、特点、类型、影响因素、中间商功能、实体分配等内容。渠道组合在企业整个市场营销战略中占据重要位置，其选择合理与否，依赖于企业与外部购销关系的协调。

（4）服装促销策略。包括人员推销、广告、公共关系、营业推广等。促销组合的核心是利用促销组合，在企业与其顾客之间建立稳定有效的信息联系，充分发挥整体促销组合优势，并以此与其他基本营销组合相配合，实现企业的营销目标。

1984年，菲力普·科特勒提出大市场营销理论，在"4P"的基础上增加了政治权利（Power）和公共关系（Public relations）两项。

"6P"理论认为，要打入封闭或被保护的市场，仅依靠"4P"，消极地适应企业外部变化，已显然不能奏效。首先应该运用政治权力，即得到有影响力的政府部门和立法机构的支持，采用政治上的技能和策略打入市场。其次，利用公共关系策略，即利用各种传播媒介与目标市场的广大公众搞好关系，以树立本企业及本企业产品的良好形象。例如，通过为公共事业捐款、赞助文化教育事业等，以便能够打入封闭的市场。

菲力普·科特勒的大市场营销理论突破了市场营销环境不可控的传统看法，认为企业不只是消极地、被动地适应、服从外部环境，而应该利用政治权力和公共关系积极、主动地改变环境，通过政治权力和公共关系，扫清流通道路上的障碍，变封闭性的市场为开放性的市场。

1986年，菲力普·科特勒又进一步提出"10P"理论，即在"6P"理论基础上再增加探索（Probing）、细分（Partitioning）、优先（Prioritinging）、产品定位（Positioning）。

（1）探索。即市场调查研究，是企业从事营销活动的前提。只有通过调研，企业才能掌握消费者对产品的需求情况及市场上其他厂商所生产的同类产品的竞争程度，从而使企业在制订营销策略时能有一个合理的定位。通过市场调研，不仅能掌握市场环境的现状，还能对市场发展的趋势进行预测，从而有利于企业制订长远的生产计划和营销规划。

（2）细分。由于国际市场上商品供应的多元化和消费者需求的差异化，企业必须在市场调研的基础上进行市场细分，即按一定标准将一个整体市场分为若干个细小市场，并从中选择经营销售对象。市场细分的实质是把有不同需求的顾客分离开来，归入不同的分市场中，以便企业充分利用自身资源，采用个别的营销策略，有的放矢地打入并占领这些分市场，最后达到扩大销售额的目的。

（3）优先。在市场细分的基础上，还要注意选择目标市场的策略。任何一个企业，不管其规模有多大，它的资源总是有限的。加上消费者人数众多，需求各异，同行竞争激烈，企业就必须扬长避短，优先选择经营对象，实现有效的目标营销。目标分市场一般应具有以下几个条件：有足够大的销售量，能实现企业的目标销售额和利润；本企业有足够的资源满足其特定需求；竞争者尚未进入或未完全进入，本企业具有相对经营优势。

（4）定位。企业在细分市场和确定目标市场的时候，还要为自己选择合适的市场定位。根据目标市场上的竞争情况和企业自身条件，为企业和产品在目标市场上确定某种竞争地位，以满足消费者需求和应对同行竞争。

菲力普·科特勒的"10P"理论全面概括了市场营销学的研究内容。他认为，"4P"仅仅是市场营销战术，其目的是在已有的市场中提高本企业产品的市场占有率，他们组合的是否得当，是由战略性的"4P"决定的。如果加上"政治权力"和"公共关系"，这不仅要提高市场占有率，而且还要打进和占领新的市场。菲力普·科特勒对市场营销学研究内容的拓展，是市场营销理论的重大突破和发展，对营销实践具有重要的指导意义。

2. 第二代营销模式："4C"理论

到20世纪90年代，随着消费者个性化需求的日益突出和市场形势的变化，传统的"4P"历年受到新的理论——"4C"的挑战。所谓"4C"是指Consumer（消费者）——指消费者的需要与欲望、Cost（成本）——指消费者获得满足的成本、Convenience（便利）——指商品购买的方便性、Communication（沟通）——指与用户沟通。

可以看出，"4C"与"4P"只是看问题的角度不同。虽然前者是站在消费者的角度提出问题，后者站在营销者的角度提出问题，但其目标是一致的，即以消费者需求为中心，通过使消费者满意而获利，两者并没有实质性的区别。

3. 第三代营销模式："4R"理论

20世纪80年代以来，随着全球范围内服务业兴起，出现了工业服务化和服务工业化的趋势。在这种情况下，美国西北大学整合营销传播教授唐·舒尔茨在"4C"营销理论的基础上提出了"4R"营销理论，即Relevance（关联）、Reaction（反应）、Relationship（关系）、Reward（回报）。"4R"营销论是以关系营销为核心，重在建立客户忠诚度，既从厂商的利益出发，又兼顾了消费者的需求，是一个更为实际、有效的营销制胜法宝。

4. 第四代营销模式："4V"理论

进入20世纪90年代以来，高科技产业迅速崛起，高科技企业、高技术产品与服务不断涌现，互联网、移动通信工具、发达交通工具和先进的信息技术，使整个世界面貌焕然一新。原来那种企业与消费者之间信息不对称的状况得到改善，沟通的渠道多元化，越来越多的跨国公司开始在全球范围内进行资源整合。在这种背景下，市场营销观念和方式也不断得以丰富与发展，"4V"营销组合论应运而生。所谓"4V"是指Variation（差异化）、Versatility（功能化）、Value（附加价值）、Vibration（共鸣）。和前三代营销理论不同的是，"4V"营销理论以提高企业竞争力为核心，属于典型的系统和社会营销论，充分兼顾到社会和消费者的利益，以及企业、员工等各方利益。

第三节　服装市场调研

市场调查作为服装市场信息反馈的重要通道，既可以向决策者提供关于市场策略是否有效、是否需要调整以及如何调整等方面的第一手信息，又可以作为探索新市场机会的工具。通过对细分市场或产品组合进行调查，为服装经营者提供识别和发现市场机会的参考依据。

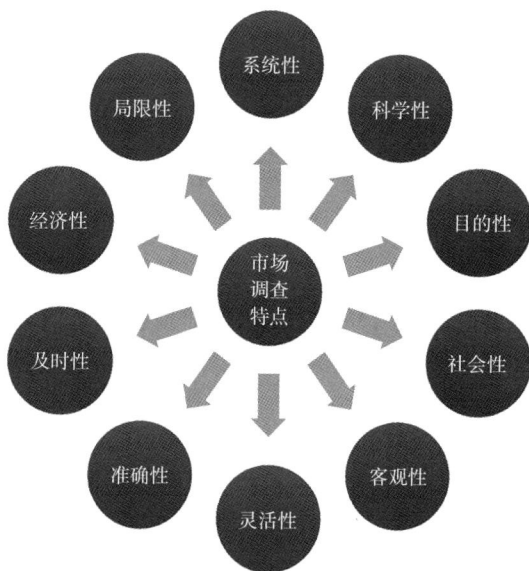

图1-16　服装市场调查的特点

一、服装市场调查的含义及特点

服装市场调查是指服装企业为了特定的市场营销决策，采用科学的方法对有关市场营销的各种信息进行系统的计划、收集、整理、分析和研究活动。如图1-16所示，市场调查具有系统性、科学性等多重特点。

开展市场调查是为了考察服装市场的发展、变化过程及趋势，发现市场机会和更有效地解决经营中的相关问题，为服装企业的营销决策提供依据，并提高决策质量。对于服装市场的调查，必须注意以下几个方面：

（1）市场调查必须要有既定的目标。服装调查要有明确的目标成果，调查方案的设计以及调查方法的选择都需围绕目标成果进行，如对服装市场份额分析、销售分析、服装消费者行为研究、服装促销研究等。

（2）市场调查要遵循科学的调查方法与程序。如调查样本设计、调查取样、调查数据的分析、调查结论的推断等都必须有统计理论的支持，不能随意进行。

（3）市场调查是一项时效性非常强的工作，如果不及时，所得到的结论或建议的价值就会大打折扣。

二、服装市场调查的类型

关于市场调查的分类有很多种，以下仅介绍一种重要的且是常用的分类方法。按照服装市场调查的目的和功能划分，主要有以下几种：

1. 探索性调查

探索性调查是为了使问题更明确而进行的小规模调查活动。这种调查特别有助于把一个大而模糊的问题表达为小而准确的子问题，并识别出需要进一步调研的信息。比如，某服装公司的市场份额去年下降了，公司无法一一查明原因，便可用探索性调查来发掘问题：是经济衰退的影响还是广告支出减少的问题，是销售代理效率降低还是消费者的习惯改变了。探索性调查具有灵活性的特点，适合于调查那些我们知之甚少的问题。它通常用于正式调查之前，帮助研究者将问题明确化，为正式研究提供更好的思路和更多的相关资料等。常用的方法有专家咨询、试点调查、个案研究、二手资料的分析等。探索性调研的流程如图1-17所示。

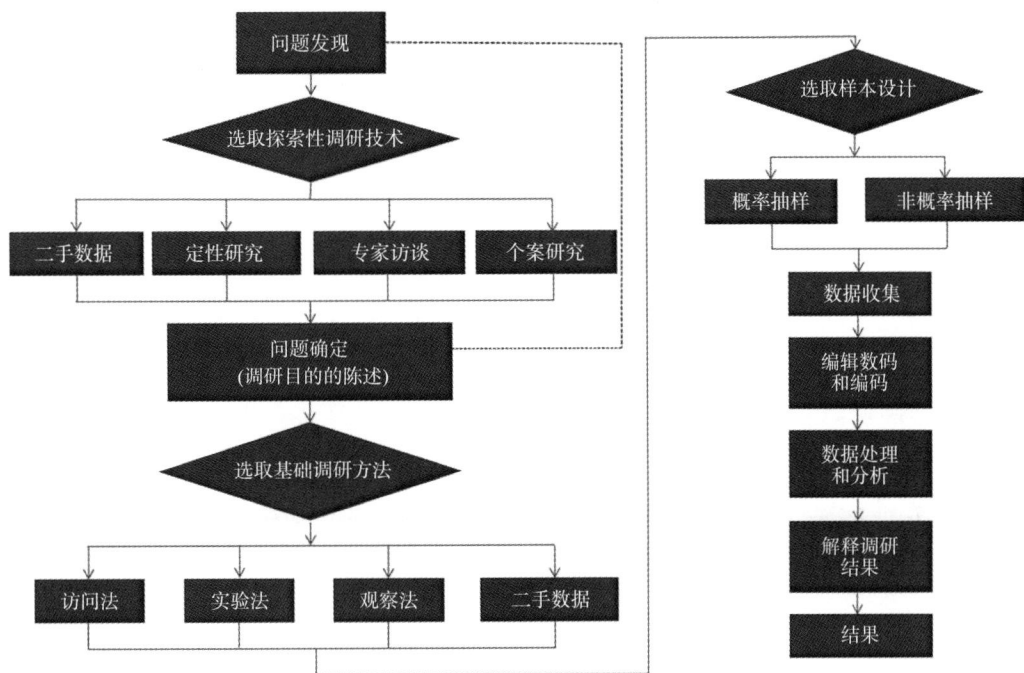

图1-17 探索性调研的流程

2. 描述性调查

描述性调查是寻求对"谁""什么事情""什么时候""什么地点"这样一些问题的回答。它可以描述不同消费者群体在需要、态度、行为等方面的差异。描述的结果，尽管不能对"为什么"给出回答，但也可用作解决营销问题所需的全部信息。比如，某服装商店了解到该店67%的顾客主要是年龄在18～44岁的妇女，并经常带着家人、朋友一起来购物。这种描述性调查提供了重要的决策信息，使商店特别重视直接向妇女开展促销活动。描述性调查的目的是描述市场调查总体特征。通常研究者事先做过大样本的调查研究，已对所研究的问题有了一定的认识，在此基础上，确定研究问题的假设条件，并制订结构化的调查方案。常用的方法有：二手资料的分析、抽样调查、固定样本连续调查、观察法等。

3. 因果性调查

因果性调查是调查一个因素的改变是否会引起另一个因素改变的研究活动，目的是识别变量之间的因果关系，如预期价格、包装及广告费用等对服装销售额的影响。这项工作要求调研人员对所研究的课题有相当的知识，能够判断当一种情况出现时，另一种情况会接着发生，并能说明其原因所在。因此，进行因果性调查时必须了解哪些是因变量、哪些是自变量以及它们之间的相互关系，常用的方法是实验法。

表1-3为以上三种调查方法的区别。

表1-3 探索性调研、描述性调研与因果性调研的区别

特点	探索性调研	描述性调研	因果性调研
目标	发现新想法和观点	描述市场的特征或功能	确定因果关系
特征	·灵活多变 ·通常是整个研究的起始	·预先表述特定的假设 ·预先计划好的结构化设计	·控制一个或几个变量 ·控制其他变量的设计
方法	·专家调查 ·预调查 ·二手数据分析 ·定性研究	·调查法 ·二手数据 ·固定样本组 ·观察数据和其他数据	·实验法

4. 预测性研究

预测性研究的目的是根据市场数据，对市场的变化与趋势进行预测，以此指导企业未来的营销活动。一般来讲，预测性研究以短期预测为主，比如通过分析企业的销售数据预测市场未来趋势（图1-18）。中长期的市场预测一般以定性的研究方法为主，对结果的精确性要求相对较低。

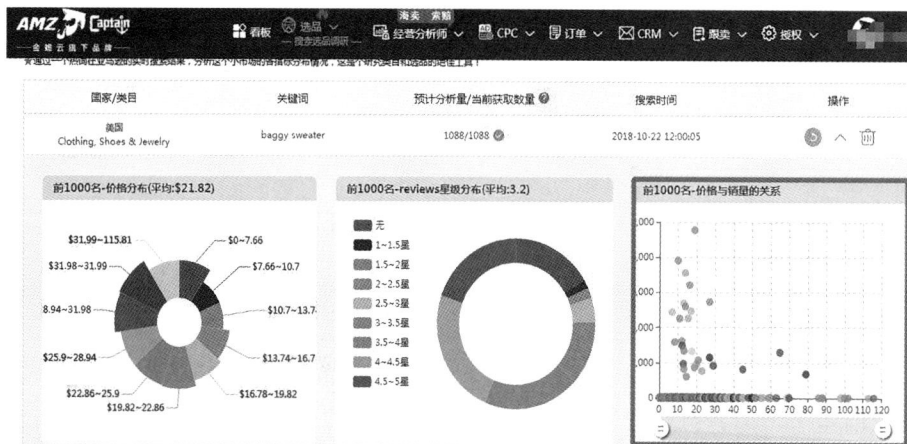

图1-18 亚马逊数据分析工具

（图片来源：搜狐网）

三、服装市场调查的基本要求

1. 端正指导思想

要树立为解决实际问题而进行调查研究的指导思想，一切结论均应产生于调查的末尾。尤其要避免为了某种特殊需要而根据预设的调子，带着事先想出的观点和结论，去寻找"合适"的素材来印证的虚假调查。

2. 如实反映调查情况

对调查来的情况，要真实反映。一是一，二是二；有则有，无则无；好则好，坏则坏。

3. 选择有效方法

采用何种调查研究方法，一般应综合考虑调研的效果和人力、物力、财力的可能性以及

时间限度等。对某些调查项目，往往需要同时采用多种不同的调查方法，如典型调查，就需要综合运用座谈会、访问法、观察法等多种方式。

4. 安排适当场合

安排调查的时间和地点时，要为被调查者着想，充分考虑被调查者是否方便，是否能引起被调查者的兴趣。

5. 注意控制误差

影响服装市场的因素十分复杂，调研过程难免产生误差，但是应将调查误差控制在最低限度，尽量保持调查结果的真实性。

6. 掌握谈话技巧

调研人员在调查访问时的口吻、语气和表情对调查结果有非常直接的影响，因此谈话特别需要讲究技巧。

7. 注意仪表和举止

一般来讲，调查人员应着装整齐、举止端庄、平易近人，最好能与被调查者打成一片；反之，则会给被调查者以疏远的感觉，使之不愿与调查人员接近。

8. 遵守调查纪律

调查过程中，要遵守通常的调查纪律，包括遵纪守法、尊重被调查单位的意见、尊重调查地区的风俗习惯。在少数民族地区要严格执行民族政策，注意保密和保管好调查的资料等。

四、服装市场调查的流程

如图1-19所示，服装市场调查的流程大体可以分为三个阶段：准备阶段、实施阶段和分析总结阶段，其中每个阶段又可划分为若干个步骤。

1. 准备阶段

服装企业总是面临着许多需要解决的市场问题，如下一季新产品开发的主题是什么？要不要在节日期间搞一次促销活动？消费者对企业品牌的认知程度如何等，其中有些问题通过非正式营销研究或依靠以往经验就可做出判断和决策，而有些问题则需要进行更深入的研究才可能解决。

在市场调研的目的确定以后，首先要根据现有的市场信息资料（即企业内部和外部现存的资料），通过分析、研究，理清头绪，找出问题的线索。在进行初步情况分析之后，调研人员可能对问题的症结还不能准确把握，或有的信息是否准确可靠还需要进一步验证核实。此时，就要进行探索性的调查，以确定问题症结的真正所在，确定应当调研的内容，以进一

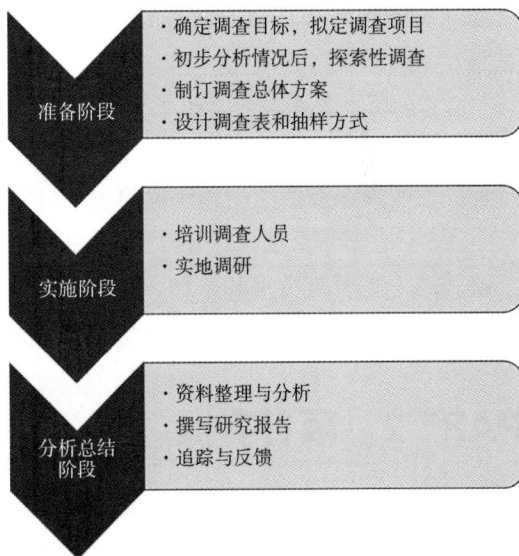

准备阶段
- 确定调查目标，拟定调查项目
- 初步分析情况后，探索性调查
- 制订调查总体方案
- 设计调查表和抽样方式

实施阶段
- 培训调查人员
- 实地调研

分析总结阶段
- 资料整理与分析
- 撰写研究报告
- 追踪与反馈

图1-19　服装市场调研的程序

步确定问题和建立假设，为服装企业的营销活动提供客观依据。接下来就应该制订市场调研的总体方案，包括调查对象、调查范围、调查力量的组织、调查内容、调查方法、调查费用和时间安排等，有些营销研究还需要进行问卷设计、确定研究样本等。

2. 实施阶段

这个阶段是整个市场调查过程中最关键的阶段，对调查工作能否满足准确、及时、完整及节约等基本要求有直接的影响，主要根据市场调研方案和工作计划组织人员收集市场资料。首先，要对调查人员进行培训，让调查人员理解调查计划，掌握调查技术及同调查目标有关的经济知识。其次，进行实地调查，即调查人员按计划规定的时间、地点及方法具体地收集有关资料。市场资料根据其来源的不同可分为第一手资料和第二手资料。第一手资料也称原始资料，是通过调查人员在实地，采用问卷法、观察法或实验法收集的资料；第二手资料是他人为了其他目的收集、整理的资料，包括企业的内部资料，如销售报表、行业统计报告等。最后，实地调查的质量取决于调查人员的素质、责任心和组织管理的科学性。

3. 分析总结阶段

服装企业进行营销研究的目的是要获得有助于解决某一问题的市场信息。但一般收集来的一手资料或二手资料，都处于一种分散的、不系统的状态，需要对这些资料进行分类、加工和整理，并通过深入分析，得出对服装企业有用的结论。因此，该阶段可以分为以下几个步骤：

（1）资料的整理与分析。即对所收集的资料进行"去粗取精、去伪存真、由此及彼、由表及里"的处理，包括清除错误及无效的问卷、对调查数据进行分类编码、统计计算等。目前这种资料具体的处理工作已经可以借助计算机完成，但是也要系统地考虑分析方法与思路。

（2）撰写调查报告。市场调查报告一般由引言、正文、结论及附件四个部分组成，其基本内容包括开展调查的目的、被调查单位的基本情况、所调查问题的事实材料、调查分析过程的说明及调查的结论和建议等。

（3）追踪与反馈。提出了调查的结论和建议，不能认为调查过程就此完结，而应继续了解其结论是否被重视和采纳，采纳的程度和采纳后的实际效果以及调查结论与市场发展是否一致等，以便积累经验，不断改进和提高调查工作的质量。

PART 2　项目实操

一、项目目标

了解服装市场的环境变化及新市场环境下不同服装市场的特点及其表现。

二、项目任务

选择所在城市的服装批发市场、服装商场、服装街、露天服装集市等作为调研对象，以小组为单位，采用观察、访谈、视频记录等方式分组调研，探讨消费者市场与组织市场的特点及区别，完成市场调研报告。

三、项目要求

班级内5~6人为一组，选定合适的调研对象，自拟调研提纲，完成消费者市场或组织市场两类市场的调研报告。调研中要做好过程记录，最终以原始资料为基础数据，完成市场调研报告。

四、开展时间及形式

课后实践环节。以二手资料收集、实地调研为主，网络问卷及访谈为辅的形式展开。

五、项目汇报

以小组为单位，采用PPT及视频形式进行市场调研结果汇报，并提供过程记录。

PART 3　项目指导

一、调研准备工作

1. 确定分组

班内同学自由组合，5~6人为一组。

2. 选定调研地点

组内人员通过协商确定调研的服装市场类型，如可选择服装批发市场或服装商场等。在选定市场类型的前提下，选定具体的调研地点，如确定到某一批发市场或某一服装商场。

注意：在确定具体调研地点前，可对预调研的地点进行资料的收集和走访，以确保能够顺利完成调研任务。

二、调研要求

1. 调研目的

在完成本章理论知识学习的基础上，通过实地调研帮助学生了解外部信息，了解市场环境变化及新的市场环境，了解不同服装市场的特点。

2. 调研方法和内容的选取

学生可根据本章的学习内容以及在学习中得到的启发选取调研内容，并确保调研内容能够达到预期的调研目标。

（1）明确调研采用的方法，如观察法、访谈法等。

（2）明确调研的内容，如观察什么？注意什么？

（3）完成调研提纲，确定访谈内容，把调研内容转换为具体的、易理解的调研问题。

（4）确定调研对象，根据被采访对象的不同把调研问题区分为商家问题和消费者问题。

3. 过程记录

视频记录：

（1）调研拍摄前需要与商家或消费者提前沟通，在经得其同意之后方可进行采访及拍摄。

（2）拍摄设备不限，但要求画面、声音清晰明辨。

（3）针对每位被采访者，确定能够满足调研目的的若干问题，以充分保证调研任务的完成及良好的采访效果。

（4）除具体采访内容外，视频还可包括小组人员实践过程的记录，增加视频趣味性。

文字记录：

（1）如实进行访谈记录的整理和汇总。

（2）如实进行问卷记录的整理和汇总。

4. 设计调查方案

在以上调研工作的准备及调研要求的基础上，制作详细的调研计划，包括调研时间、调研分工、调研步骤以及调研内容等。

5. 资料收集和视频制作

通过实地的调研采访，对采访到的内容进行整理汇总，并进行调研视频的制作，视频时长5分钟左右；视频风格不限。

6. 调研报告

根据调研资料的收集和调研过程中的感受和启发，撰写调研报告。

PART 4 案例学习

新冠疫情冲击下"乘风破浪"的纺织服装市场

2020年，一场突如其来的新冠疫情打乱了全球正常的行业交流及供应链运行，对全球经济造成了巨大的影响。2020年5~6月，国际纺联对国际纺联成员、关联企业和协会进行了第四次国际纺联新冠疫情影响调查，以了解新冠疫情大流行对全球纺织品价值链的影响。

调查结果显示，全球范围内的订单量平均下降超过40%，订单取消和推迟比例在30%~55%。从纺纱厂到服装生产商，所有部门的订单都显著减少，全球纺织品价值链中的所有生产部门订单减少幅度在37%~46%。2020年的预期营业额，综合性一体化生产商预计将下降26%，其他部门降幅在31%~34%，前者受到的影响明显小于后者。但约20%的企业预计在2020年第

四季度将出现更快的复苏。

新冠疫情带来冲击的同时，也带来了全球纺织服装行业的高效联动，共同寻找更快的复苏途径。2020年7月，由中国纺织工业联合会主办，中国国际贸易促进委员会纺织行业分会与法兰克福展览（北美）有限公司共同承办的中国纺织品服装贸易展览会（纽约）暨美国国际服装面料采购展（Texworld USA）、纽约国际服装采购展（Apparel Sourcing USA）、纽约国际家纺采购展（Home Textiles Sourcing USA）（统称"纽约展"）在线上开幕。来自中国、意大利、加拿大、美国、土耳其等16个国家和地区、超过450家公司参加了本次线上展会。展会涵盖了面料、服装、家纺40多个产品类别，展示的产品数量多达

20000个。同时，2020年浙江出口网上交易会（美国站—服装专场）、2020年浙江（绍兴柯桥）网上出口交易会暨中国轻纺城展团也相继开幕。

与此同时，国内的纺织服装市场也采用全新思维重启。例如，常熟天虹服装城出台"采购商免费停车""租金减免"等一系列扶持政策，与商户携手逆袭。通过制订科学有效的业务增长和人气恢复方案，以实现服装城的"冷启动"。一场疫情，使得专业市场与经营商户走得更近，互相了解更深，合作更加紧密。纺织服装市场正在困难中乘风破浪、努力重启和恢复活力。

PART 5 知识拓展

关于服装市场营销人员的综合素质要求

各种类型的市场营销活动都是由营销人员承担和推动的，在市场营销活动外在条件相同的情况下，营销人员综合素质的高低直接影响并决定着营销活动的效果。因此，现代服装市场营销对营销人员的综合素质提出了较高的要求。结合服装营销者的工作性质和岗位职能，服装营销人员的综合素质应该包括以下内容。

一、思想品德素质

在现代社会，良好的思想道德素质已成为选人、用人的首要标准，对于服装营销人员也同样如此。思想品德可以从公民基本素质和职业素质两方面进行评价。公民基本素质是跟单员综合素质中最基本的素质，也是思想道德素质中的重要组成部分。作为一国公民，其最基本的素质要求包括道德修养、社会责任感、人生理想和法律素养等。

服装营销人员的工作是建立在订单与客户基础上的，事关方方面面。订单是企业的生命，没有订单企业无法生存，客户是企业的上帝，失去了客户，企业就不能持续发展。而订单项下的产品质量，是决定能否安全收回货款、保持订单连续性的关键。因此，执行好订单、把握产品质量需要营销人员的敬业精神和认真负责的态度。为此，服装营销人员要做到事无巨细，全方面到位，具备良好的道德修养、高度的责任心和责任感。

同时，服装营销作为一种职业，要求营销人员必须具备一定的职业素质，比如敬业乐业的职业兴趣，廉洁奉公、竭诚服务的职业道德等。作为企业与客户之间的沟通桥梁，营销人员不仅拥有企业的产品、工艺、价格、技术等信息，而且掌握着企业客户的详尽资料，这就要求营销者必须本着对企业和客户负责的态度，恪守商业秘密。同时，要了解与营销相关的合同法、票据法、经济法等法律知识，做到知法、懂法和合理用法。

二、心智素质

健康的身体、良好的心态、扎实的基础，是服装营销人员高效、高质完成工作的前提，总称其为心智素质。可以从身体素质、心理素质和知识素质三方面考察。

良好的身体状态是高效高质完成工作的前提和保证。服装营销人员的工作负担较大，几乎涉及企业的每一个环节，从销售生产物料、财务、人事等都与营销人员相关。因此，服装营销人员除了要拥有能够胜任工作强度的健康体魄外，还要有较高的智力水平，才能与客户以及各部门进行良好的沟通和合作。

心理素质直接影响着营销人员的情绪变化、工作效率以及工作绩效，因此也是一项重要的考核内容。服装营销人员每天都要与不同类型、不同性格的人交往，所以需要有很好的情感品质，懂得如何控制和调节自己的情绪；同时，由于工作节奏快、变化快、涉及面广的特点，决定了营销人员在工作中会面临较大的工作和精神压力，所以较强的意志品质必不可少，比如心理承受能力、抗压能力、抗干扰能力、自我调控能力、吃苦耐劳精神等。另外，"吾日三省吾身"，自我评价能力不仅能使服装营销人员客观准确地评价自己，还能及时发现自身以及企业存在的问题，使问题消灭在萌芽状态或者尽早找到解决问题的办法，保证营销工作顺利有序地进行。

知识素质是指服装营销人员做好本职工作所需具备的基础知识和专业知识。营销人员的工作包括与客户的信函往来、简单的成本核算等，因此要求具备语数英等基础学科知识。基础知识是服装营销人员知识结构的基础，也是必须具备的。掌握和运用好这些基础知识，可以帮助营销人员解决工作中的实际问题；而专业知识是服装营销人员知识结构的核心，也是区别于其他专业领域人才知识结构的主要标志。同时，由于服装营销人员的工作范围广泛，因此要求其具备跨学科的知识。此外，营销工作中还需要拥有一些从书上学不到的、要经过体验才能获得的知识积累，因此一定的社会经历也是营销人员需具备的知识素质。

三、技能素质

营销本身就是一项技能性的工作，主要包括通用技能和专业技能两部分。所谓通用技能，主要指计算机和外语的应用能力以及自我学习的能力。对于营销者来说，不仅要能够看懂客户订单，而且对于国外的客户要运用外语进行联络沟通，协商解决营销过程中可能出现的问题。因此，营销员必须具备良好的外语应用能力。同时，在服装营销的生产跟单中，需要根据客户的原单制订出各种相关的指令性文件，如工艺单、工作进度报表或收发电子邮件等，这些都要求营销人员能够熟练使用计算机，具备较强的计算机应用能力。同时，任何人都不可能学会了一切必备的知识才去工作，因此，不断地自我学习能力也是服装营销人员必备的通用技能之一。

服装具有特殊的专业性，营销人员对外执行的是销售人员的职责，对内执行的是生产管理协调。因此必须具备一定的专业技能。比如，必须熟悉服装企业的生产运作流程、生产计划安排及物料跟催，熟悉和掌握服装知识和生产管理全过程。也就是说，营销员不仅要掌握服装样板、缝制工艺、服装面辅料的品质鉴别等相关专业知识和技能，还需懂得一些单证的填写处理、商务合同的签订、货物的结算议付等专业技能，以确保服装营销工作的正常开展。

四、社会活动素质

既然营销工作贯穿了服装企业运作体系的每一个环节，是联系企业和客户之间的纽带，那么，服装营销人员必须具备一定的社会活动素质，它是服装营销人员胜任工作的主观条件。社会活动素质是沟通能力、分析判断能力、公关能力、组织管理能力的有机结合。

服装营销人员对内要跟企业的设计、采购、生产等部门建立良好的沟通渠道；对外除了要跟客户进行沟通交流外，还要跟运输、银行、商检等部门打交道。因此，良好的沟通能力是服装营销人员进行工作的前提，它直接影响工作效率。其中包括文字或语言的表达能力以及理解能力。

面对复杂多变的环境和情况，服装营销人员必须具备一定的分析判断能力。营销员需通过分析客户，掌握客户的需求、特点、经营风格、信用状况、资金状况等，为决策者提供全面、完整、准确的客户描述；通过分析产品了解产品特性、生产流程、市场需求、价格走势，以便于争取最优惠的价格并提供给客户最优质的产品；通过分析原材料的种类、市场供求状况，争取获得最低的生产成本。基于这些全面而准确的分析能够对客户的需求、企业的生产能力及物料的供应情况等有一个准确的判断和预测，从而有效地组织生产、交货、收款等工作。同时，营销员需要跟各个不同的部门打交道，但问题的关键在于，不论对内对外，营销员与这些部门都没有直接的上下属关系，其角色只是督促这些部门来帮助完成订单。因此，一定的谈判和推销能力、良好的人际关系处理能力对于服装营销人员来说尤为重要。

从本质上讲，营销员的工作就是围绕订单、采购、生产、包装、物流等计划进行组织、监督、控制、协调等工作。而这些工作总结起来就是管理和领导工作。因此，服装营销人员必须具备一定的组织管理能力，具体表现为组织协调能力、团队协作意识、创新精神、决策能力和领导能力。

古人云："兵无常态，水无定形，守业必衰，创业有望。"在社会日新月异的知识经济时代，创新也是服装营销人员必须具备的一项能力。只有不断创新，才能在创新中得到提升和发展。同时，个人的力量是渺小的，一项工作的完成往往需要借助于集体的力量，因此营销员要树立团队协作意识，与同事们和睦相处，团结一致，共同保证能按时、按质完成订单货物；而且，在订单的完成过程中，经常会出现意想不到的问题，但又不是随时能够找到管理者进行处理，因此要求营销员具备一定的决策能力和领导能力。只有这样，才能顺利、高效地完成营销任务。

第二章　柳暗花明：探寻服装市场营销新思维

现代市场营销学具有强烈的"管理导向"，即从管理决策的角度研究营销者（企业）的市场营销问题。对于服装企业来说，其市场营销活动是在特定的市场营销哲学或经营观念的指导下进行的，因此，市场营销观念对于服装企业的经营成败具有决定性的意义。

服装企业的市场营销观念并不是一成不变的，而是随着营销环境的变化而变化。本章将主要介绍服装市场营销管理的实质与任务、市场营销观念的演变历程及现代服装企业的营销新思维。

问题导人

生活中我们经常听说：顾客是上帝。顾客永远是对的吗？

PART 1　理论、方法及策略基础

第一节　服装市场营销观念及其演变

一、服装市场营销观念及其任务

1. 市场营销观念

市场营销观念是指导服装企业经营活动的态度、观念、思维方式和经营哲学，是企业为了适应不同时期的市场营销环境而发展起来的企业营销活动及管理的基本指导思想，对企业经营成败具有决定性的意义。其核心在于正确处理企业、顾客和社会三者之间的利益关系。因此，现代服装企业之间的竞争，首先表现为营销观念的竞争。

2. 服装市场营销管理的任务

市场营销管理是指企业为了实现经营目标，创造、建立和保持与目标市场之间的互利交换的关系，对设计方案进行分析、计划、执行和控制的过程。其任务是为了达到企业的经营目标，通过营销调研、计划、执行与控制过程，以管理目标市场的需求水平、时机和构成，即进行需求管理。

对服装企业而言，市场营销管理的具体任务随目标市场需求状况的不同而不同，营销者必须善于应对八种典型的需求状况，并适当调整相应的营销管理任务，见表2-1。

表2-1　八种典型营销需求状况及其营销任务

需求状况	表现形式	营销任务
负需求	绝大多数人对某种产品感到厌恶，甚至愿意出钱回避它。如某种款式的服装流行过后	分析市场不喜欢的原因；是否可通过产品重新设计、降低价格和更积极的营销方案改变市场的信念和态度
无需求	目标市场对产品毫无兴趣或漠不关心。如消费者对一件新款服装可能无动于衷	设法将产品的特色与消费者的需要和兴趣相联系，并介绍给目标群体
潜在需求	消费者对市场商品和服务有消费需求而无购买力，或虽有购买力但并不急于购买，或现有的产品或服务无法满足消费者的需求。如人们对奢侈品牌服装、配饰的需求	衡量潜在市场的范围，开发有效的商品和服务来满足消费者的需求
下降需求	市场对一个或几个产品的需求呈下降趋势。如现阶段消费者对化纤面料服装需求不断下降，而转向天然纤维面料的服装	分析需求下降的原因；改变产品特色或通过更有效的沟通手段重新刺激需求
不规则需求	某些物品或服务的市场需求在一年不同季节，或一周不同日期甚至一天不同时间而上下波动。如羽绒服冬季销售的高峰期与夏季的低潮期	通过灵活定价、不同的促销方式改变需求的时间模式
充分需求	某种物品或服务的目前需求水平和时间等于预期的需求水平和时间	在面临消费者需求偏好发生改变或市场竞争趋于激烈时，努力维持现有的需求水平
过量需求	某种物品或服务的市场需求超过了企业所能供给或愿意供给的水平。如某款服装产品投入市场后的成长期	设法暂时或持续地降低市场需求水平，如提高价格、减少促销力度和服务等
不健康需求	市场对某些有害物品或服务的需求。如一些消费者对某些稀有动物毛皮的需求	劝服喜欢这些产品的消费者放弃需求，寻找别的爱好（图2-1）

图2-1　波兰民众在"无皮草日"呼吁保护动物，抵制皮草
（图片来源：视觉中国）

二、服装市场营销观念的演变过程

服装企业的市场营销观念并不是一成不变的，而是随着营销环境的变化而变化。从市场营销理论与实践来看，服装市场营销观念主要包括以下几种：

1. 生产观念

生产观念是支配销售者行为最早的观念之一，产生于卖方市场条件下。20世纪20年代以前，由于生产发展不能满足需求的增长，多数商品处于供不应求的状态，许多商品都是顾客上门求购。在这一时期，消费者最关心的是能否得到产品，而不是关注产品的细小特征。只要有商品，质量过关、价格便宜，就不愁没销路。此时，企业通常以生产为中心，以"生产什么就卖什么"为经营指导思想，倡导生产决定消费。其工作重点在于增加产量和降低成本，而不太重视产品质量的提高以及品种的配套和推广。其营销顺序是从企业到市场。早期的资本主义市场和我国改革开放以前的"以产定销"均属于这种导向。

在我国，20世纪70年代以前的计划经济时期，市场上商品短缺，成衣量上市很少，只能凭票供应（图2-2），企业生产什么，消费者就购买什么。例如，20世纪60~70年代四川自贡市服装厂的"闪光"牌服装，是老一辈自贡人心中共同的时代印记。在当时，服装原材料匮乏，生产技术落后，在计划经济体制下，许多纺织厂、服装厂只能按照指标进行生产，该服装厂也不例外。据当时人们的回忆，想要买到一件"闪光"牌大衣，需要提前很久去预订。"谁能穿上'闪光'牌大衣就是时尚的引领者，甚至相亲的成功率都要高很多"。

图2-2 计划经济时期的布票与粮票
（图片来源：中国收藏网）

2. 产品观念

产品观念是生产观念的进一步发展，是以产品为中心的经营思想，企业最注重的工作是制造优质的产品。但这里的"优质产品"仅局限于产品"质量经久耐用"上，缺乏产品创新和技术领先。因此，这种观念曾使许多企业患有"营销近视症"。其经营思想表现为加强质量管理、建立质量竞争优势。

这一时期，消费者购买商品时主要考虑价格和质量两个因素。然而，在产品导向观念中，生产者的质量观与消费者的质量观并不完全一致，从而造成生产者供给与消费者需求之间的矛盾，导致大量产品积压，使企业面临新的生产经营问题。产品观念在一定程度上注意到了顾客对产品质量、性能等方面的需求，强调以质取胜。但本质仍是以生产为出发点，实行以产定销，市场需求并未真正被激发出来。

　　例如，20世纪末，休闲服饰品牌"真维斯"，以其产品质量过硬、价格合理为特色（图2-3），在当时普遍重视产品质量的年代，真维斯成为众多消费者的最佳选择。然而，随着后期大量国外品牌的涌入，国内消费者的消费需求逐渐开始分层，企业则应该及时关注消费者对产品需求的变化，突破"老套路"，在以前关注产品质量和做工用料的基础上，把重点放在款式设计和营销上，以便更好地满足消费者的需求。

图2-3　真维斯Slim Cut经典款牛仔裤
（图片来源：真维斯品牌官网）

3. 推销观念

推销观念也称销售观念，是随着科学技术的提高，产品数量与花色品种逐渐增加，市场上的商品由"卖方市场"向"买方市场"过渡阶段而产生的一种营销观念。这种观念认为，消费者通常不会因自身的需求和愿望而主动地购买商品。企业需要通过积极推销和进行大量的促销活动，在强烈的销售刺激引导下，消费者才会采取购买行动。因此，服装企业必须注意运用推销术、广告术来刺激消费者，工作的重点放在推销员管理、商品广告与销售渠道方面。其营销顺序是从企业到市场。此时，服装企业销售部门的力量得以加强，销售成本增加，千方百计培训推销人员、加强广告宣传、增加销售网络、采用灵活多样的短期促销措施。

目前，我国仍有一些服装企业奉行推销观念。在服装市场竞争日益激烈的条件下，采取劝诱客户购买、强行搭配推销、滥用虚假广告宣传等手段，如果不及时扭转，必定失去市场。

4. 市场营销观念

市场营销观念也称营销导向、市场导向或顾客导向，是企业经营观念上的一次"革命"，它是作为对上述诸观念的挑战而出现的一种崭新的企业经营观念。尽管这种思想由来已久，但其核心原则直到20世纪50年代中期才基本定型。

市场营销观念认为，要实现企业生产经营的各项目标，关键在于企业的一切计划和策略应以消费者的需求为中心，正确选择目标市场并调整市场营销组织，使企业能比竞争者更有效地满足消费者的需求，在此基础上获取利润。在市场营销观念的指导下，企业信奉"顾客需要什么，企业就生产什么""哪里有顾客需要，哪里就有市场机会"，企业把顾客推崇为上帝。

实行市场营销观念的企业在进行营销活动时，不仅包括了销售，同时也包括了市场调查、新产品开发、广告宣传和售后服务等。这一观念的确立，是现代市场营销活动的指导思想的基础，它改变了企业和消费者在市场中的地位关系，抛弃了以企业为中心的指导思想，而代之以消费者为中心的指导思想，明确了企业经营活动的责任。所以，其营销顺序是市场—企业—产品—市场。

例如，浙江绍兴杰妮纺织品有限公司于2014年在杭州开设的"由衷"定制服装品牌，定位于25～55岁的职业女性。该品牌给予顾客较多的"自由度"，不仅可以自主选择喜爱的面料和款式，而且可以参与到服装整个的设计制作环节当中。同时，专业的设计团队对顾客定制服装在设计、打版等多方面严格把关，保证了每件服装都能充分满足顾客需求。"由衷"品牌正是借此一步步打开销路，取得良好成效。

与推销观念相比，市场营销观念发生了重要的变化。两者的主要区别见表2-2。

表2-2 推销观念与市场营销观念的区别

区别	推销观念	市场营销观念
出发点	以企业为中心，推销已生产出来的产品	以市场为中心，顾客需要是经营的起点
市场导向	以产品为导向	以顾客需要为导向
营销手段	强调业务人员的推销	强调整体协调营销
目标	以盈利为唯一目的	包括短期利润目标与长期发展目标

但是奉行这种观念的企业在满足顾客需求的同时，并不考虑消费者的长远利益以及影响营销的社会、环境等因素。众所周知，服装商品大部分属于非耐用消费品，表面上看似乎与消费者的长远利益无关。但是随着顾客消费水平、辨别和鉴赏能力的提高，如果单凭满足顾客一时的、不成熟的需求而高价推销，虽能获得可观利润，但却不是长久之计。

5. 社会市场营销观念

20世纪70年代以后，现代工业文明面临着严峻挑战：全球性资源浪费、环境污染、生态失衡。在市场营销思想指导下，企业生产经营虽以消费者为中心，但产品过早陈旧，假冒伪劣商品泛滥成灾，公共利益被忽视。这种现实要求企业经营活动不能停滞于"以消费者为中心"上，而应有所深化和拓展，把社会利益和消费者利益有机地结合起来，使企业承担更多的社会责任。社会市场营销观念由此兴起。

社会市场营销观念是市场营销观念的发展和完善。该观念认为：企业的营销活动必须全面兼顾企业利润、目标顾客需要和社会利益三方面。不仅要考虑满足顾客的需求，而且还要考虑社会福利；既要对顾客负责，又要对社会负责。只有这样，企业的长远利益才能得到保障。也就是说，在"社会市场营销观念"的指导下，企业的根本目的是满足消费者需求和维护社会公众利益，保证社会长远利益和企业经济效益的协调和统一。

纺织服装行业是我国的传统支柱产业之一，为国民经济发展做出了巨大的贡献，但近年来却面临着资源枯竭和环境污染问题。对服装来讲，其生命周期全过程中都包含着对资源的攫取和对环境的污染，而且随着消费经济时代的到来，纺织服装已成为固体垃圾的新主体。我国目前的处理方式主要是焚烧，不仅消耗了能源，还会产生二氧化碳等大量污染物。因此，在服装的生产和营销过程中，考虑社会利益已经成为一项刻不容缓的任务。

近年来，我国相继制定了《产品质量法》《保护消费者权益法》《反不正当竞争法》《反暴力欺诈法》以及《商品明码标价的规定》等法规，要求服装企业在营销过程中考虑社会利益和消费者的长远利益。这些法规一方面保护了消费者的利益，同时也保护了服装企业合法的市场营销活动。当然，纺织服装行业相应的法律法规还需要不断地建立和完善。比如，要建立纺织服装生产者责任延伸制度、再生资源分类回收、建立不易回收的废旧物资回收处理费用机制等。然而，仅依靠法律法规仍远远不够，更重要的是应该唤起服装企业的社会责任意识，使其能够积极主动地兼顾企业、顾客和社会利益之间的平衡。

三、营销观念比较分析

综上所述，服装市场营销的发展大概经历了以企业为中心—以消费者为中心—以社会长远利益为中心的变化过程，如图2-4所示。习惯上，将"以企业为中心"的营销观念称为旧的营销观念，而将"以消费者需求为中心"的市场营销观念和"以社会长远利益为中心"的社会市场营销观念称为新的营销观念。

比较分析新旧两类营销观念后发现，其主要区别如下：

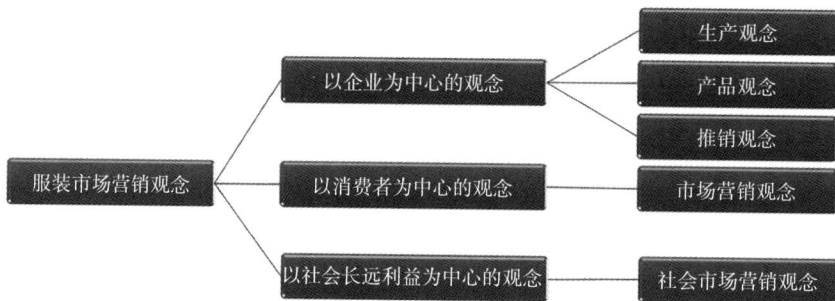

图2-4　服装市场营销
观念及其演变

1. 经营活动的顺序不同

旧营销观念是以生产作为起点，服装企业所有的生产经营活动都围绕产品的生产而展开。生产活动是企业一切经营活动的中心，这是"以生产为中心"的营销观念的基本轮廓，是商品经济不很发达、市场竞争不太激烈的"卖方市场"时期的经营指导思想。因此，旧营销观念生产经营活动的过程是：产品→推销→市场→消费者。

而新营销观念是以顾客需要为起点，所有的生产经营活动都围绕顾客需要而展开。顾客成为企业所有营销活动的中心，这是以顾客需要为起点的营销观念的基本轮廓，是商品经济繁荣、市场竞争充分的买方市场时期的经营指导思想。其生产经营活动的顺序与旧营销观念正好相反。这一指导思想已成为现代市场营销观念的核心，而且在市场营销实践中得到不断的调整与修正。

2. 营销活动的重点不同

由于时代的发展，人们的生活观念和消费观念也在发生变化，服装市场也就从原来的卖方市场过渡到买方市场。所以，营销活动的重点也随之发生变化，旧营销观念是"以生产为中心"，重点放在商品货源上；新营销观念"以顾客需求为中心"，重点放在满足顾客需求上。

3. 营销活动的方法不同

由于营销活动的重点发生变化，服装企业营销活动的方法也不相同。旧营销观念侧重于企业生产能力的提高，较少关注产品销售；新营销观念则由于供求关系发生改变，市场竞争日益激烈，要求企业的营销活动要直接面对市场，深入了解顾客需要并满足他们。

4. 营销活动的目标不同

在旧营销观念里，企业更加注重产品的销量，注重于企业发展的眼前利益，缺少长远的企业规划；新营销观念则强调服装企业的战略管理，追求企业和社会长期利益的最大化。

5. 营销管理的模式不同

服装企业营销机构主要包括生产、销售、人事、财务等职能部门。随着企业所执行的营销观念的不同，这些职能部门的权限和职责、地位和作用有所区别，相互间的关系也不断调整。

第二节　现代营销新思维及其创新

随着社会和经济的不断发展，服装企业的营销环境发生了巨大变化，由此也给服装企业的生产经营活动提出了更高的要求。在目前全球经济一体化的大背景下，结合我国服装企业自身的经营特色，现代服装企业的营销观念得到了进一步的发展和完善，出现了一些新的营销领域和方法，至此，现代营销概念应运而生。

一、树立现代服装市场营销观念的意义

1. 有利于服装企业开拓市场

随着生活水平和生活质量的提高，人们的衣着观念发生了重大变化，开始重视服装产品的内在品质，以体现自身的内涵。从我国服装产业的情况来看，服装产品已出现了阶段性的过剩，服装企业面临着从加工贸易型向品牌效益型的战略转变。为了适应服装产业的升级要求，服装企业必须改变仿效跟随的生产经营策略，变被动为主动，不断开拓市场。

2. 促进服装企业的经营创新

当前我国的服装市场面临着产品低水平延伸、伪劣商品充斥市场、名优产品遭受冲击的现状，尽管如此，我国的服装业仍呈现出快速发展的态势。由于服装业的快速发展，带动了服装流通领域和服装市场的繁荣，服装业的扩张又进一步促进了服装企业的经营创新。20世纪90年代以前，中国服装业主要以加工贸易型为主，其主要的营销方式是批发和代销。自90年代中期以来，企业的品牌经营意识增强，开始实施品牌战略，国产品牌在国内市场有了相当大的占有率，打破了高档服装产品市场被进口品牌长期垄断的局面。服装企业由产品经营转向品牌经营，营销方式也由产品经营阶段的批发、代销转向连锁销售、代理销售、特许经营和专卖等新的营销方式。与此相适应，服装企业的管理方法和管理制度、产品的品种结构、营销服务的方式等方面也有了调整、改进和创新。

3. 有利于引导服装企业提高经济效益和履行社会职责

在现代市场营销观念的指导下，服装企业根据对消费者需求的调查研究及相关市场因素的调查和预测，根据市场规律决定产品开发和相应的服务方式，并有效地传递给消费者。这就使得企业能够在现代市场营销观念的引导下，避免盲目生产的弊端，进行资源优化配置，从而获得经济效益的最大化，达到预期的生产经营目标。由于企业实现经营目标的过程是建立在满足消费者需求的基础上，并且在市场调研和资源配置中渗透了"社会市场营销观念"，兼顾消费者与社会的长远利益，这就保证了企业、社会和消费者三者利益的一致性，使得企业在富有成效地生产经营中能更好地履行社会责任。

二、现代营销观念对服装营销的要求

现代企业总是面临来自各方面竞争力量的威胁，积极迎接这些竞争的挑战是取得市场竞争成功的基础。服装行业内部的竞争对企业的影响往往更为直接，也较为强烈，所以通常情况下应将研究企业竞争力的重点放在行业内部。现代营销观念既包括企业营销观念的创新和

营销战略的创新，也包括营销战略设计的创新，其核心是为消费者创造价值。

1. 确立正确的营销道德观

营销道德可以界定为调整企业与所有利益相关者之间的关系的行为规范的总和，是客观经济规律及法制以外制约企业行为的另一要素。不同的社会制度和不同的历史时期，营销道德的评判标准可能有所差异。在市场经济条件下，法制总是体现各个国家统治阶级的意志，法制与反映人们利益的道德标准有时也并不一致。在研究和认定营销道德时，应有明确的是非、善恶观念。营销道德的最根本的准则，应是维护和增进全社会和人民的长远利益。凡有悖于此者，皆属非道德的行为。对于目前服装市场上所出现的一些不公正、不真实的现象，或者不正当的竞争以及忽视资源节约和环境污染等问题，都与营销道德关系密切。因此，对于现代服装企业来说，必须树立正确的营销道德观。

2. 转变服装企业的经营态度

现代市场营销观念的最大特点，是经营理念从关注企业自身到关注消费者，关注如何为消费者创造更大价值，从"请消费者注意"转变到"请注意消费者"上来。

现代营销观念要求中最重要的一点就是企业所寻求的应当是尽可能地使消费者满意，消费者同样是为了获得价值而与企业交换或购买企业的产品或服务。如果有一天，消费者发现你的产品或服务的价值不再诱人，一定不会再选择你。因此，服装企业要提高消费者价值就需要对消费者价值细分并进行分析和评估，以确定营销效果和盈利能力。为了实现关注消费者，企业必须遵循这样一个经营理念：总资源限度内，在保证其他利益方能接受的情况下，尽力提供一个高水平的服务让消费者满意，或让他们获得更大的价值。唯有如此才能够留住顾客，才能提高顾客的忠诚度，进而提升品牌资产价值。但值得一提的是，服装企业不应盲目迎合顾客的需要而改变自己的产品和营销方式，以致耗费资金和精力，最终成为市场的附属品。

3. 调整服装企业的经营模式

随着全球化程度的发展，中国企业已经逐步参与到全球范围内的市场活动当中，这就要求我国企业在适应复杂营销环境的同时，既接受和吸收国际市场流行的营销观念，强化市场竞争意识，不断开拓市场，又要结合实际推进营销创新，有效把握和运用市场营销战略，减少市场营销活动的决策失误和经济损失。

随着我国服装市场的不断完善，服装企业的经营方式发生了根本性变革，企业根据市场需求来组织生产，并使产品、价格、销售渠道和促销等各种营销策略得到合理的组合和协调的运用。服装企业经营方式的调整，是现代市场营销观念的具体表现，它使企业真正成为市场的参与者和竞争者，企业的经营决策更加切合市场实际，企业的经营手段更加灵活，多样化、多层次的市场需求得到了保障。

4. 构建新的营销控制系统

现代营销观念要求服装企业的一切活动均以市场营销为出发点，企业的机构设置和组织管理突出了营销职能部门的作用，从而形成了以一个小部门为企业核心的新的管理系统，使企业能够及时地接近市场、了解市场和适应市场，更好地根据市场情况结合企业自身的环境安排生产活动。企业的相关活动可行性增强了，企业营销目标管理制度也确立了，企业营销活动的整体效应更加显著。

5. 制订新的评价标准

现代企业营销观念要求企业不仅要有短期的利润目标，而且更要有长远的经营目标。品牌形象的树立与维护、评价企业经营效果的标准应体现企业短期利润和长远利益、整体利益和局部利益的有机结合。

三、现代服装企业的营销创新

随着社会消费水平的提高与生活方式的升级，消费者对服装产品的消费需求逐渐带有浓厚的个性色彩。在此背景下，服装行业传统的大规模单一批量生产方式已难以适应新环境下市场竞争的需要。特别是市场全面进入买方市场的品牌竞争时代，消费者在消费选择时的细节化、个性化的体验式消费需求越来越普及，因此，市场消费环境愈加成熟且挑剔，竞争环境日渐激烈且残酷，所有这些都促使服装企业不断进行市场策略的转型和营销模式的创新。

1. 营销手段创新

互联网技术的不断发展为企业的营销注入了更为新鲜的血液，使得企业的经营理念和经营行为必须与最新的知识、科技相衔接，并将新科技、新知识融入产业之中。计算机和计算机网络是一种新的信息通道，其突出特点是快捷。利用这一通道，个人和组织可以自由高效地进行信息传递，顾客可以更方便地与商家接触，了解企业的产品和服务，企业则可以通过网络密切关注供应商和客户，深度挖掘顾客需求，进而改进产品和服务，对市场做出更快的反应，保证其竞争优势。对于服装企业来说，网络环境下的营销能使工业批量生产与顾客量身定制完全结合起来，企业将产品中属于消费者共同需要的部分，采用机器大工业的方式批量生产以求降低成本。而产品中由单一顾客需要的"定制"部分采用柔性化生产方式加以处理，这就使得企业一方面可以用更低的成本提供符合顾客个性化需求的产品，另一方面企业的营销目标真正实现以顾客需求为导向，从而在不定型的市场营销环境中维持相对稳定的消费群。比如红领集团的C2M营销模式（图2-5）。

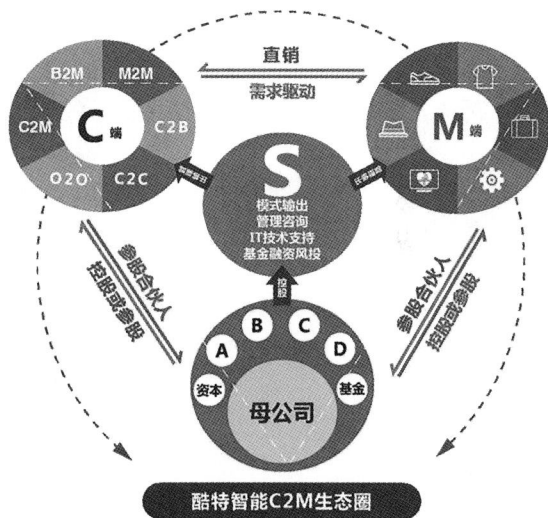

图2-5　红领集团C2M营销模式
（图片来源：搜狐网）

2. 营销关系创新

营销环境和营销手段的变化，必然会引起企业与顾客关系的转型、营销组织内部关系的重整以及竞争者关系的转变。在新的营销环境中，服装企业应充分利用新型媒体、营销技术和传播方式，及时、准确、动态地收集和传递消费者信息，分析消费需求及其变化趋势，开发相应产品并在投放市场时利用网络测试产品性能，尽量缩小产品与顾客需求之间的差距。此时，服装企业与顾客之间的双向互动关系得以强化，顾客在接受产品和服务的过程中更加趋于主动。在这种情况下，需要及时调整服装企业内部组织关系，比如减少营销管理的层级、缩短沟通的渠道、提高营销人员的独立操作能力和专业化水平等。另外，信息技术的发展缩小了时空和地域的限制，服装企业能够快速掌握竞争对手的信息与行为，竞争者之间的关系变得更加理性，即竞争的关键是如何及时获取、分析、运用市场信息，制订相应的具有竞争优势的营销策略。

3. 营销渠道创新

随着互联网在人类社会生活各个领域的广泛使用，服装企业的营销活动走进了网络时代。通过电子商务的手段使得互联网直接与消费者相连，将服装商品展示给顾客、回答顾客的疑问并接受顾客的订单；服装企业根据消费者发出的订单及要求，决定企业的生产和服务，并以最快捷的方式再传递给消费者。对于消费者来说，通过网上交易完成购买活动更灵活、更方便；对于中间商来说，网上渠道采购具有较大的选择空间，而且采购成本较低；对于服装生产商来说，网络渠道将各种营销活动进行整合，达到了营销组合所追求的综合利益，比如衣联网的B2B营销模式（图2-6）。

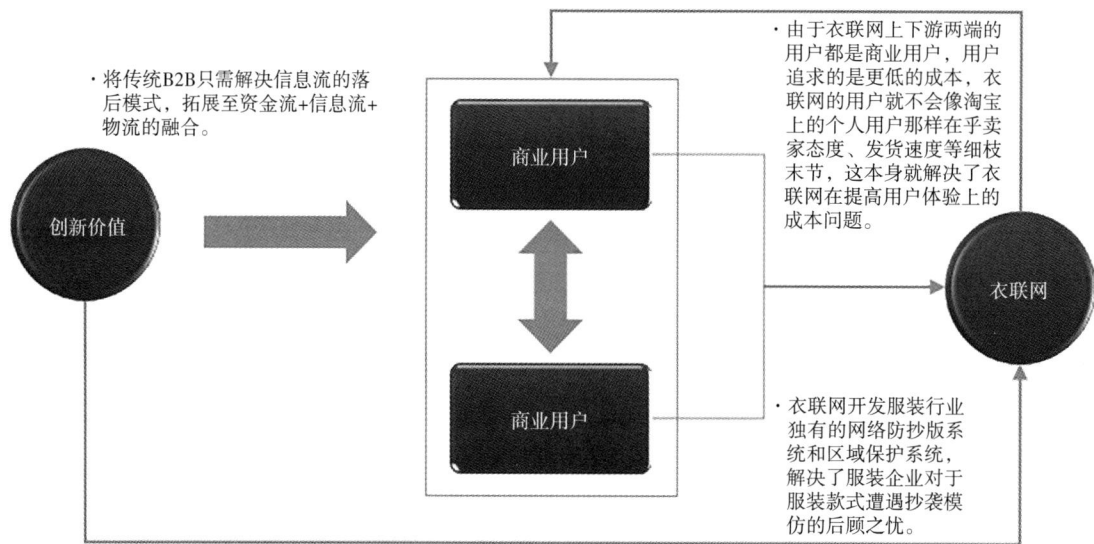

图2-6　衣联网B2B营销模式
（图片来源：网经社）

4. 营销传播方式创新

网络营销提供了新兴的营销渠道，利用网络进行营销活动，使得营销传播方式有了很大的创新。与传统媒体相比，"网络广告"尤其是移动互联网广告的灵活性更大、传播速度更快、范围更广，增强了广告宣传的互动性和即时性。同时，依托网络，"网上公关"能够营造有利于企业营销的舆论导向，避免负面效果的产生。"网上市场调研"不受时间、地域限制，使市场调研的周期缩短，提高了市场信息的时效性。所以，网络营销作为现代营销传播的新方式，传播速度更快，辐射面更广，信息反馈更加及时。如图2-7所示，不难看出，绫致时装O2O营销模式中信息传播方式的创新。

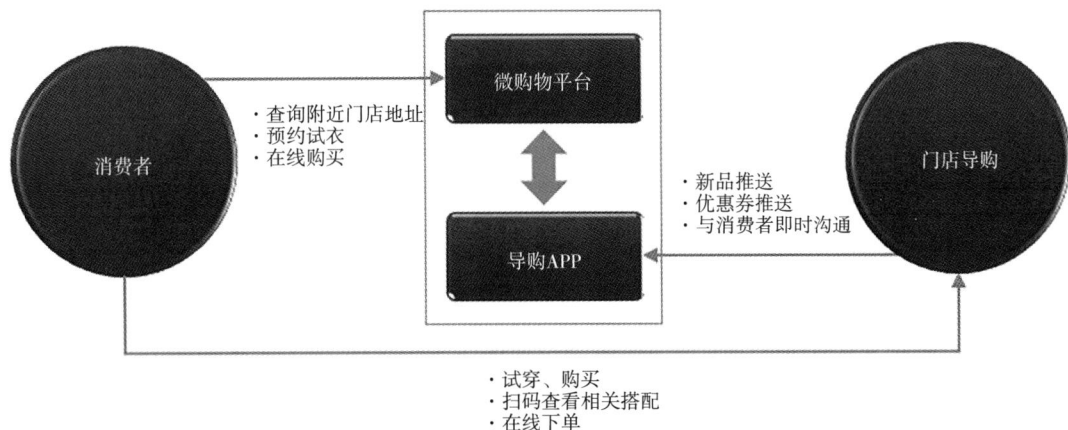

图2-7　绫致时装O2O营销模式

（图片来源：网经社）

第三节　现代服装企业营销新思维

一、服装整合营销

整合营销是一种通过对各种营销工具和手段的系统化结合，根据环境的不断变化进行动态的修正，以使交换双方在交互中实现价值增值的营销理论和营销方法。

1. 服装整合营销的提出

传统的大众营销，是为了向同质性高、无显著差异的消费者，销售大量制造的规范化的消费品。营销管理者认为，只要不断强调企业产品质量，并不断努力降低成本和价格，消费者就会购买。然而，随着市场上服装品牌数量的不断增加，产品同质化现象越来越严重，服务成本也日益增高，消费者对服装企业和服装产品的要求却越来越高，但信任度却逐渐降低。同时，大众取向的传媒和充斥市场的广告，并未能持续圆满地解决服装产品的销售困难。以满足消费者需求为中心的服务营销，在竞争日益激烈的条件下，逐步取代了以企业生存和发展为中心的产品营销。需求导向的企业以目标市场的需求为出发点，力求比竞争者更加有效地满足消费者的需求和欲望。但是，了解消费者真正的需求并非易事。服装企业面临的主要难题是：在消费者做出购买决策时，越来越依赖他们自以为重要、真实、正确无误的认识，而不是具体的、理性的思考。服装企业唯一的差异化特色，在于消费者相信什么是厂商、产品或劳务以及服装品牌所能提供的利益。也就是说，存在于消费者心智网络中的价值，才是真正的服装营销价值。因此，要想有效地为满足顾客需求而开展服装营销，首先要进行有效的沟通。

整合营销观念改变了把营销活动作为企业经营管理的一项职能的观点，而是要求将所有活动都整合和协调起来，努力为顾客利益服务。同时，强调企业与市场之间互动的关系和影响，努力发现潜在市场和创造新市场。以注重企业、顾客、社会三方共同利益为中心的整合营销，具有整体性与动态性特征。企业把与消费者之间的交流、对话、沟通放在特别重要的地位，是营销观念的变革和发展。

菲利普·科特勒认为：企业所有部门为服务于顾客利益而共同工作时，其结果就是整合营销。整合营销发生在两个层次：一是不同的营销功能，比如销售、广告、产品管理、市场研究等部门必须共同工作；二是营销部门必须和企业的其他部门相协调。

营销组合概念强调将市场营销中各种要素组合起来的重要性，营销整合则与之一脉相承，但更为强调各种要素之间的关联性，要求他们成为统一的有机体。在此基础上，整合营销更要求各种营销要素的作用力统一方向，形成合力，共同为企业的营销目标服务。

2. 整合营销中的4C观念

整合营销中的4C观念是其发展的关键。主要包括以下内容：

（1）Consumer（消费者）。指服装消费者的需要与欲望。服装企业要把重视顾客放在第一位，强调创造顾客比开发服装产品更重要，满足消费者的需求和欲望比服装产品功能更重要。

（2）Cost（成本）。指消费者获得满足的成本，或是消费者为满足自己对服装产品的需要和欲望而愿意付出的成本价格。这里的营销价格因素延伸为生产经营过程的全部成本，包括服装企业的生产成本（即生产适合消费者需要的产品成本）和消费者购物成本（不仅指购物的货币支出，还有时间耗费、体力和精力耗费以及风险承担）。新的定价模式为消费者所能接受的价格减去适当的利润等于成本上限。服装企业要想在消费者支持的价格限度内增加利润，就必须努力降低服装成本。

（3）Convenience（便利）。指服装购买的方便性。与传统的营销渠道相比，新的观念更重视服务环节，即在服装的销售过程中，强调为顾客提供便利，让顾客既买到服装商品，也买到便利。在各种邮购、电话订购、代购代送方式出现后，消费者不一定去到商场，而是在小区或坐在家里就能买到自己所需要的服装产品。为此，服装企业要深入了解不同的消费者不同的购买方式和偏好，把便利原则贯穿于营销活动的全过程。比如，售前及时向消费者提供充分的关于服装产品性能、质量、价格、使用方法和效果的准确信息；售中的售货地点要便于消费者自由挑选、方便停车、免送货、咨询导购等；售后应重视信息反馈和追踪调查，及时处理和答复顾客意见，对有问题的商品主动退换，对使用中出现的问题可以开设热线电话服务等积极提供咨询和处理。

（4）Communication（沟通）。指与用户沟通。服装企业可以尝试多种营销策划与营销组合，如果未能收到理想的效果，说明企业与产品尚未完全被消费者接受。此时，则不宜加强单向劝导顾客，而要着眼于加强双向沟通，增进相互的理解，实现真正的适销对路，培养忠诚的顾客。

在整合营销的实施过程中，主要包括资源的最佳配置和再生、人员的选择和激励、学习型组织和监督管理机制。

3. 整合营销沟通

整合营销沟通（Integrated Marketing Communications，IMC）也称整合营销传播。我国有学者将其内涵表述为以消费者为核心，重视企业行为和市场行为，综合协调地使用各种形式的传播方式，以统一的目标和统一的传播形象，传播一致的产品信息，实现与消费者双向沟通，迅速树立产品品牌在消费者心目中的地位，建立产品与消费者长期密切的关系，更有效地达到广告传播和产品行销的目的。也有学者认为，IMC是指企业在经营活动中，以由外而内的战略观点为基础，为了与利害关系者进行有效的沟通，以营销传播管理者为主体所展开的传播战略。为了对消费者、从业人员、投资者、竞争对手等直接利害关系者和社区、大众媒体、政府、各种社会团体等间接利害关系者进行密切、有机的传播活动，营销传播管理者应该了解他们的需求，并反映到企业经营战略中去。首先决定符合企业实情的各种传播手段和方法的优先次序，通过计划、调整、控制等管理过程，有效地、阶段性地整合诸多企业传播活动。

例如，来自德国巴伐利亚州的女装品牌CY（Cashmere Yung）（图2-8），在刚进入中国时便采取了整合营销的方式，从摄影及海报平面设计、店铺设计、活动设计三个方面采取整合思路，旨在建立良好的品牌形象。

图2-8　CY实体店铺设计

（图片来源：Cashmere Yung官方微博）

在摄影及海报平面设计部分，CY采用了巴伐利亚州的标志性人物——茜茜公主作为品牌推广的主线，其故事基调和CY的品牌形象不谋而合。三组风格各异的平面摄影海报："茜茜的足迹""城市的足迹""东方的足迹"，完美诠释了CY从巴伐利亚州进入中国市场的一个完整过程，起到了良好的品牌宣传效果。在店铺设计方面，CY的亮点在于多种材料的综合应用，墙体的装修符合品牌特色且独具匠心，棕色的墙体迎合CY消费人群的喜好，给人温暖舒适的体验感，非常符合其"成熟、独立、含蓄、典雅"的品牌形象。在活动设计方面，CY严格按照建立良好的品牌形象进行整合营销，线下推广是其推广的主力手段，开业典礼、新品发布会等线下活动的设计都非常富有创意，且极具视觉美感。这种轰炸式的视觉整合传播迅速扩大了品牌的影响力，建立了良好的品牌形象。

二、服装关系营销

1. 关系营销的提出

关系营销是20世纪70年代由北欧学者提出来的。自20世纪80年代以来，关系营销理论得到了广泛的传播、发展与应用。所谓关系营销，是以系统论为基本思想，将企业置身于社会经济大环境中来考虑企业的市场营销活动，认为企业营销乃是一个与消费者、竞争者、供应者、分销商、政府机构和社会组织发生互动作用的过程，其核心是建立和发展与这些公众的良好关系。因此，关系营销中涉及企业内部关系、企业与竞争者的关系、企业与顾客关系、企业与供应商关系以及企业与影响者关系等。关系营销将建立与发展同所有利益相关者之间的关系作为企业营销的关键变量，把正确处理这些关系作为企业营销的核心。

2. 关系营销的本质特征

关系营销的本质特征可以概括为以下方面：

（1）双向沟通。在关系营销中，沟通应该是双向的。只有广泛的信息交流和信息共享，才可能使企业赢得各个利益相关者的支持与合作。

（2）合作。只有通过合作才能实现协同，因此合作是"双赢"的基础。

（3）双赢。即关系营销旨在通过合作增加关系各方的利益，而不是通过损害其中一方或多方的利益来增加其他各方的利益。

（4）亲密。关系能否得到稳定和发展，情感因素也起着重要作用。因此关系营销不只是要实现物质利益的互惠，还必须让参与各方能从关系中获得情感的需求满足。

（5）控制。关系营销要求建立专门的部门，用以跟踪顾客、分销商、供应商及营销系统中其他参与者的态度，由此了解关系的动态变化，及时采取措施消除关系中的不稳定因素和不利于关系各方利益共同增长的因素。

此外，通过有效的信息反馈，也有利于企业及时改进产品和服务，更好地满足市场的需求。

3. 关系营销的基本模式

（1）关系营销的中心——顾客忠诚。在关系营销中，怎样才能获得顾客忠诚呢？发现正当需求——满足需求并保证顾客满意——营造顾客忠诚，构成了关系营销中的三部曲。也就是说，服装企业要分析顾客需求以及顾客满意程度，因为满意的顾客会对企业带来有形的好处（如重复购买该企业产品）和无形产品（如宣传企业形象）。有营销学者认为，导致顾客全面满意的七个因素及其相互间的关系：欲望、感知绩效、期望、欲望一致、期望一致、属性满意、信息满意；欲望和感知绩效生成欲望一致，期望和感知绩效生成期望一致，然后生成属性满意和信息满意，最后导致全面满意。可以看出，期望和欲望与感知绩效的差异程度是产生满意感的来源，所以，企业可采取提供满意的产品和服务、附加利益以及信息通道等来赢得顾客满意；而在顾客维系过程中，并不仅需要维持顾客的满意程度，还必须分析顾客产生满意程度的最终原因，从而有针对性地采取措施来维系顾客。因为市场竞争的实质是争夺顾客资源，维系原有顾客，减少顾客的叛离，这要比争取新顾客更为有效。

（2）关系营销的构成——梯度推进。建立顾客价值的方法主要有以下三种：

①一级关系营销，也称频繁市场营销或频率营销。这一阶段的营销层次最低，维持关系的主要手段是利用服装销售价格刺激，给目标公众增加财务利益。在这一阶段，顾客乐于和服装企业建立关系，其主要原因在于希望得到优惠和特殊照顾，如再购买折扣、以旧换新折扣、累积记分建立等，或者希望减少服装购买风险，如合理的退货保证制度、损失的经济补偿。

②二级关系营销，其出发点是增加社会利益，同时也附加财务利益。在这种情况下，营销在建立关系方面不是价格刺激，而是通过了解单个顾客的需要与欲望，并使其服务个性化和人格化，来增加公司与顾客的社会性联系。建立顾客组织是二级营销的主要表现形式。通过顾客组织，企业可以给予长期顾客优惠和奖励，提供产品最新信息，定期举办联谊活动，加深顾客的情感信任，密切双方关系。有形的顾客组织包括正式和非正式的俱乐部、顾客协会等。无形的顾客组织是利用数据库建立顾客档案，并进行分类管理。

③三级关系营销：企业第三层次的关系营销是增加结构纽带，并附加财务利益和社会利益。结构性联系要求提供这样的服务：它对关系客户有价值，但不能通过其他来源得到。这些服务通常以技术为基础，并被设计成一个专门系统，而不是仅仅依靠个人建立关系的行为，从而为客户提高效率和产出。

对于现代服装企业来说，开展关系营销的目的是要形成顾客忠诚，与顾客形成一种良好的、互惠的关系，即发现正当需求、满足需要并保证顾客满意和营造顾客忠诚。

（3）关系营销的模式——作用方程。企业不仅面临着同行业竞争对手的威胁，而且在外部环境中还有潜在进入者和替代品的威胁，以及供应商和顾客之间讨价还价的较量。服装企业营销的最终目标是使本企业在产业内部处于最佳状态，能够抗击或改变这五种作用力。所谓作用力是指决策的权利和行为的力量。双方的影响能力可用下列三个作用方程表示，即"营销方的作用力"<"被营销方的作用力"，"营销方的作用力"="被营销方的作用力"，"营销方的作用力">"被营销方的作用力"。引起作用力不等的原因是市场结构状态的不同和占有信息量的不对称。在竞争中，营销作用力强的一方起着主导作用，当双方力量势均力敌时，往往采取谈判方式来影响、改变关系双方作用力的大小，从而使交易得以顺利进行。

4. 服装关系营销的原则

关系营销的实质是在市场营销中与各关系方建立长期稳定的相互依存的营销关系，以求彼此协调发展，因而必须遵循以下原则：

（1）主动沟通原则。在关系营销中，各关系方都应主动与其他关系方接触和联系，相互沟通信息，了解情况，形成制度或以合同形式定期或不定期碰头，相互交流各关系方需求变化情况，主动为关系方服务或为关系方解决困难和问题，增强伙伴合作关系。

（2）承诺信任原则。在关系营销中各关系方相互之间都应做出一系列书面或口头承诺，并以自己的行为履行诺言，才能赢得关系方的信任。承诺的实质是一种自信的表现，履行承诺就是将誓言变成行动，是维护和尊重关系方利益的体现，也是获得关系方信任的关键，是公司（企业）与关系方保持融洽伙伴关系的基础。

（3）互惠原则。在与关系方交往过程中必须做到相互满足关系方的经济利益，并通过在公平、公正、公开的条件下进行成熟、高质量的产品或价值交换，使关系方都能得到实惠。

5. 服装关系营销的实施过程

（1）组织设计。服装企业在组织设计时必须做到内部组织结构的整合和企业间建立各种联盟。企业间的联盟关系具有边界模糊、关系松散、机动灵活和高效运作的特点。

（2）资源配置。关系营销要求服装企业进行资源配置时，充分利用企业的人力资源和信息资源，尽量达到资源最佳利用。服装企业人力资源的配置可以采取部门间人员轮换、从内部提升、跨业务单元的团队和会议等措施。

（3）关系障碍排除。现代服装企业开展关系营销往往会碰到许多障碍，从而影响营销效果。关系营销的障碍主要包括利益不对称、失去自主权和控制权、片面的激励体系和担心损害分权等。

关系各方面的差异会增加建立关系的难度，因为这种差异会产生交流上的问题。而文化的融合，对于关系双方能否真正协调运行起着关键的作用。因此，对于服装企业开展关系营销中的障碍通常可通过企业文化的整合来得到解决。所谓文化融合，是企业营销活动中处理各种关系的高级形式。不同企业意味着不同的企业文化，特别是当企业的基本战略不同时，推动差别化战略的企业文化也许能激励创新、发挥个性及承担风险。如果关系双方的文化相适应，则企业文化可以强有力地巩固企业与各合作者的关系，以寻求建立竞争优势。

（4）关系营销方法的应用。首先，要建立服装企业与顾客的紧密联系，依靠信息和网络技术实现两者之间的全面互动。服装企业通过采集和积累有关消费者的各方面信息，经过处理后利用计算机综合成有条理的数据库，然后在各种软件的支持下，产生企业经营活动所需要的各种详细、准确的数据。通过数据库的建立和分析，可以帮助企业更为准确地找到目标顾客群，降低营销成本，提高营销效率，并且可以为营销和新产品开发提供准确的信息。

其次，要改变顾客角色的认识。服装企业应摒弃把顾客当作讨价还价的对手这一旧观念，而应该将顾客看作是诲人不倦的老师、共同创造价值的伙伴。

最后，要着眼未来，以真诚换取忠诚。服装企业除提供过硬产品外，还要加强服务工作，消除消费者购买后的风险，从而增加产品的附加价值。

目前，服装行业内运用关系营销最多的当属各类奢侈品牌。在早期，无论是爱马仕还是香奈儿，大多数奢侈品牌都是通过建立小的品牌社区，在牢固客户关系的基础上发展品牌。在新零售时代的今天，社交媒体的蓬勃发展导致市场环境日益激烈，各大奢侈品牌则需要加强与客户之间的频繁互动，并不断深挖和开发客户价值，因此，关系营销对奢侈品牌的发展比以往任何时候更加重要。

在关系营销中，大多数奢侈品牌都在利用CRM（客户关系管理系统）工具来与消费者进行互动。奢侈品牌的目标客户最注重的是隐私与专享服务，通过CRM系统可以实现客户信息的存储和共享等服务，并确保品牌的任何一家门店都能够掌握顾客的个人资料、消费情况、喜好，等等，顾客在全球范围内均可以享受到尊贵的"私人服务"。

三、服装定制营销

1. 定制营销的含义

定制营销（Customization Marketing）是指在大规模生产的基础上，将市场细分到极限程度——把每一位顾客视为一个潜在的细分市场，并根据每一位顾客的特定要求，单独设计、生产产品并迅速交货的营销方式。其核心目标是以顾客愿意支付的价格、并以能获得一定利润的成本高效率地进行产品定制。美国著名营销学者科特勒将定制营销誉为21世纪市场营销最新领域之一。在全新的网络环境下，兴起了一大批像Amazon、P&G等为客户提供完全定制服务的企业。

2. 服装定制营销的特点

与传统的营销方式相比，服装定制营销体现出其特有的竞争优势。

（1）能体现以顾客为中心的营销观念。从顾客需要出发，与每一位顾客建立良好关系，并为其开展差异性服务，实施了一对一的营销，最大限度地满足用户的个性化需求，提高了企业的竞争力。在这种营销中，消费者需要的服装产品由消费者自己来设计，企业则根据消费者提出的要求来进行大规模定制。服装企业采用定制营销，通常以顾客数据库作为营销工具。企业将自己与顾客发生的每一次联系都记录下来，包括顾客购买的数量、价格、购买的条件、特定的需求、业余爱好、家庭成员的名字、生日等信息。这样，当服装企业开发新产品时，便非常明确自己目标人群的需求，也可以预测会有哪些人购买，购买的特点是什么，充分提高企业产品开发的成功率，减少风险因素。

（2）实现了以销定产，降低了成本。在大规模定制下，服装企业的生产运营受客户的需求驱动，以客户订单为依据来安排定制产品的生产与采购，使企业库存最小化，降低了企业成本。因此，它的目的是把大规模生产模式的低成本和定制生产以客户为中心这两种生产模式的优势结合起来，在未牺牲经济效益的前提下，了解并满足单个客户的需求。也就是说，是以客户愿意支付的价格并以能获得一定的利润的成本高效率地进行产品定制。

（3）有利于促进服装企业的不断发展。传统的营销模式中，企业的研发人员通过市场调查与分析来挖掘新的市场需求，继而推出新产品。这种方法受研究人员能力的制约，很容易被错误的调查结果所误导。而在定制营销中，顾客可直接参与产品的设计，企业也可以根据顾客的意见直接改进产品，从而达到产品和技术上的创新，并能始终与顾客的需求保持一致，从而促进企业的不断发展。

3. 服装定制营销的实施条件

从营销实施的起点看，传统营销通常是利用较多的库存缩短供货时间，属于"非零起点"营销。而定制营销的库存较少甚为零，是"零起点"营销，但会导致供货周期较长，缺少时间优势。然而，客户在通过定制化获得优质的个性化产品和服务的同时，更希望服装企业提供的产品和服务能够准时、快捷，以减少其购买决策的不确定性，降低购买决策的风险。这就要求企业在较短的时间内做出快速反应。因此，对于实施定制营销的服装企业来说，必须做到在最短的时间内或者在最准确的时间点上，提供顾客所需要的服装产品或服务，即时满足顾客的需要。因此，构建基于时间竞争的定制营销系统对提高顾客满意度、顾客忠诚、顾客终身价值、顾客关系、顾客服务价值链有着非常重要的作用。

（1）信息化是定制营销的基础。企业信息化是指企业在科研、生产、营销和办公等方面广泛利用计算机和网络技术，构筑企业的数字神经系统，全方位改造企业，以降低成本和费用，增加产量与销售，提高企业的市场反应速度，提高企业的经济效益。定制营销的一个重要特征就是数据库营销，通过建立和管理比较完全的顾客数据库，向服装企业的研发、生产、销售和服务等部门和人员提供全面的、个性化的信息，来深刻地理解顾客的期望、态度和行为，以期能够协同建立和维持一系列与顾客之间卓有成效的协同互动关系，从而可以更好更快捷地为顾客提供服务，增加顾客价值。在这个网络平台上，公司能够了解每一位消费者的要求并迅速给予答复，在生产产品时就对其进行定制。企业根据网上顾客在需求上存在的差异，将信息或服务化整为零，或提供定时定量服务，顾客根据自己的喜好去选择和组合，形成"一对一"营销。因此，没有畅通的信息渠道，企业无法及时了解顾客的需求，顾客也无法确切表达自己需要什么产品，就无从谈定制营销。互联网、信息高速公路、卫星通信、声像一体化可视电话等的发展为这一问题提供了很好的解决途径，是企业电子商务、网络营销和定制营销的基础平台。利用信息技术能够提高定制营销的时间竞争优势，例如，摩托罗拉的销售员携带笔记本电脑，根据顾客设计要求定制移动电话。该设计通过网络转送至工厂，在17分钟内开始生产，两个小时之后，顾客设计的产品就生产出来了。

（2）选择合理的定制营销方式。服装企业要根据自身产品的特点和客户的需求情况，正确地选择定制营销方式，以取得时间优势。一般来说，定制营销的方式有以下几种：合作型定制、适应型定制、选择型定制和消费型定制。

例如，当产品的结构比较复杂时，消费者一般难以权衡，不知道选择何种产品组合适合自己的需要，在这种情况下可采取合作型定制；企业与消费者进行直接沟通，介绍产品各零部件的特色性能，并以最快的速度将定制产品送到消费者手中。如果消费者的参与程度比较低时，企业可采取适应型定制营销方式；消费者可以根据不同的场合、不同的需要对产品进行调整，变换或更新组装来满足自己的特定要求。而当产品对于顾客来说其用途是一致的，而且结构比较简单，顾客的参与程度很高时，可以采用顾客设计方式。在有些情况下，企业需要通过调查，识别消费者的消费行为，掌握顾客的个性偏好，再为其设计更能迎合其口味的系列产品或服务。因此，不同的定制营销方式适用于不同特点的产品，也对应于不同需求的顾客，定制营销企业要充分考虑自身产品及企业服务顾客的需求差异，采用不同的定制营销方式，赢得时间竞争的优势。

（3）企业业务外包。业务外包（Out Souring）是一种经营策略。它是某一公司（称为发包方），通过与外部其他企业（称承包方）签订契约，将一些传统上由公司内部人员负责的业务或机能外包给专业、高效的服务提供商的经营形式。业务外包被认为是一种企业引进和利用外部技术与人才，帮助企业管理最终用户环境的有效手段。业务外包的精髓是明确企业的核心竞争能力，并把企业内部的职能和资源集中在那些有核心竞争优势的活动上，然后将企业非核心能力部分的业务外包给最好的专业公司。由于发包方和承包方专注于各自擅长的领域，更高的生产效率提供了更快捷的产品和服务，取得了时间竞争的优势。

例如，耐克公司的美国总部实际上什么都不生产，他们早已将做鞋的业务以合同承包加工返销的方式转向一些低工资国家，而总公司则只控制产品的设计、开发、推广和市场营销。耐克公司这么做的科学之处就在于，合理区分并识别出制鞋行业获得成功的关键业务与非关键业务，即高档球鞋行业的战略环节是真正创造大量价值的产品开发设计和营销组织管理，而不是相对简单的制造环节。针对这一状况，耐克公司做出了外包（虚拟非核心业务）加工制造的决策，而集中主要的财力、物力、人力投入到创造和积蓄完成核心业务所必需的产品设计和营销管理方面。

（4）构建敏捷柔性的生产制造系统。敏捷制造（Agile Manufacturing）这一概念是1991年美国里海（Lehigh）大学亚柯卡（Iacocca）研究所提出的。敏捷制造具有以下特点：

①敏捷制造是信息时代最有竞争力的生产模式：它在全球化的市场竞争中能以最短的交货期、最经济的方式，按用户需求生产出用户满意的具有竞争力的产品。

②敏捷制造具有灵活的动态组织机构：它能以最快的速度把企业内部和企业外部不同企业的优势力量集中在一起，形成具有快速响应能力的动态联盟。

③敏捷制造采用了先进制造技术：敏捷制造一方面要"快"，另一方面要"准"，其核心就在于快速地生产出用户满意的产品。

④敏捷制造必须建立开放的基础结构。

定制营销企业要构建敏捷制造系统，关键要从生产运作管理入手，完成生产经营策略的转变和技术准备；适当的技术和先进的管理能使企业的敏捷性达到一个新的高度，如先进加工技术、质量保证技术、零库存管理技术以及MRP Ⅱ/ERP等。另外，满足客户个性化的需求，生产流程必须柔性化。企业的生产装配线必须具备快速调整的能力，使企业的生产线具有更高的柔性和更强的加工变换能力，从而使生产系统能适应不同品种、式样的加工要求。

四、服装文化营销

1. 文化营销的产生

企业卖的是什么？仅仅是产品吗？答案是否定的。也就是说，在产品的深处包含着一种隐性的东西——文化。企业向消费者推销的不仅仅是单一的产品，产品在满足消费者物质需求的同时还满足消费者精神上的需求，给消费者以文化上的享受，满足他们高品位的消费。这就要求企业转变营销方式而进行文化营销。

众所周知，物质资源是会枯竭的，唯有文化才能生生不息。文化是由历史进程所创造的，并成为社会发展的平台。人是经济活动的主体，同时又是民族文化的载体，人类创造着文化，文化又塑造着人类自身。不同的民族有着自己区别于其他民族的独特的生活方式、思维方式、价值观、审美观、情感意向及心理素质等，这就造成了文化的国别性，同时带来了经济发展模式、企业经营模式及消费者行为的差异性。以中国传统文化为例，中国古代社会商品经济发展缓慢，是农业社会之必然。"傍水者智，傍山者寿"，当生存迫使他们不得不向海洋索取时，不幸又换来了机遇。远古生存环境越容易、越畅顺，生活着的人越平庸、越保守；相反，生存的环境越艰难、越颠沛，生活着的人越出色、越富有创造性。"傍水者智"为欧洲民族带来的是冒险、闯荡、机智、独立、务实、好利的性格品质，西方文化赋予欧美资本主义的文化内涵是自由、民主、个人主义；东方文化内涵是集权、集体主义。然而在不同环境下产生的两种经济发展模式都是成功的。因此，文化营销的产生有与其相对应的宏观经济环境和社会环境。

2. 文化营销的内涵及意义

文化营销是指在企业经营活动中，根据不同的目标市场，采取不同的营销策略，以适应目标市场文化环境，避免文化冲突的一种营销方式。它是一个组合概念。简单地说，就是利用文化力进行营销，指服装企业营销人员及相关人员在企业核心价值观念的影响下所形成的营销理念，以及所塑造出的营销形象，两者在具体的市场运作过程中所形成的一种营销模式。文化营销强调企业的理念、宗旨、目标、价值观、职员行为规范、经营管理制度、企业环境、组织力量、品牌个性等文化元素，其核心是理解人、尊重人、以人为本，调动人的积极性与创造性，关注人的社会性。在文化营销观念下，服装企业的营销活动给予服装产品、企业、品牌以丰富的个性化的文化内涵。

从本质上讲，文化营销是企业以文化及文化内部多元化形成的亚文化分析为依据，了解消费者的行为特点，并形成企业的亚文化，即新型的企业文化，实施文化渗透，完成企业产品与消费者付出成本交换的全过程。文化营销战略观点倡导企业为实现价值交易行为去建立新型的企业文化，而我们通常所讲的营销技术性的手段将视为文化的渗透方式。文化营销既包括浅层次的构思、设计、造型、装潢、包装、商标、广告、款式，又包含对营销活动的价值评判、审美评价和道德评价。它包括三层含义：

（1）企业需借助或适应不同特色的环境文化开展营销活动。

（2）文化因素需渗透到市场营销组合中，综合运用文化因素，制订有文化特色的市场营销组合。

（3）企业应充分利用CI战略与CS战略全面构筑企业文化。

服装企业实施文化营销，具有重要的现实意义。一方面，企业文化是企业全体员工衷心认同和共有的核心价值观念，它规定了人们的基本思维模式和行为方式，这种优秀文化的吸引力不仅可以吸引外部优秀的营销人员来为本企业效力，而且可以使本企业内部员工紧密团结在一起，为一个共同的目标而努力，从而达到人力资源的优化配置，确保企业经营业绩的不断提高；另一方面，在知识经济时代，人们在消费物质形态产品的同时，更加注重消费文化形态的产品，从这个角度看，企业最大的效益是由文化创造的，利用文化力营销，从而优化资源配置，推动经济发展，由此看来，文化营销是实实在在的生产力。

3. 服装企业文化营销的实施过程

服装企业实施文化营销，应该做好以下几个方面的工作：

（1）对实施文化营销的目标市场进行细致的调查。如前所述，文化营销中的文化是目标市场消费者与产品文化的契合。因此，要避免实际应用中经常出现的企业往往只关注企业的产品文化，而忽视对消费者文化的关注。实施文化营销首先要调查目标市场的消费者文化，主要包括目标市场的风俗习惯、目标市场的文化环境、目标市场的人口特征（包括民族、学历、人口比例等）。关键是调研目标消费群的文化，也就是文化营销的核心消费者的文化价值观念。比如，童装就要紧紧抓住儿童的心理文化，努力满足儿童的心理需求。

（2）发掘服装企业产品与企业形象的文化内涵。每个企业产品都具有自己的文化内涵，企业的发展过程中可能存在一些不同的文化信息，企业及其产品具有多种文化，要仔细研究、发掘企业与企业产品的文化内涵或文化关联。例如，企业的历史文化内涵、产品的品牌文化内涵、产地文化内涵等。

（3）对比鉴别，找出企业产品文化内涵与目标市场消费者文化需求的共鸣点。通过对目标市场的调查和对企业及企业产品文化内涵的发掘，可以一一列举出目标市场的消费者文化和企业及其产品的文化。通过对比分析，找出企业及其产品满足目标市场消费者文化的共鸣点，这个共鸣点就是文化营销中的文化定位，文化定位中最重要的一点就是文化的差异化，即与其他产品文化的差异。只有独树一帜，才能引起消费者的兴趣，然后从企业的形象及企业产品的各个层次赋予企业产品消费者认同的文化价值，这样产品才能真正被消费者所接受。

（4）文化营销的传播。在市场调查及文化的发掘定位之后，就要进行文化营销的传播。首先要寻找文化营销的切入点，包括新闻热点和大众关注的事件等。例如，在电视剧《大染坊》中，当时陈六子刚进入青岛开始生产"飞虎"牌洋布，非常艰难，他就免费为学生抗日游行提供布做旗子，既为国家出了力，又为自己的"飞虎"牌洋布做了宣传。总之，要通过各种渠道对文化营销进行宣传，让目标市场的消费者知道企业产品与竞争对手产品的文化差异。

（5）文化营销的评估。不管采取哪种营销方式，在实施的过程中要不断地进行评估，以观察新的营销方式是否达到了预期的效果。文化营销也不例外。在营销的过程中，要不断地进行调查评估，查看文化营销中的文化是否被消费者所接受，是否促进了产品的销售。如果出现问题，则要根据文化营销的步骤找到问题的出处，及时解决问题。做好文化营销的评估也是实施文化营销的重要环节。

总之，在服装企业的营销活动中，只有长期保持营销的差异化，才能为服装企业带来长久的利益，而文化营销的应用就是企业长期保持营销差异化的一种有效方式。在当今知识经济时代，全球经济一体化步伐加快，内涵丰富的文化营销方式必将得到广泛的应用与发展。

4. 服装企业文化营销中应注意的问题

服装企业实施文化营销，绝不是喊口号，也不是玩花拳绣腿。它不只是一个形式的问题，更是一个内容的问题。服装企业在文化营销时应注意以下几个方面：

（1）处理好内容与形式的关系。内容决定形式，形式是内容的体现，两者辩证统一。实际中，企业在文化营销时往往只重视形式而忽略内容。例如，有的企业只注重产品的包装而不重视产品质量；有的企业在文化建设中只提出一些口号而实际中并不执行；有的企业只知道做广告做宣传，只重视企业视觉识别系统（VI设计），而不强调企业理念（MI）和企业行为（BI）建设，从而造成了"金玉其外，败絮其中"的结果。

（2）要用系统的观点对待文化营销。企业的文化营销是一个整体，一个有机的系统，绝不能断章取义。企业文化建设是企业文化营销的前提和基础，企业没有良好的、健康的、全面的文化建设，文化营销就成了无源之水、无本之木。企业分析和识别不同环境的文化特点是文化营销的中间环节和纽带，在企业文化建设的基础上，只有对不同环境的文化进行分析，才能制订出科学的文化营销组合策略；制订文化营销组合策略是前两者的必然结果。企业在进行文化营销时往往忽视了前两者，只重视了文化营销组合策略的运用，结果是收效甚微。

（3）在实施文化营销过程中应该注意：人性化，即符合、满足人的精神需求；个性化，即要有企业自己的声音；社会性，即充分挖掘社会文化资源并回归社会；生动性，即营销技术要灵活、创新、形象、易传播；公益性，即营销活动必须对社会公众有益。

在文化营销方面，李宁品牌可以说是做到了极致，李宁自转型成功之后，在"国潮"品牌市场里呈现出了惊人的爆发力，其一直以"中国传统文化"作为品牌文化的输出点，从"悟道精神"到"京剧国粹"，每一次都让消费者感受到了其产品惊艳的文化魅力。

2019年，李宁再次从中华传统文化的角度出发，发起了一场"拔罐宣言"的活动（图2-9）。该活动利用3D打印技术制作创新的文字火罐，用户可以任意选择文字，在缓解伤痛

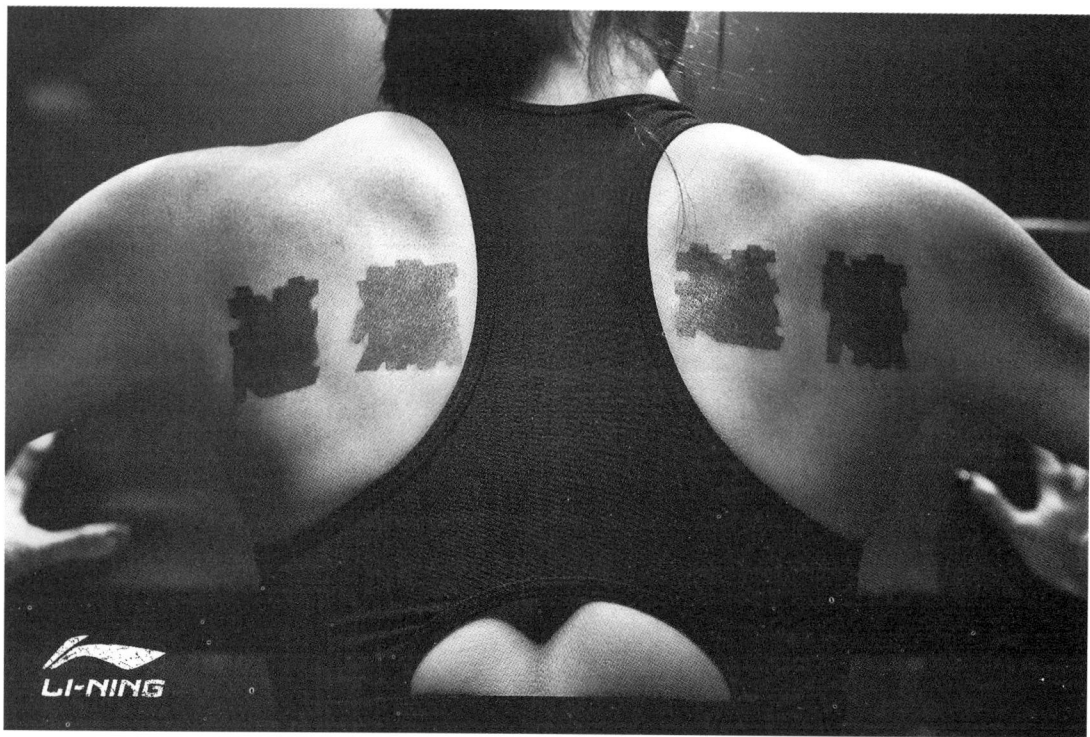

图2-9 李宁"拔罐宣言"微博宣传图

（图片来源：李宁品牌官网）

的同时在身体上"刻下"属于自己的运动宣言。通过对传统文化的创新，李宁品牌触达年轻用户的圈层，巧妙地将"传统""体育""运动"这些词语紧紧联系在一起。此次活动通过微博话题点燃热度，发布#拔罐宣言#话题来吸引用户目光，巧妙地利用文化营销宣传了品牌。

当然，除以上几种之外，服装企业营销的新思维还包括绿色营销、新媒体营销思维等，但鉴于两者为目前的主要发展趋势，具有重要意义和发展潜力，因此，将在后面章节单独阐述。

PART 2　项目实操

一、项目目标
了解现代服装企业的营销思维，并针对性地对服装企业提出合适的新型营销思维。

二、项目任务
结合本章理论知识，选择感兴趣的服装品牌，并对其进行深入学习和调研，探讨适合该品牌的营销新思维，并制订该品牌的定制、关系营销、文化营销、整合营销的策划方案。

三、项目要求
分析选定品牌的目标市场、消费者需求、营销现状及短板，结合该品牌产品设计、供应链流程、营销推广、终端零售等方面，探讨适合该品牌的营销新思维，并制订相应的具体营销策划计划书。

四、开展时间及形式
课后实践环节。以二手资料收集、案例研究以及现场走访调研为主，完成策划计划书。

五、项目汇报
组织全班同学进行策划计划书的小型展览活动，学生之间互评。

PART 3　项目指导

一、项目策划准备工作
1. 确定分组
班内同学自由组合，5~6人为一组进行调研。
2. 选定目标品牌
组内人员通过协商确定目标品牌。
3. 目标品牌二手资料的调研与分析

二、项目策划过程

1. 确定目标品牌并进行品牌分析
2. 经小组分析讨论后选择适合该品牌的营销新思维

（1）明确目标消费者。

（2）明确需求特点。

（3）明确该品牌市场营销特点及短板。

3. 项目策划实施

（1）头脑风暴制订营销新思维的关键点。

（2）小组讨论营销新思维的策划思路。

（3）营销新思维策划思路调整与整合。

（4）营销新思维策划方案大纲确定。

（5）营销新思维策划方案内容梳理及确定。

（6）小组分工完成策划方案书的内容填充、排版、制图等工作。

4. 项目策划书使用软件参考

思维导图、INDESIGN、PS、AI等。

PART 4　案例学习

红领集团的C2M与O2O

青岛红领集团有限公司（以下简称"红领集团"）创建于1995年，总部位于青岛即墨区，面向全球定制高档西装、衬衣等服装产品（图2-10），海外市场分布在美国、加拿大、澳大利亚及英国、法国、德国、瑞士、瑞典等欧洲国家。近年来，在服装行业整体低迷的情况下，青岛红领集团异军突起，实现了销售额的连年增长，成为中国工业4.0的重要推手。其成功秘诀在于利用先进的智能机器，将酷特智能C2M个性化定制平台（Customer to Manufacturer，即客户对生产者）与O2O

图2-10　青岛红领西服定制

（图片来源：红领服装定制官网）

（Online and Offline）完美结合，采用数据建模和标准化信息采集的方式，将顾客分散、个性化的需求，转变为生产数据、创新打版和量体方式。

1. 红领C2M个性化定制模式

（1）消费需求的精准捕捉。为了充分解决库存和行业竞争问题，红领集团从企业预测消费需求转向精准捕捉消费需求，创造了针对个人定制设计的C2M（Customer to Manufacture）在线平台。顾客可以采取线上或线下两种方式。在线下，不管是针对顾客选择的上门量体，还是品牌店铺量体，红领的量体师均能在5分钟内完成19个人体部位的21个数据的采集，并将其上传到红领独创的人体数据库，进而得到顾客的尺寸与形体。紧接着，线下店铺会针对顾客需求从西装的各个角度提供设计和搭配建议。当然，顾客也可以直接选择店铺中的原料和成衣，最终敲定服装数据。在线上，顾客可以选择自己想要的西装款式、面料、纽扣的款式和数量、缝纫线的颜色等。

（2）严苛执行的生产环节。在确定了顾客的需求之后，红领集团将运用其特有的智能4.0工厂进行产品生产，使造型设计、结构设计及工艺设计三个环节全面实现数据化和自动化（图2-11）。

①造型设计。红领集团将西服进行拆

图2-11　青岛红领智能4.0工厂
（图片来源：青岛酷特智能股份有限公司官网）

解，每一个部位均形成单独的模块，实现了造型设计的"模块化"。通过在每个模块中不断增加数据库中的材料，逐步丰富消费者的选择，形成了真正意义上的个性化定制。

②结构设计。通过十几年的服装定制经验，红领集团将人体三维数据与布片二维数据对应起来，通过建立数据库的方式，实现了结构设计上的"数据化"。经过多年的数据添加与优化，现如今的自动化机器在不到1分钟的时间内就可以输出一个符合顾客需求的个性化版型。

③工艺设计。红领集团实现了工艺设计的"自动化"。在红领集团智能4.0工厂里，每个工人面前都有一块电脑识别终端的屏幕，通过扫描挂着每件衣服的主料上的RFID识别卡，工人可以清楚地掌握该环节所用的材料以及详细的操作步骤等。在这样的智能流水线上，虽然每一件定制西服都不一样，但只比大批量生产成衣的平均成本高了10%。

2. 红领O2O两端便利体验模式

针对海外合作伙伴，尤其是北美和欧洲等发达国家，其西装定制产业已非常成熟。当顾客来到海外的线下品牌店体验时，海外的合作伙伴通过红领先进的智能系统进行尺寸测量等工作，并将数据传输到红领集团总部进行生产，实现了大规模的个性化定制。

针对国内市场，O2O模式也是一个有效的开发手段。当顾客在线下店完成体验，通过量体、观摩成衣、搭配推荐等方式确认顾客的产品数据，然后进入线上定制环节。等红领总部生产好产品后，再将成衣寄回实体店。红领集团正在积极培育长期合作的个人量体师，使其经过短短5分钟的培训，便能够掌握量体方法并针对顾客提供上门量体服务，在对样衣和布料的详细讲解之后获取顾客需要的产品数据，从而进行后续工作。

PART 5　知识拓展

"新零售"时代下的"精准营销"

在大数据的时代背景下，服装行业逐渐进入"新零售"时代。在竞争日益激烈的服装行业中，许多企业正面临转型问题。因此，如何改变企业或营销人员的营销思维，以实现顾客的"精准营销"就显得尤为重要。

一、提升搜索顾客信息的能力

每一位服装营销人员或多或少都会有自己固定的客户群体，在大数据时代背景下，客户的用户基本数据、各种各样的活动数据、客户服务信息等等都是营销人员需要关注的点。最简单的方式是，服装营销人员可以通过客户的朋友圈、社交圈来获取客户的工作、教育背景、兴趣爱好等各方面的信息，不断深入挖掘已知数据，寻找新的线索。只有这样，才能够精准把握顾客现有需求，并努力分析和预测顾客潜在或未来服装需求。

二、提升整合顾客信息的能力

服装营销人员在对客户的数据信息进行初步的搜索筛选后，需要对顾客进行分类，贴上不同标签。营销人员在数据搜索的基础上，需要观察顾客的每一次消费行为习惯，将数据转化为影响指数。例如，一位喜爱"尼罗河花园"香水的"90后"的都市白领，经常在下午6点下班后先去隔壁商场买一杯星巴克咖啡再回家，周末时间一定会出门购物。经过信息整合，就会产生一些如"90后""尼罗河花园""星巴克""周末购物"等的标签。

三、提升反复分析顾客行为的能力

服装营销人员在搜索与整理顾客信息之后，便会了解到客户的需求，此时应该抓住机会推广和扩散服装品牌产品的信息。比如，上面例子中，经过分析"90后""尼罗河花园"等标签，便可以推荐给这位顾客符合其审美或相似风格的服装等。推荐完毕后，服装营销人员要密切观察顾客购买的成功率，并及时掌握顾客的满意程度，不断反馈、优化顾客的需求信息。

第三章　知己知彼：服装产业链及营销环境分析

　　任何企业的营销活动都是在一定的环境下进行的，其营销活动既要受到自身条件的限制，又要受到外部条件的限制和制约。服装企业也同样如此。所有制约和影响服装企业营销活动的一系列条件和因素，构成了服装企业的市场营销环境。事实证明，服装企业要改变营销环境是不可能的，但可以通过分析营销环境，并主动地、充分地使营销活动与营销环境相适应，就能够使营销活动产生最佳的效果，从而实现服装企业的营销目标。

　　现阶段，随着全球一体化的发展，服装产业链已经延伸至全球范围内，国内服装企业将直接面对国际和国内两个市场。特别是由于我国经济发展水平的制约，在国际市场上我国服装还主要以加工贸易为主，缺乏直接进入国际市场营销的实力与手段。因此，认真分析服装产业链及其市场营销环境就成为摆在我们面前的一大重要任务。本章将重点介绍服装产业链及其发展现状，并详细分析服装企业的宏观营销环境和微观营销环境。

问题导入

> 　　2020年新冠疫情期间，先后有一些知名时尚品牌纷纷宣布倒闭或申请破产，请问导致这种现象的原因是什么？

PART 1　理论、方法及策略基础

第一节　服装产业链

　　现代服装业和成衣生产体制是近现代工业革命和科学技术进步的产物。纺织、染整技术的发展，化学纤维的发明和工业化生产，为服装的成衣化奠定了基础，而服装裁剪、缝纫机械的发明和不断改进，使服装从传统的家庭手工生产转变成为工业化的批量生产，大大提高了服装生产的产能和效率。至此，服装由自给自足的生活用品转变成为在市场上大量销售的商品，形成了服装市场。反过来，服装市场发展和需求的变化，又对服装业提出了新的要求，进一步推动着服装业的不断发展和进步。

一、服装产业链的构成

服装作为一种最终制品，其形态和功能的形成与原材料及其加工过程密切相关。大多数穿着用品都是以纤维为原料，经纺织、染整加工而成纺织面料，再经裁剪、缝制而形成的。从纤维到成衣，其形态和性能发生了一系列的转变，这种变化最终适应了人们对服装穿着的需求。所以，以成衣为最终产品的纺织服装产业链，包括从纤维生产开始，经纱、布、染整直至服装加工的多个工业分支和中间环节。其中，纤维生产环节包括天然纤维和合成纤维的生产和加工；纺织环节包括纱线、机织和针织面料的生产和印染加工；辅料及配件环节包括扣子、拉链、缝纫线等的生产和加工；服装生产环节包括服装的设计、制作以及包装过程；服装流通和销售环节包括服装的分销、展示和零售等。如图3-1所示为纺织服装产业链的构成示意图，其中每一环节都与服装市场的营销策略密切相关。

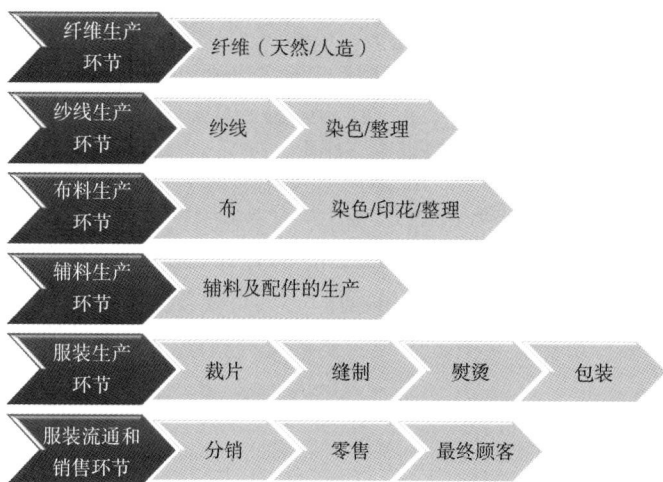

图3-1　纺织服装产业链构成示意图

很显然，服装产业链中涉及许多相关行业。从加工对象和加工技术的角度可分为：纤维加工业和制造业，棉、麻、毛纺织业，丝织业，针织业，印染业，服装成衣制造业等，同时也包括向这些行业提供技术、信息咨询、市场调查及商品企划等的辅助行业，如市场调查机构、广告策划和咨询机构、各种时装杂志、商品企划服务机构、商品检测机构以及印刷和视听媒体等。这些辅助机构或组织通常为生产企业提供信息咨询服务，或吸引消费者对即将或已经上市的服装引起注意。

二、服装产业链的特点

服装产业链是指围绕核心企业，通过对信息流、物流、资金流的控制，从采购服装用原材料开始，制成中间产品以及最终产品，最后由销售网络把服装产品送到消费者手中的将供应商、制造商、分销商、零售商，直到最终用户连成的一个整体功能的网链结构模式。其中，一个企业是一个节点，节点企业和节点企业之间表现为需求与供应关系。因此，服装产业链具有以下特点：

1. 可分割性

服装作为国际贸易的大宗产品，在全球经济一体化的背景下，其产业链已渗透到全球的各个角落，产业链上的每个环节都可以在全球范围内的不同国家或地区进行，即服装产业链的可分割性。例如，韩国的布厂用日本纱线织成布，在美国进行裁剪，裁片在洪都拉斯缝制，成衣又在美国销售。而这家制衣厂也许是香港和洪都拉斯的合资公司。这种现象在现今的纺织服装工业中非常普遍。

2. 协调性和整合性

产业链本身是一个整体合作、协调一致的系统，它由多个合作者构成，像链条似的环环相扣，参与者为了一个共同的目标，协调运作，紧密配合。每个产业链成员企业都是"链"中的一个环节，都要与整个链的运作一致，绝对服从于全局，做到方向一致。

3. 复杂性和虚拟性

产业链是由具有不同冲突目标的成员和组织构成的，特别当产业链是跨国、跨地区和跨行业组合时，因各国国情、制度、法律、文化、环境、习俗等方面的差异，经济发达程度、物流基础设施以及管理水平、技术能力等也存在很大差别，而产业链的操作又必须保证其目的的准确性、行动的快速反应性和服务的高水准，因此产业链具有复杂性的特点。同时，产业链往往是由多个、多类型甚至多国企业构成，与一般单个企业的结构模式相比，产业链的结构模式更为复杂。

产业链的虚拟性主要指各个节点企业为协作组织，而不是一个集团企业，这种协作组织以协作的方式组合在一起，依靠信息网络的支撑和相互信任关系，为了共同的利益，强强联合，优势互补，协调运转。

4. 选择性和动态性

产业链系统会随时间而发生变化。在产业链上，即使能够较准确地预测需求，计划过程也需要考虑在一段时间内因季节波动、趋势、广告和促销、竞争者的策略等因素引起的需求和成本参数的变化。这些随时间而变化的需求和成本参数使确定最有效的产业链变得困难，这种动态性给管理带来了挑战。

同时，产业链中的企业都是在众多企业中筛选出来的合作伙伴，合作关系是非固定的，需要根据企业战略和市场需求的变化，实时动态地更新，这也使得产业链具有明显的动态性。

5. 面向用户需求

产业链的形成、存在、重构，都是基于最终用户需求而发生，并且在产业链的运作过程中，用户的需求拉动是产业链中信息流、物流/服务流、资金流运作的驱动源。因此，准确、及时、有效地收集用户需求信息，并快速、动态、高质量地满足用户需求，是产业链管理存在的主要目标之一。

6. 交叉性

产业链节点企业既可以是某个产业链的成员，同时又可能是另一个产业链的成员，众多的产业链形成交叉结构，增加了协调管理的难度，也对产业链管理的绩效产生了挑战。

7. 波动性、延迟性和放大性

在产业链上，对于任何一个节点企业而言，其计划量和市场的需求量之间总会存在一定的差异。也就是说，在需求量一定的情况下，计划量会随着市场的需求量而上下波动，即具有波动性。然而客户订货量的波动反映到供应商那里需要一定的时间，而且总是滞后于顾客的需求变化，即具有延迟性；而放大性则是指在产业链中，顾客的需求信息从零售商、分销制造商一直到供应商，实际的需求量与计划量之间的波动被逐级放大，即牛鞭效应（The Bullwhip Effect），如图3-2所示。

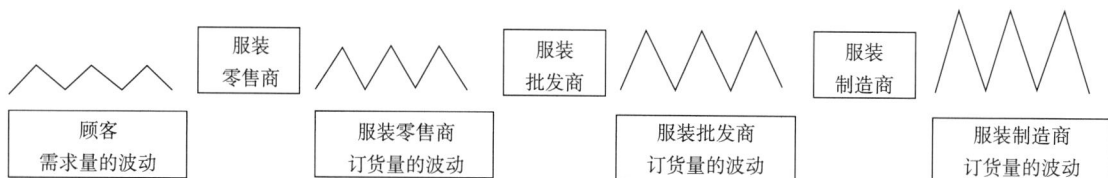

图3-2　服装产业链中各节点订货量的波动

第二节　中国服装产业的发展历程

目前，我国纺织服装产品齐全，已形成纤维材料、纺纱、织造/针织/非织造、印染/整理、服装/家纺等较为完整的产业链。根据国家统计局的数据，在世界范围内，我国化学纤维产能占比超过70%，纺纱产能占比约为45%，织造/针织/非织造的产能占比超过50%，印染产能占比超过50%，服装、家纺的产能占比分别超过了30%和40%，纺机产品销售额占全球总额的50%左右。2019年，我国服装领域规模以上企业累计营收16010.33亿元，纺织服装累计出口额为2718.36亿美元，出口国家和地区主要为欧洲、美国和日本。我国纺织服装产业布局日趋合理，出现了特色不同的产业集群，以棉、麻、毛、丝为主的服装原材料供给产量大、区域集中。整个纺织服装产业链综合配套能力强，已形成规模效益，不论是产能还是市场份额，均位居世界前列。服装史专家们认为，改革开放40年来，中国服装业的发展经历了三个重要的历史阶段。

一、初期（1979～1991年）：走出"灰暗"和饥饿型消费

1978年12月，中国共产党第十一届三中全会在北京召开，中国的改革开放从此掀开篇章。改革开放初期，服装业还是归属于轻工部管辖，直到1986年11月29日《国务院办公厅关于服装行业划归纺织部门实行行业管理的通知》下发，才把服装划归到纺织部。当时的服装业还是处于作坊集体加工的状态，远比纺织业的规模要落后得多，发展非常艰难，全国只有几个知名的衬衣厂，从业人员里大中专毕业生微乎其微，更不用说大学生，整体知识结构层次非常低。所以被划归后，有人戏称其为"小马拖大车"。

很显然，从这样的状态起步，服装业的发展非常艰难。在刚刚脱离了极"左"思潮的禁锢，人们从"一无所有"的状态解放出来，对于绿、蓝、黑、灰色之外的服装需求迫切，使得当时中国的服装消费完全属于一种饥饿型消费，但是由于审美心理、消费心理都非常不成熟，出现了盲目从众的现象。

比如，1980年播放的电视剧《大西洋底来的人》，其主人公麦克哈里斯所戴的墨镜，又叫"麦克镜"成为当时时髦的象征（图3-3）；1984年长春电影制片厂出品的电影《街上流行红裙子》，引发了当年的红裙子热（图3-4）；还有让高子衫、信子衫成为流行的电视剧《姿三四郎》《血疑》（图3-5），引发大众追捧的《庐山恋》中的女华侨服装等。此外，能够被载入史册的还有当年"低腰短裆，紧裹屁股；裤腿上窄下宽，从膝盖以下逐渐张开，裤口的尺寸明显大于膝盖的尺寸，形成喇叭状（图3-6）；裤长一般盖住鞋跟，走起路来，兼有扫地功能"的喇叭裤；"不管多大官，都穿夹克衫；不管腿多粗，都穿健美裤"（以黑色为主，带有很大弹性的健美裤）（图3-7）；由模拟擦玻璃或者外星人行走动作的《霹雳舞》而来的蝙蝠衫（图3-8）。还有20世纪80年代初出现的牛仔裤，应该是在中国服装流行舞台上最有生命力的服装品类，这种目前相当大众的服装，在当年，却被当作过于前卫、过于颓废的服装风格而隶属于被扣上"不良青年"帽子的年轻人。

进入市场经济后，国有服装企业逐渐觉醒，同时也吸引了三资企业的进入，加之中国第一批民营服装企业和类似"汉正街"般的服装批发市场的诞生，催生了中国服装教育、时尚传媒和相关配套行业的出现。之后在逐渐进入中国的国外品牌、设计师的影响下，国内的服装行业开始关注和国际服装界的交流合作。中西服装文化的交流产生的强烈冲击，震动了国内的服装从业者，也开始了与国外同行在国内市场上的竞争。

二、中期（1991～2001年）：服装产业升级并走向世界

服装业发展到20世纪80年代末，一度出现了沉寂，直到1992年邓小平南方谈话之后，更加开放的政策环境为服装品牌的成长提供了土壤，也为中国服装

图3-3　电影《大西洋底来的人》主人公佩戴的"麦克镜"
（图片来源：百度百科）

图3-4　电影《街上流行红裙子》剧照
（图片来源：豆瓣网）

图3-5　日本电视剧《血凝》剧照
（图片来源：百度百科）

图3-6　20世纪80年代青年男女的时髦装扮——喇叭裤
（图片来源：澎湃新闻）

图3-7　1989年流行的健美裤
（图片来源：百度百科）

图3-8　20世纪80年代流行的蝙蝠衫
（图片来源：辽一网—华商晨报）

业的高速发展加上了推进器，大量品牌出现在优势明显的地域。

　　对于服装产业来说，已经走在前面的沿海开放城市和特区，借助长期适应外贸出口和对外加工需要拥有的优秀总体技术水平和加工设备水平，以及作为国内外交流窗口而了解国际服装款式、色彩、面料及国际服装市场的变化动态，能把握世界潮流并具有较强产品创新能力的优势，在经历了小成本投资、依赖廉价劳力获得原始积累的阶段后，为了谋求更大的产品附加值和企业发展空间，而进入了初期的品牌阶段。之所以说是初期的品牌阶段，是因为在这些品牌创立之后，直到20世纪90年代中后期，绝大部分都不具备作为现代品牌所必需的条件，品牌意识仅仅是处于简单地卖"商标"的初级阶段。

　　到20世纪末，我国的服装市场取向逐步深化，多元价值观开始形成，社会利益开始结构性调整；服装品牌完成了从"产品需求"到"品牌需求"，到"品位需求"，再到"人文需求"的定位转变，服装产业开始全面参与国际竞争。在此期间，时装设计师一直都是人们关注的热点，并慢慢被大众所认同。20世纪90年代中后期，"杉杉"在全国范围内以高薪招聘设计师，与张肇达、王新元合作后，打造了一个高端女装品牌"法涵诗"，并连续运作了两场国内时装巡演：即"走近东方"和"不是我，是风"（图3-9、图3-10）。

图3-9　法涵诗画册
（图片来源：新浪网）

图3-10　"不是我，是风"主题时装秀
（图片来源：企查查）

三、近期（2001年至今）：产业趋于成熟并融入世界

2001年12月11日，中国正式加入WTO（世界贸易组织），国门越来越开放，市场和品牌形态越来越多元化、个性化，国内品牌走出去，国际资本闯进来，从"中国制造"走向"中国创造"，形成了一个充满机遇和挑战的年代。进入21世纪后，"国际化"是中国服装业发展最明显的特征，主要表现在以下方面：

（1）国外时尚类媒体开始大范围影响国内消费群，并从平面媒体到影视、网络，健全了媒体结构。2001年11月*Harper's BAZZER*（中国版《时尚芭莎》）的前身《时尚·中国时装》、2005年8月*VOGUE*（中文版）先后在国内面世（图3-11、图3-12）。世界上具有广泛影响力的时尚传媒的进入，说明中国市场开始和世界同步。

图3-11　《时尚·中国时装》2001年11月号
（图片来源：时尚芭莎官网）

图3-12　*VOGUE*中文版2005年8月号
（图片来源：*VOGUE*官网）

（2）借助中外各种文化交流活动的契机，国内品牌与国外设计师和专业人士的合作日益增多。2006年3月中国国际服装服饰博览会（CHIC）上中国服装协会和法国高级时装公会正式举行合作磋商；由日本时尚协会、韩国时装协会和中国服装设计师协会共同发起的亚洲时尚联合会于2003年12月在日本东京正式成立；从2003年中法文化年开始，不断有来自法国、意大利、俄罗斯、日本、韩国等国家的品牌和设计师进入中国参与各种时尚活动，也不断有国内的时装设计师和品牌走出国门，进入欧美市场，如图3-13、图3-14所示。

（3）品牌经营管理模式向多元化发展，同时借助信息传播技术的发展出现了更加先进的模式，国际风险投资开始介入中国服装业的发展。2005年，PPG、BONO、VANCL及如意集团OKBIG网站的开通引发了服装电子商务的蓬勃发展。如图3-15所示，我国服装电子商务发展经历了五个重要阶段。2011年，随着电子商务的崛起，服装行业获取全新的线上渠道，国外轻奢品牌越来越多地涌进中国，国内品牌的线上渠道也逐渐成为不可或缺的企业增长点。自2014年至今，线上渠道愈加拥挤，品牌商的竞争越来越激烈，促使行业利润在品牌和渠道间重新分配，品牌商进入稳定发展时期。

图3-13　中国在法国举办文化年
（图片来源：百度百科）

图3-14　巴黎卢浮宫"时尚中华"当代中国优秀时装设计师作品发布会
（图片来源：中国服装网）

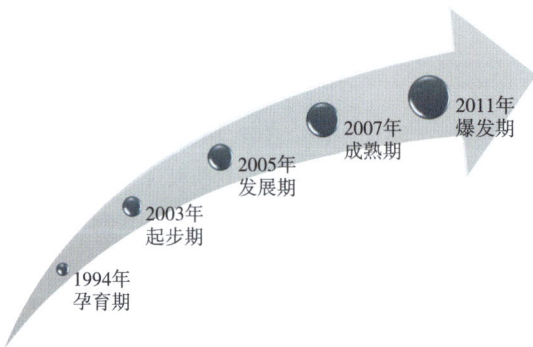

图3-15　我国服装电子商务发展阶段

（4）与国际现代先进的人文企业体系接轨。2006年6月，《纺织工业"十一五"发展纲要》发布，对节能降耗和环境保护等方面的指标提出了明确要求；2006年12月12日，中国纺织工业联合会发布《中国纺织服装行业企业社会责任宣言》，推行CSC 9000T管理体系，树立了中国纺织服装业与世界同步的人文标准。2012年5月8日，中国纺织工业联合会立足于"十二五"规划的指导思想，制定《建设纺织强国纲要（2011—2020年）》，提出加快转变产业出口增长方式，扩大纺织工业企业走出去，参与国际合作和竞争，整合国际资源，提升对国际市场的品牌话语权等发展目标。

随着时代的发展，中国市场越来越与世界密不可分，从品牌到设计师，从产品制造到文化创意，从经营模式到资本运作等诸多方面都是如此。例如，2016年，中国顶级时尚奢侈品品牌NE·TIGER（东北虎）同京东定制达成合作，在英国董事协会（IoD）大楼上演"京·制"NE·TIGER高级成衣华服发布秀（图3-16），正式宣布NE·TIGER高级成衣定制京东旗舰店上线，该品牌再次将中国定制以雍容华美之姿推向国际视野。

图3-16　"京·制"NE·TIGER高级成衣华服发布秀
（图片来源：腾讯网）

第三节　服装市场营销环境的特征及因素识别

环境是企业生存的土壤和条件，服装企业和其他企业一样，都是在一定的营销环境中运行的。服装企业的营销活动是在不断适应复杂多变的市场营销环境中进行的，是在同营销合作者、目标顾客、竞争对手及社会公众的协调与互动中展开的。服装是社会发展的产物，是人们所处的社会环境的集中反映，服装的生产和消费离不开特定的环境，环境对服装企业的影响重大，这就要求服装企业重视营销环境的研究，扬长避短，制订有效的市场营销战略，实现市场营销目标。

一、服装市场营销环境及其特征

市场营销环境就是指影响企业与其目标市场进行有效交易能力的所有行为者和力量。从企业营销活动本身来看，市场营销环境实质上是以产品为中心而形成的特定的体系。随着市场经济的发展，市场竞争越来越激烈，服装企业的营销环境变得更加复杂，只有认真研究营销环境变化的特点和规律，才能在竞争中取胜。

服装市场营销环境具有以下几个特征：

1. 客观性

环境是客观存在的，是不以人的意志为转移的。服装企业很难按自己的要求和意愿随意改变它，尤其是宏观环境。如服装企业基本上不能影响人口的地理迁移、经济环境或主要的文化价值观。但服装企业可以主动适应环境的变化和要求，避免环境中的危险因素。

2. 差别性

从宏观上看，似乎所有的企业都在一个相同的营销环境中运作。但从微观看，每个服装企业却拥有自己特殊的营销环境。由于所有制的性质、经营的产品等因素的差异性，决定了不同服装企业将受到不同环境的影响。每个服装企业所面临的营销环境存在差异性，为适应不同的环境及其变化，企业必须采用针对性的营销策略。

3. 动态性

随着时间的推移，社会中的环境因素都在发生变化，所以服装企业营销环境总是处于一种变化的状态之中，而且变化的速度日趋加快。服装企业要根据这一事实，不断地调整自己的计划，使之对不断变化的环境具有一定的弹性和适应性。服装作为一种流行性、时尚性很强的商品，企业能否根据环境变化及时调整经营策略显得更为重要。

4. 复杂性

服装企业面临的营销环境具有复杂性，表现为各环境因素之间存在着互相影响、互相依存和互相制约的关系。如服装市场需求不仅受经济因素、文化因素的影响，甚至还受政治法律因素的影响。再如，中国加入世界贸易组织之后，一方面为我国的服装企业提供了更多的机会，另一方面也将面对国外服装企业更多的冲击，从而使服装市场竞争环境更加激烈和复杂。

营销环境作为一种动态性极强的外部因素，对服装企业制订营销决策和开展营销活动来说至关重要，环境的变化不断为企业提供新的发展机会和更加严峻的挑战，企业的各种经济行为都必然要受到营销环境的影响和制约。现代市场营销学认为，企业营销成败的关键就在于能否良好地适应复杂多变的市场营销环境。因此，营销管理者的一项重要任务就是对营销环境的分析和适应。

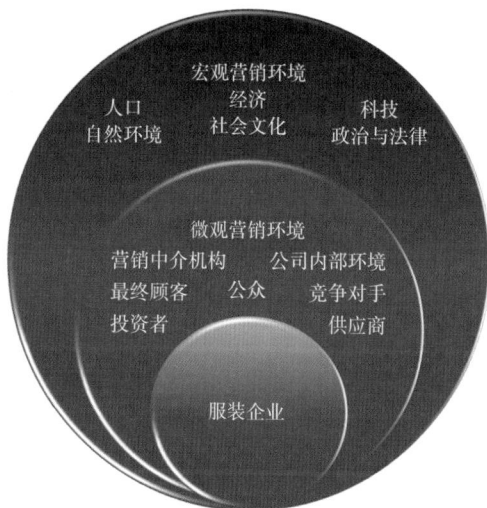

图3-17　服装企业市场营销环境的主要行为者及影响力

二、影响服装企业营销活动的环境因素识别

如图3-17所示为服装企业市场营销环境的主要行为者及影响力。根据企业的营销活动受制于营销环境的紧密程度来划分，服装市场营销环境可分为微观营销环境和宏观营销环境两种。

服装企业的微观营销环境是直接影响和制约服装企业营销活动的条件和因素，包括企业内部其他部门、供应商、竞争对手、营销中介、最终顾客、投资者、公众等。由于这些因素与企业具体的营销活动，如采购原材料、对外业务往来等发生直接的影响和联系，所以，微观营销环境又可称为直接营销环境或企业作业环境。

同时，服装企业的营销活动往往还受到宏观营销环境的影响和制约。因为服装企业的生存和发展离不开一定的宏观条件，如人口、经济、政治与法律、自然环境、社会文化、科技等。由于这些条件或因素从宏观角度间接作用（以微观营销环境为媒介）于服装企业的营销活动，因此也可以把这些因素称为宏观营销环境或者间接营销环境。

第四节　服装企业微观营销环境分析

一、服装企业的内部环境

以企业的营销活动为考察对象，服装企业中其他活动和部门构成了服装企业营销环境的第一个微观要素。按劳动分工建立的现代服装企业，存在着不同层次之间、不同部门之间的矛盾和冲突。营销战略的制订本身是服装企业最高管理层的决策内容，营销部分提交的营销战略备选方案需要得到最高管理层的批准和同意。同时，营销战略构想的实现、营销计划的实施没有其他部门的配合和支持是不可能进行的。因此，营销部门在制订营销计划时，应该充分考虑其他部门的要求，如高层管理部门、财务研究与发展、采购和会计部门等。所有这些相互联系的部门构成了企业的内部环境。各个部门的分工是否科学，协作是否和谐，目标是否一致，都会影响企业的营销管理决策和营销方案的实施。企业营销部门确定营销目标必须接受决策部门的制约，营销目标要从属于企业发展的总目标；而产品的研究与开发部门则常常直接参与或共同策划市场营销活动。企业内部的环境因素合理配置、各部门之间的科学分工、相互协作，是企业顺利实现营销决策及其执行的根本保证。

二、供应商

供应商是指对服装企业及其竞争者提供进行生产所需的特定原材料（包括面辅料）、辅助材料、能源等生产资料的供货单位。市场经济条件下，服装企业的营销活动都要以消费者为中心，生产符合消费者需要的产品，这就需要有特定的生产资料供应作保障，否则，企业根本无法进行正常生产。因此，服装企业的所有供应商直接影响和制约了服装企业的营销活动。这种影响主要体现在以下三个方面：

1. 供货的及时性和稳定性

现代市场经济中，服装市场需求千变万化且变化迅速，服装企业必须针对瞬息万变的市场需求，及时地调整生产和营销计划，而这一调整又需要及时地提供相应的生产资料，所以面辅料、零部件、能源、机器设备等生产资料的保证供应，将是服装企业营销活动顺利进行的前提。

2. 供货的质量水平

任何企业生产的产品质量，除了严格的管理以外，与供应者所供应的生产资料本身的质量好坏有密切的联系。劣质面料是难以生产出优质服装的。所以供应商的货物质量直接影响到服装企业产品的质量。供应商的质量水平除了货物质量本身的质量以外，还包括各种销售服务。例如，有的服装企业生产需要高质量的服装加工设备，同时还需要优良的维修服务作保障，才能保持服装机器设备本身的质量水平，从而生产出高质量的产品。因此，供应商的货源保证和有效地更换也直接影响到服装产品的质量。

3. 供应的货物价格变动

供应的货物价格变动，必然直接影响服装企业产品的成本。例如，一个服装厂，当生产所需的面料价格上涨，必然带来服装的成本上涨；如果服装价格维持不变，那么企业利润必然减少，在特殊情况下可能会出现亏损。

因此，企业在营销活动中，必须要密切注意供应商的货物价格变动，特别是对构成产品重要部分的原材料和主要零部件的价格及变化趋势，要做到心中有数，这样才能使企业应变自如。

鉴于供应商对服装企业营销活动产生的上述影响，为了使服装企业在营销上取得最佳效果，企业必须协调好与供应商的关系。

三、营销中介机构

营销中介是指为服装企业营销活动提供各种服务的企业或部门的总称。任何服装企业的营销活动都离不开营销中介，有了营销中介所提供的服务，才使企业的产品顺利到达目标消费者手中。所以，营销中介对服装企业的营销活动会产生直接的影响。但由于不同的营销中介在具体的营销活动中所处的地位不同，因而产生的影响程度也不同。营销机构主要包括中间商、实体分配机构、营销服务机构、金融中介机构等。

1. 中间商

中间商是指把产品从生产者流向消费者的中间环节或渠道，主要包括经销商、代理商、批发商和零售商等。他们是将企业各类产品销售到用户或顾客手中的不可或缺的营销纽带。由于中间商是连接生产者和最终消费者或工业用户的桥梁，因而其服务质量、销售效率、销售速度直接影响到产品的销售。

2. 实体分配公司

实体分配公司是帮助服装企业进行产品保管、储存以及运输的专业企业。主要包括仓储公司、汽车运输公司等机构。仓储公司主要储存和保护商品，对企业生产的产品和企业生产所需的原材料及零部件进行保管和储存。运输公司以各种运输工具和运输方式为服装企业运输产品，既把产品送达目标市场，又把生产所需的生产资料运到企业。目前，随着物流的发展和服务的专业化程度的不断提高，服装企业一般采取第三方物流机构来完成物资的储运。

3. 营销服务机构

营销服务机构是广义的范畴，其涉及面比较广，包括广告公司、财务公司、营销咨询公司、市场调研公司等。这些机构提供的专业服务将对服装企业营销活动产生直接影响。如市场调研公司通过市场调研，为服装企业经营决策服务；广告公司为服装企业产品推向市场进行宣传等。一些大企业则自己通过建立有关的机构来承担营销服务机构的功能。但对于大多数中小企业来说，营销服务机构是企业营销活动不可缺少的。重要的问题是在营销活动中，企业面对众多的服务机构，要从中进行比较，看它们中间谁最具有创造性、服务质量最好、服务价格最适合等，从而选择到最能适合本企业，并能及时提供所需服务的机构。

4. 金融机构

金融机构是服装企业营销活动中进行资金融通的机构，包括银行、信贷机构、保险公司等。金融机构的主要功能是为服装企业营销活动提供融资及风险保险服务。

在现代化的社会里，任何企业都与金融机构发生联系，开展一定的业务往来，而且金融机构业务活动的变化还会影响企业的营销活动。比如银行贷款利率上升，会使服装企业成本提高；信贷资金来源受到限制可能会使企业陷入困境；人民币升值、保险公司的保险金额上升等都会使服装企业的经营出现不稳定的因素等。因此，在服装企业的营销活动中，必须考虑和研究金融机构及其业务变化的动态。

四、最终顾客

最终顾客是指使用进入消费领域的最终产品和劳务的消费者和生产者，也是企业营销活动的最终目标市场。最终顾客对服装企业营销活动的影响最直接、程度也最大，因此，分析和掌握最终顾客的变化趋势是服装企业营销活动不可缺少和忽视的一个重要内容。对最终顾客的需求变化趋势分析可从两个方面进行，一是需求量的指标，即市场需求的多少、规模的大小；二是需求质的指标，即市场需要什么。

1. 市场规模

市场规模是从静态角度考虑的，主要反映在购买者的多寡、购买力的大小以及购买欲望的有无。一般来说，购买者的多寡直接影响市场规模的容量与大小，购买者多，市场规模和容量就大，反之就小。但单有购买者还不足以分析市场规模和容量，因为有购买者，但无购买力（即无钱购买），市场容量还是有限的。例如，国际上的一些高端服装品牌进入我国，国内消费者并不是不需要，而是价格太高，一般家庭难以承受。在分析购买者、购买力的基础上，购买者的购买欲望也是值得研究的一个问题。因为一个市场体系中，即使具备了前两者，但缺乏消费者的购买欲望，市场规模和容量也会受到制约。只有具备了上述三个因素，才能形成一定规模的市场。上述购买者、购买力、购买欲望三者之间的关系，可用表3-1来表示。

表3-1　市场规模及容量变化

购买者	购买力	购买欲望	市场容量及规模
多	低	有	小
少	高	无	有限
多	高	无	有限
多	高	有	大

2. 顾客需求

最终顾客包括消费者和生产者，因此分析顾客需求也要从两方面进行。

（1）消费者需求。消费者的需求产生于自身的生理和心理上得到满足的需要，而这种需要又是多层次的。美国心理学家亚伯拉罕·马斯洛（A.H.Maslow）在1943年提出了人类需要差别体系，他认为人类的需要是以层次形式出现的，按其重要程度的大小，由低级需要逐级向上发展到高级需要，可分为五个不同层次，不同层次呈阶梯形，如图3-18所示。

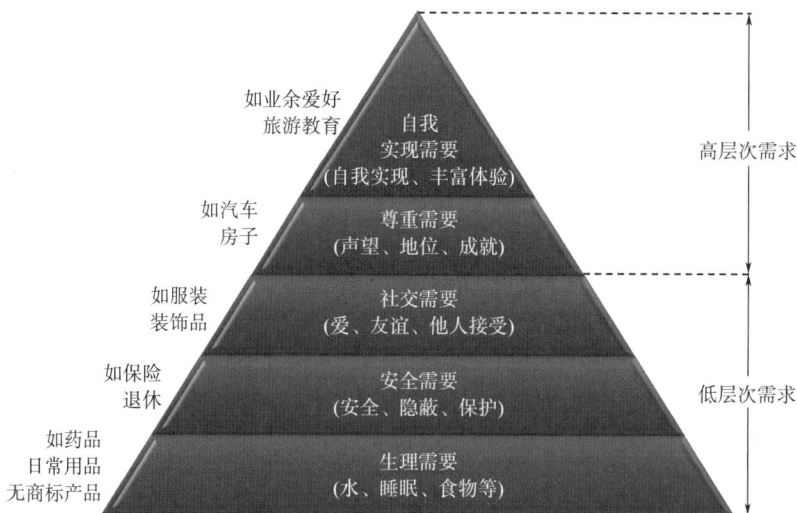

图3-18 消费者的需求层次

第一，生理需要。生理需要指人们为了求得生命延续的最低的基本需要，包括满足人们解除饥饿、抵御寒冷和寻求栖身之地等对于食、衣、住等方面的低级的需要。一般情况，人们的欲望总是追求吃得好一些、穿得漂亮一些、住得舒适一些。这种欲望和需求是人们所共有的需要，也是最低层次和最容易得到满足的需要。

第二，安全需要。安全需要指人们对安全、安定的需要，如要求在生理、生活、工作和劳动、财产、职业和政治生活等方面得到安全的保证。

第三，社交需要。社交需要是社会的需求。每一个人都生活在一定的社会中，除了上述生理和安全需要以外，往往还需要与别人进行社会交往，希望得到友谊、爱情、家庭生活的温暖，还需要正常的社会交往活动和希望归属于一定的群体或组织，成为其有形或无形的一员，得到人们的承认。

第四，尊重需要。尊重需要指人们对获取尊敬的需要。人们总是希望在才能、品德及成就方面得到他人的好评，受到别人的尊重。这种需要的产生和满足，可以促使人们自信、自尊、自爱、奋发向上。

第五，自我实现需要。自我实现需要指人们对于获得某种成就，实现某种理想而愿意不惜一切代价，贡献和牺牲自己的一切的需要。

马斯洛在分析了不同层次的需要以后又进行了归纳，认为前三种是低层次的基本的物质需要，后两种是高层次的精神需要。尽管马斯洛的需求层次理论存在不可克服的缺陷，但是他比较科学地向人们提供了一般情况下人们的需要层次体系，所以该理论是目前世界上公认的最有说服力的需求理论。一般来说，当人们基本的生理需要得到满足以后，就会向高层次的精神需要方向发展。因此，服装企业在营销活动中，可以根据消费者需求的特性，在总体上预测某一国家、某一地区或某一目标市场的消费者的消费趋势，从而制订相应的营销策略。

消费者需求除了上述生理和心理需求的阶梯性特点外，还具有差异性。消费者需求会因时、因地、因人不同而产生差异，不同的国家、不同的地区、不同的消费者在需求层次的内容上也是不相同的，对此，服装企业在营销过程中必须对此引起重视。

（2）生产者需求。生产者需求是指生产过程的需求，它来自于消费者需求的派生需求。生产者的买是为了更多地卖。从根本上说，消费者的需求决定了生产者的需求，但是，生产者需求与消费者需求又是两种不同性质的需求，两者很难互相替代。

与消费者需求特征相比，生产者需求具有两个最大的不同点：第一，需求目的不同。消费者需求的目的是为了满足自身的心理的需要，生产者需求的目的是为了盈利。第二，需求的决策基准不同。消费者需求以个人满足为基准。决策往往是合理的、冲动的。生产者需求以计划、专业技术为基准，对决策的要求是合理的、理性的。

生产者需求的上述两个特征，形成了生产者需求的特殊性，即需求的物品要有利于降低成本，有利于扩大销售，具体表现在产品的品质优良性、价格低廉性、操作的简易性和销售服务的周到性等。

五、竞争者

企业往往是在许多竞争者的包围和制约下从事营销活动的，服装企业也不例外。一个企业要想成功，必须能够为顾客提供比其他竞争者更大价值和更高美誉度的商品。因此，识别竞争者、了解竞争者，对服装企业来说非常重要。

服装企业必须能够识别竞争者，并分清楚竞争者的类型。竞争者并不仅仅指生产相同产品或者替代产品的企业，还有可能包括提供不同产品以满足消费者不同需求的其他行业的生产者。主要原因在于消费者的收入是有限的，当他购买了其他产品，如手机后，他购买服装的愿望就可能会下降。同时，也并不是所有的服装企业都构成本企业的竞争者。

一般来说，服装企业在其经营活动中都将面临以下四种类型的竞争者：

1. 愿望竞争者

愿望竞争者即提供不同产品以满足不同需求的竞争者，如家电、家具、计算机或其他日常用品的生产企业是服装生产企业的愿望竞争者，他们之间的竞争在于吸引顾客首先购买本企业的产品。

2. 一般竞争者

一般竞争者即提供不同产品以满足相同需求的竞争者，如棉大衣、羽绒大衣、毛料大衣都能满足防寒保暖的需要，各种大衣生产者之间相互为对方的一般竞争者。

3. 产品形式竞争者

产品形式竞争者即生产同类产品但产品的规格、型号、款式都不同的竞争者，如生产不同款式、质地、档次、规格、型号职业女装的不同企业就互为产品形式竞争者。

4. 品牌竞争者

品牌竞争者即生产相同规格、型号的同种产品，因品牌不同而展开竞争。

六、投资者

投资者是指为了从事生产和经营而投入资金者。投资者对服装企业营销活动的影响，与竞争对手的影响不同。竞争对手对服装企业营销活动的影响，主要来自竞争对手的服装产品的价格、广告宣传、促销手段的变化。而投资者对服装企业营销活动的影响，主要表现在投资者投入资金量的多少以及投资热情的高低。投入资金量的多少，可以直接影响服装生产规模的扩大、服装生产技术的改进、服装产品质量的提高。

具体来说，这种影响表现为投资者从服装企业外部或者内部对营销活动产生影响。

1. 投资者的外部影响

投资者从服装企业外部影响营销活动，体现在投资者投入一定量的资金，生产市场上已经存在的某类服装产品，从而引起该类产品产量增加，造成某企业的产品销售减少，影响其销售收入。比如，20世纪90年代后期出现的保暖内衣的生产急剧增加、而销售收入急剧下滑的现象。所以，服装企业在营销活动中，需要研究投资者的投资动向、投资规模、投资效果，根据其实际情况制订相应的策略。

2. 投资者的内部影响

投资者从服装企业内部影响营销活动，体现在对原服装企业生产规模的扩大、内部结构的调整、市场技术水平的改进、产品质量的提高等方面。如有些服装企业产品市场需求旺盛，市场广阔，出现供不应求的局面，但企业本身苦于没有资金投入来扩大生产规模，这时企业就要研究市场投资者情况，想方设法引进资金投入，扩大生产规模，增加产品总量，取得规模经济效益。还有一些服装企业，由于机器设备陈旧，影响产品质量，若能引进外资或内资，更新设备，改进生产技术，不仅可以提高产品质量，而且还可以降低成本，提高企业经济效益。

可见，了解投资者对服装企业营销活动的影响，有助于企业密切注意投资者的动向，并做出相应的对策。

七、公众

公众是企业营销活动中与企业发生关系的各种群体的总称。企业与各群体发生的关系，亦可称之为公众关系。众所周知，公众关系是商品经济高度发展的产物。商品经济的发展，打破了自然经济的束缚，使封闭的自然经济转变为开放的社会化大生产。产品也从个人的产品转变为社会的产品，随着商品经济的高度发展，商品交易日益复杂，商品流通频率加快，人与人之间的相互交往及社会联系更为频繁和多样化，这就出现了一种作为社会现象的公众关系。处理好公众关系，则是服装企业营销活动顺利进行不可缺少的重要因素。

公众对服装企业营销的影响广泛，不仅仅局限于现实的和潜在的顾客对营销的影响，而且还涉及企业对外关系的一切方面。政府各职能部门、其他企业、商业和物资部门、银行和其他金融机构、群众团体、新闻出版部门、运输部门、外贸部门、信息部门以及其他有关部门都会影响企业营销。例如，服装企业与银行及其他金融机构关系融洽，企业生产和经营所需的资金得到保证，就使企业的营销顺利进行，反之，营销则受到影响。

所以，企业要取得营销成功，就要处理好与公众的关系，并且要及时地、负责地向公众宣传介绍企业和产品情况，在消费者和顾客中建立良好信誉，获得政府机关、金融机构的支持、流通部门和运输部门的协作。同时，在服装企业之间开展交流、协作和竞争，为出口商品、吸引外资、开拓国内外市场等方面创造良好环境。还有，在服装企业内部要处理好与广大员工的关系，认真听取他们的意见并及时进行改进，培养职工在本企业工作的光荣感和自豪感，调动企业广大员工开展市场经营活动的积极性和创造性。

第五节　服装企业宏观营销环境分析

一、人口因素

市场营销学认为，市场是由一切具有特定欲望和需求，并且愿意和能够以交换来满足这些需求的潜在顾客所组成的，因此人口构成了市场营销的基本要素。因而，人口的数量、年龄结构、性别结构、地理分布、民族与宗教构成、婚姻状况、风俗习惯、受教育程度、职业构成等因素，就形成企业营销活动的人口环境。服装作为人类生存和某种象征的生活资料，其生产和经营活动与人口环境有着密切的关系，对服装产品的需求结构、消费习惯和消费方式等方面的影响比其他产品更为明显，直接关系到服装企业营销活动的变化。因此，服装企业应密切关注人口特征和发展动向，及时有效地调整营销策略。

1. 人口规模和增长速度

人口规模即人口总数，是影响基本生活资料的一个决定性因素。对服装产品而言，人口总数会直接影响现实的需求及潜在的市场规模。人口增长意味着需求增长，如果有足够的购买力，人口增长意味着市场的扩大；另一方面，人口的增长可能导致人均收入的下降，市场吸引力降低，从而阻碍经济的发展，影响产品的销售。

2. 人口构成

人口构成包括自然构成和社会构成。自然构成包括年龄结构、性别比例等。不同年龄的消费者在价值观、思维方式、行为特点等方面存在着明显差别，从而对服装消费存在不同需求，形成了以年龄为标志的各类服装市场，如童装市场、青年服装市场、中老年服装市场等。当前，由于我国二胎政策的全面放开，新生人口数量不断增加，人们越来越关注童装的发展，童装用品市场不断扩大，童装消费更加受到消费者的重视，向舒适、实用、多样性方面发展，服装企业应重视童装市场的开发。女性作为家庭的购买主力，不仅会为自身选购服装，也经常购买儿童、老人、男性的服装用品，因此研究和分析女性消费心理、特点，是服装企业需要研究的重要内容。

社会构成包括民族构成、家庭结构、职业构成和受教育程度等。不同民族和职业的消费者，其风俗习惯、经济收入、社交范围、居住环境、消费方式等存在差异，因此对服装的品种、款式、色彩、品牌等需求存在较大的差异。我国作为一个多民族的国家，目前少数民族主要分布在西藏自治区、新疆维吾尔自治区、广西壮族自治区、内蒙古自治区、贵州省、云南省等地。各少数民族都有自己富有特色的传统服装服饰（图3-19），人口的流动和旅游业的发展，带动了民族民间传统服饰市场的发展。

图3-19 不同地区的民族服饰

3. 人口的地理分布和地区间流动

人口的地理分布与经济、文化发展关系密切。居住在不同地区的人，消费需求的内容和数量存在差异。例如，我国的南北方气候差异较大，人们心理性格各不相同，所以南方人较喜欢多彩、鲜亮、柔美、偏重的冷色调，而北方人习惯浓烈、厚重的暖色调。随着社会经济的发展以及国家经济发展相应政策的逐步推进，我国人口的地区间流动明显增强，人口迁移呈逐步上升的趋势。这在一定程度上改变着我国人口地理分布和人口结构状况，另一方面影响服装企业的营销环境。

二、经济因素

经济因素是影响服装企业营销活动的主要环境因素，它包括收入因素、消费结构、产业结构、经济增长率、货币供应量、银行利率、政府支出等因素，其中收入因素、消费结构对营销活动影响最为直接。

1. 消费者收入分析

收入因素是构成市场的重要因素，甚至是更为重要的因素。因为市场规模的大小，归根结底取决于消费者的购买力大小，而消费者的购买力取决于他们收入的多少。服装企业必须从市场营销的角度来研究消费者收入，通常从以下六个方面进行分析。

（1）国民生产总值。它是衡量一个国家经济实力与购买力的重要指标。国民生产总值增长越快，对商品的需求和购买力就越大；反之，则越小。

（2）人均国民收入。这是用国民收入总量除以总人口的比值。该指标大体反映了一个国家的经济发展水平和人民生活水平的高低，也在一定程度上决定商品需求的构成。一般来说，人均收入增长，对商品的需求和购买力就大；反之则小。

（3）个人收入。指从各种来源所得到的经济收入，如一个教师的收入，除了学校发给的基本工资及其他收入外，还可以得到外出兼课收入、论文和著作以及科研获奖收入等。一个国家个人收入的总和除以总人口，便是该国的人均收入。每个国家、地区的人均收入总额，可以衡量当地消费市场的容量，每人平均收入的多少，反映消费者购买力水平的高低。

（4）个人可支配收入。指在个人收入中扣除消费者个人缴纳的各种税款和交给政府的非商业性开支后剩余的部分，可用于消费或储蓄的那部分个人收入，它构成实际购买力。个人可支配收入是影响消费者购买生活必需品的决定性因素。

（5）个人可任意支配收入。指在个人可支配收入中减去消费者用于购买生活必需品的费用支出（如房租、水电、食物、衣着等项开支）后剩余的部分。这部分收入是消费需求变化中最活跃的因素，也是服装企业开展营销活动时所要考虑的主要对象。这部分收入一般用于购买高档耐用消费品、娱乐、教育、旅游等。

（6）家庭收入。家庭收入的高低会影响很多产品的市场需求。一般来讲，家庭收入高，对消费品需求大，购买力也大；反之，需求小，购买力也小。

2. 消费者支出模式分析

上述收入因素对企业营销的影响，主要是从静态角度进行的，但还远远不够。因为消费者收入增加了，增加的收入用于何处还不得而知，因此还应从动态角度着手进行分析，即从消费者收入支出模式中进行分析。

消费者的支出模式，又称消费者的消费结构，是指消费者在各种消费支出中的比例关系及相互关系，包括微观消费结构和宏观消费结构。前者是指单个消费者或家庭的消费结构，后者指一个国家或全社会的消费结构。消费结构的变化，对服装市场营销具有重要的意义。

3. 消费者储蓄分析

消费者的储蓄行为直接制约着市场消费量购买的大小。当收入一定时，如果储蓄增多，现实购买量就会减少；反之，如果储蓄减少，现实购买量就会增加。而居民的储蓄倾向受到货币供应量、银行利率、物价水平等因素的影响。当银行利率较高，市场物价又稳定，消费者就愿意储蓄；当银行利率较低，市场物价波动又大，消费者就很少进行储蓄，而把收入的大部分用于消费、购买商品或者进行其他方面的投资。由于受传统观念的影响，再加之目前相应的社会福利及体制尚不完善，中国居民仍然将储蓄作为消费之后剩余部分的主要处理方式。居民储蓄的目的不外乎为了养老、以备将来之需，或为了增值，但其最终目的依然是为了消费。也就是说，这是一种推迟了的、潜在的购买力，随时会转化为现实的购买力。因此，服装企业应关注居民储蓄的增减变化，了解居民储蓄的不同动机，从而制订相应的营销策略，以获取更多的商机。

4. 消费者信贷分析

消费者信贷，也称信用消费，指消费者凭信用先取得商品的使用权，然后按期归还贷款，完成商品购买的一种方式。信用消费允许人们购买超过自己现实购买力的商品，创造了更多的消费需求。随着我国商品经济的日益发达，人们的消费观念大为改变，信贷消费方式在我国日渐流行起来，值得企业去研究。

三、自然环境因素

服装企业营销的自然环境因素，是指影响服装企业生产和经营的物质因素，如服装企业生产所需要的面辅料等物质资料、面辅料印染和加工过程中对自然环境的影响等。由于这些因素是从物质方面影响企业营销，因此亦可称为自然物质环境因素。物质环境的发展变化会给服装企业造成一些"环境威胁"和"市场营销机会"。所以，服装企业的营销管理者应该关注自然环境变化的趋势，并从中分析企业营销的机会和威胁，制订相应的对策。关于自然环境的变化主要反映在以下方面：

1. **自然资源日益短缺**

纺织服装生产和加工所需的自然资源主要分为两类，一类为可再生资源，如棉花、苎麻、木材等，这类资源是有限的，可以被再次生产出来，但必须防止过度采伐森林和侵占耕地。另一类资源是不可再生资源，如石油、煤等，这种资源蕴藏量有限，随着人类的大量开采，有的矿产已经处于枯竭的边缘。自然资源短缺，使许多企业将面临原材料价格大涨、生产成本大幅度上升的威胁；但另一方面又迫使企业研究更合理地利用资源的方法，开发新的资源和代用品，这些又为企业提供了新的资源和营销机会。

2. **环境污染日趋严重**

纺织服装工业的发展对自然环境造成了一定的影响，尤其是环境污染问题日趋严重，一些地区的污染已经严重影响到人们的身体健康和自然生态平衡。环境污染问题已引起各国政府和公众的密切关注，这对服装企业的发展是一种压力和约束，要求服装企业为治理环境污染付出一定的代价，但同时也为服装企业提供了新的营销机会，促使企业研究控制污染技术，兴建绿色工程，生产绿色产品，开发环保包装等。例如，H&M积极响应全球可持续发展战略，于2016年4月18日开启了世界旧衣回收周（图3-20），通过全球36000多家门店向世界各地的顾客回收1000吨闲置衣物，这些衣物会根据400多项标准分为重新穿着、重新利用、循环使用、生产能源四种类型，这项环保举措能够有效降低服装数量造成的环境污染。此外，作为国内首家原创环保时装品牌"之禾"，从定位到设计、制造及生产过程中均坚持环保理念（图3-21）。在原料选择上，面料、里料、衬料、纱线及纽扣等均严格把握源头，选用有机棉、雨露麻、香云纱、有机羊毛等环保材料；在制作过程上，坚持古老的传统纺织、染整和手工技术，用有机物进行染色，保证色泽自然，且不使用任何危害人体的化工染料。

图3-20　H&M旧衣回收箱
（图片来源：H&M官网）

图3-21　国内第一家环保时装品牌之禾
（图片来源：之禾官网）

3. 政府干预不断加强

自然资源短缺和环境污染加重的问题，使各国政府加强了对环境保护的干预，颁布了一系列有关环保的政策法规，这将制约服装企业的营销活动。有些印染加工企业、牛仔服企业由于治理污染需要投资，影响扩大再生产，但企业必须以大局为重，要对社会负责，对子孙后代负责，加强环保意识，在营销过程中自觉遵守环保法令，担负起环境保护的社会责任。同时，服装企业也要制订有效的营销策略，既要消化环境保护所支付的必要成本，还要在营销活动中挖掘潜力，保证营销目标的实现。

四、政治与法律因素

任何服装企业的营销决策，都要受特定的政治与法律的制约和影响。因此，政治法律环境是影响服装企业营销的重要宏观环境因素，包括政治环境和法律环境。政治环境引导着服装企业营销活动的方向，法律环境则为服装企业规定经营活动的行为准则。政治与法律相互联系，共同对企业的市场营销活动产生影响并发挥作用。

1. 政治环境分析

政治环境是指服装企业市场营销活动的外部政治形势。一个国家的政局稳定与否，会给服装企业营销活动带来重大的影响。如果政局稳定，人民安居乐业，就会给企业营销造成良好的环境。相反，政局不稳，社会矛盾尖锐，秩序混乱，就会影响经济发展和市场的稳定。企业在市场营销中，特别是在纺织服装的对外贸易活动中，一定要考虑东道国政局变动和社会稳定情况可能造成的影响。

政治环境对服装企业营销活动的影响主要表现为国家政府所制定的方针政策，同时，在服装国际贸易中，不同的国家也会制定一些相应的政策来干预外国企业在本国的营销活动，比如进口限制、税收政策、价格管制、外汇管制等。

2. 法律环境分析

法律环境是指国家或地方政府所颁布的各项法规、法令和条例等，它是企业营销活动的准则，企业只有依法进行各种营销活动，才能受到国家法律的有效保护。近年来，为适应经济体制改革和对外开放的需要，我国陆续制定和颁布了一系列法律法规。例如，《中华人民共和国产品质量法》《企业法》《经济合同法》《涉外经济合同法》《商标法》《专利法》《广告法》《环境保护法》《反不正当竞争法》《消费者权益保护法》《进出口商品检验条例》等。服装企业的营销管理者必须熟知有关的法律条文，才能保证企业经营的合法性，运用法律武器来保护企业与消费者的合法权益。对从事国际营销活动的服装企业来说，不仅要遵守本国的法律制度，还要了解和遵守国外的法律制度和有关的国际法规、惯例和准则。例如，绿色环境标志制度要求由政府管理部门或民间团体按严格的程序和环境标准颁发"绿色通行证"，并要求付印于包装上，以向消费者表明该产品从研制开发到生产使用，直至回收利用的整个过程均符合生态环境要求。其中有德国的"蓝色天使"、加拿大的"环境选择"、日本的"生态标准"、欧盟的"欧洲环保标志"等，要将产品出口到这些国家必须经审查合格并拿到"绿色通行证"。

五、科学技术因素

科学技术是第一生产力，在推动生产力发展的同时，也不断促进社会分工的深化和新的社会需要的产生。服装企业的科技因素包括科技发展水平、新发明、新材料、新技术、新工艺、新产品等，所有这些不仅给服装企业造成威胁，而且也给服装企业创造新的市场营销机会。科技发展对企业营销活动影响作用表现在以下几个方面：

1. 科技发展促进社会经济结构的调整

每一种新技术的发现、推广都会给有些企业带来新的市场机会，导致新行业的出现。同时，也会给某些行业、企业造成威胁，使这些行业、企业受到冲击甚至被淘汰。例如，科学技术的发展首先促使服装从手工缝制走向机器化生产，使服装批量生产成为可能。服装成衣化生产降低了成本，提高了效率，扩大了生产；纺织技术的进步和化学纤维的发明，极大地丰富了人们的服装和服饰。应用现代科技，经过纺织染整加工的各种性能复杂的面料以及化学纤维性能的不断改进和品种的增加，不断满足了人们的需求；服装电子商务的兴起，推动了第三方物流的发展，而给传统的服装零售带来了一定的冲击。

2. 科技发展带来消费者服装购物行为的改变

随着计算机、多媒体和网络技术的发展，出现了"电视购物""网上购物""在线购物"等新型购买方式。人们可以在家中通过"网络"或"移动终端"自由选购中意的服装，还可以利用三维扫描技术形成自己的数字模特，进行网上虚拟试衣（图3-22）；服装企业也可以利用网络媒体进行广告宣传和营销调研等。2019年，天猫"双十一"活动中，许多网络商家选择在这一天进行大规模的限时促销活动，总成交额达2684亿元，再次刷新历年纪录（图3-23）。

图3-22　优衣库虚拟试衣
（图片来源：中关村在线论坛）

图3-23　2019年天猫"双十一"成交额再创新高
（图片来源：中新网）

3. 科技发展影响服装企业营销组合策略的创新

服装是流行性和时尚性相结合的产品，其产品寿命周期日渐缩短，而科技的发展使新产品的开发和实现成为可能。运用科学技术可以降低产品成本，使产品价格下降，并能使服装企业快速掌握服装市场上的价格信息并及时调整；科技发展促进了商品流通方式的现代化，服装企业可以采取多种销售方式，比如直销、网络销售、量身定制等；科学技术加快了信息的传播速度，现代传播媒介使各种不同的文化得以交流，人们通过杂志、电视、网络等媒体很快就能获得世界最新流行服装信息，对适合自己的穿着更有选择能力，这要求服装企业能够对流行趋势做出正确的判断，从而迅速而准确地生产出令消费者满意的服装；科技发展使广告媒体多样化，信息传播快速化，市场范围广阔化，促销方式灵活化。为此，要求服装企业不断分析科技新发展，创新营销组合策略，适应服装市场营销的新变化。例如，杭州四季青服装市场上一网红的网络直播带货（图3-24），这种新型营销方式，不仅互动性增强，还能以低价的形式和消费者直接进行对接，省去了中间商环节。

图3-24　杭州四季青服装市场网红正在直播卖衣服
（图片来源：浙江在线）

4. 科技发展促进服装企业营销管理的现代化

科技发展为服装企业营销管理现代化提供了必要的装备，如电脑、电子扫描装置、光纤通信等设备的广泛运用，改善了服装设计、裁剪、生产以及营销管理，使得服装质量、档次明显提升，服装款式、规格丰富多彩。同时，科技发展对服装企业营销管理人员也提出了更高要求，促使其更新观念，掌握现代化管理理论和方法，不断提高营销管理水平。例如，红领集团研发了RCMTM全球男士正装定制供应商平台，为企业推进了成衣定制大众化，降低了成本，提高了快速反应能力、服务能力及生产的集约化水平。图3-25为红领集团所使用的自动化裁床。

图3-25　红领集团：智能化生产颠覆传统制造业
（图片来源：工控网）

六、社会文化因素

社会文化是指在一种社会形态下已经形成的基本价值观念、宗教信仰、道德规范、审美观念以及世代相传的风俗习惯等被社会所公认的各种行为规范的总和。它是影响人们欲望和行为的重要因素。服装企业处于一定的社会文化环境中，企业营销活动必然受到所在社会文化环境的影响和制约。为此，服装企业应了解和分析社会文化环境，针对不同的文化环境制订不同的营销策略，组织不同的营销活动。服装企业研究社会文化，应该分别考虑消费人群的受教育程度、宗教、价值观念以及消费习俗等。

总之，服装企业的市场营销人员在国内和国际市场营销工作中都必须分析、研究和了解其社会和文化环境，在服装产品设计、造型、颜色、包装、商标以及推销方式等方面都要事先考虑到社会文化环境因素的重要影响。

以上所述的制约和影响服装市场营销活动的宏观环境因素，不论是经济的还是非经济的，都组成了一个有机的整体。各种因素不仅单独对服装营销本身作用，而且各种因素之间也是相互制约、相互影响的，构成了服装营销活动的系统环境。在服装营销过程中，任何服装企业都不可能改变市场营销的宏观环境，但可以通过认识这种环境，改变经营方向，调整内部管理，从而不断适应服装营销环境的变化，促进营销目标的实现。

PART 2 　项目实操

一、项目目标

掌握服装产业链的构成及特点，并对当前服装市场营销环境进行分析。

二、项目任务

运用本章节的知识，通过市场调研、文献搜索，分析"休闲服饰品牌Esprit供应链断裂以致破产"的相关原因，并探讨在目前的市场营销环境下，Esprit若要重振应该从哪些方面着手？如何实施计划？分组完成营销环境分析报告。

三、项目要求

班内同学自由组合，5~6人为一组进行调研。分工合作完成资料搜集，市场调研分析以及项目报告。

四、开展时间及形式

课堂讨论环节。形式以文献检索、市场走访调研及小组式头脑风暴为主。

五、项目汇报

采用PPT形式，以小组为单位进行项目汇报。

PART 3　项目指导

一、准备工作

1. 确定分组

班级内同学自由组合，5~6人为一组进行调研，明确组内分工。

2. 选定资料搜集范围

组内人员通过协商确定资料搜集的维度，分工完成资料搜集。

二、项目指导

1. 分解项目任务，明确项目目标

2. 确定研究方法和内容的获取途径

3. 重点信息搜集

（1）企业、品牌资料搜集。

（2）服装产业链现状。

（3）整体、区域服装市场环境现状。

（4）影响市场变化的因素（经济、政治、特殊事件如新冠疫情）等。

4. 设计项目实施方案

在以上调研工作的准备及调研要求的基础上，制作详细的资料搜集计划、资料整合分析、小组讨论方案等。

PART 4　案例学习

沃尔玛的供应链管理

沃尔玛百货有限公司（图3-26）是一家全球连锁零售企业，多次在美国《财富》杂志世界500强企业中位居首位、为全球最具价值品牌之一。1962年，山姆·沃尔顿在美国阿肯色州罗杰斯开设了第一家沃尔玛平价商店。1983年，沃尔玛开设了第一家山姆会员商店，1988年开设了第一家大型购物广场，现已成为公司的主营方式。沃尔玛之所以能从一家小商店而发展为商业巨头，主要归因于其在供应链管理方面取得的巨大成就。业内相关人士指出，"沃尔玛本身就是一个供应链运营公司。"沃尔玛的供应链管理主要体现在以下四方面：

一、顾客需求管理

沃尔玛的首要目标是"让顾客满意"，以顾客的需求为驱动力，整个供应链的集成度较高，数据反馈迅速，反应敏捷，属于典型的拉动式供应链管理。

"无条件退货"和"高品质服务"不光是一句口号。在美国，就算没有收据，只要是从沃尔玛购买的商品，顾客都会被无条件受理退货。高品质服务代表顾

客永远是对的。沃尔玛每周都会统计顾客期望和反映，根据电脑信息系统收集的信息，以及通过直接调查收集到的顾客期望的商品组合，管理人员组织采购，改进商品的陈列摆放等，使顾客在沃尔玛不但能买到满意的商品，还能拥有全方位的购物体验。

二、供应商关系管理

沃尔玛始终与供应商维持和谐的关系，既保证了其稳定的廉价货源，又解决了产品的质量问题。沃尔玛为供应商提供帮助和支持，供应商进入沃尔玛不需要提供进场费和保证金，相反，沃尔玛还会为关键供应商提供空间。供应商可自行设计商品的陈列展示，以此营造更能吸引顾客的购物环境。另外，沃尔玛还提供给供应商免费的软件支持。当然，供应商也需遵守沃尔玛的一系列规范和标准，包括沃尔玛对供应商自身的报酬、工作环境、工作时间和企业机密等。

三、物流配送系统管理

为协调商品采购、库存、物流和销售之间的关系，沃尔玛建立了卫星定位系统、电脑管理系统以及电视调度系统。再加上完善的自动补货系统以及零售链接，沃尔玛完成了产品的"无缝"物流。高效的配送体系加快了存货周转，实现了成本控制，成为沃尔玛独特的核心竞争力。沃尔玛的物流配送流程如图3-27所示。

四、供应链交互信息管理

沃尔玛是第一家实现信息化管理的零售企业，信息技术的巨大投资使其走上了

数字化道路。其电子信息通信系统为美国最大的民用系统。利用全球网络，沃尔玛可在一小时以内实现盘点，并将实时路况信息告知货车司机，从而为其提供送货的最佳线路。依靠先进的电子信息技术，沃尔玛能够保持门店销售与配送同步，配送中心与供应商运转一致，沃尔玛超市也因此保持着所售货物在价格上的绝对优势，成为消费者的首选之一。

图3-26　沃尔玛门店
（图片来源：视觉中国）

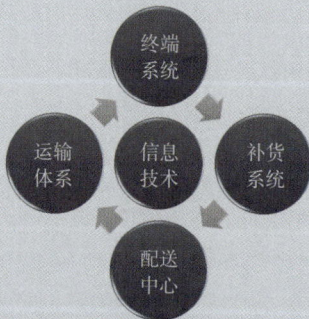

图3-27　沃尔玛物流配送流程图

PART 5　知识拓展

服装产业链的高效整合方法和策略

目前，我国纺织服装产业已形成从纤维材料、纺纱、织造/针织/非织造、印染/整理、服装/家纺等较为完整的产业链，但行业内中小企业较多，且不少纺织和服装企业各自为政，很难协调统一取得高效发展。究其原因，产业链的割裂是造成这种情况的重要原因之一。因此，在目前现状基础上，如何进行服装产业链的高效整合则变得尤其重要和迫切。

总体来说，服装产业链的整合方法有以下几种：

一、服装产业链的结构整合

服装产业链的结构整合是指从一种或几种资源出发，通过若干产业层次不断向上游如纺、织、染整一条龙式整合，或向下游的物流、渠道、卖场、服务式整合，形成纵向一体化的经营模式。该种模式可以给企业提供更大的自由度，加强了服装产业之间的关联合作程度，以及资源配置效率，减少对其他企业的过分依赖，但对整合企业来说要求较高、难度较大。做深纺织产业链的供给，产业链越长，加工度越深，越能适应消费者需求。

二、服装产业链的特性整合

服装产业链特性表现在其长度、宽度、关联性和聚集度上。服装产业链的长度整合，表现在产业链中起点到终点环节的多寡，服装产业链长度是对产品加工深度的刻画。服装产业链的宽度整合，表现在产业链各节点企业生产规模的大小，服装产业链各环节的宽度应尽可能达到平衡，否则会造成服装产业链内部的恶性竞争。服装产业链的关联性整合，表现在产业链中各环节之间的匹配关系，包括供给与需求、投入与产出的关系等。服装产业链各环节应保持尽可能紧密的关联关系，否则会影响服装产业链的协作发展。服装产业链的聚集度整合，表现在产业链内各环节企业在地理位置上的聚集程度，聚集度越高越容易形成规模效益，越容易实现技术创新。因此，提高产业链聚集度也是服装产业链发展的重要思路之一。

三、服装产业链效益整合

服装产业链效益整合，就是以更高的效率走完服装产业链条的产品设计、仓储运输、原料采购、订单处理、批发经营、终端零售和售后服务，从而在市场适应和消费者互动上取得主动和领先地位，达到高效整合的目的。服装产业链高效整合是现代成本控制的新思维，它打破了传统意义上在运费和劳动力上节约成本的思想，从高效出发，加快资金和商品的周转率以适应不断变化的市场，做市场的快速反应者。

四、服装产业链架构整合

在一定的地理区域内，构成服装产业内所有具有连续追加价值关系的经济活动的集合，它是以服装企业为链核，以服装产品为联系，以技术和资本为纽带，以相关及辅助产业为支撑，上下连接与延伸，前后衔接所形成的具有价值增值功能的关系链。

根据产业链理论，服装产业链是由上、中、下游各分支产业相互联系形成的关系链，是服装产品从开始直至到达消费者的整个过程。服装产业链的核心环节各自细分为若干环节，层层递进，环环相扣。各环节以产品技术为联系，以资本为纽带，向上连接向下延伸，前后联系形成链条。

五、服装产业链战略整合

服装产业链的协调发展整合战略，首先须对服装产业链各环节进行系统整合，以实现各环节之间的相互匹配，从而确保各环节协作发展。系统整合战略就是对产业链各环节之间的数量比例、层次结构、品质定位三方面进行合理化整合。首先，整体规划合理搭配服装产业链各环节的比例。服装产业内部各相关环节在数量、规模上应该保持一定的比例关系。例如，面辅料生产的产品数量应与服装设计、加工的需求量相匹配，过多会造成产品积压，过少则造成供给不足。其次，要合理规划服装产业链各环节发展的层次结构。不同区域的居民收入水平的层次结构决定了服装商贸、加工、设计、面辅料生产、纺织技术研发的层次结构，因此，各环节都须注意高、中、低档次产品或技术上的合理配置。最后，要推动服装产业链各环节发展的品质结构生理化发展。各环节所提供的品牌、产品、劳务、技术等的最低质量水平，决定满足顾客需求的品质程度，因此，各环节之间的品质水平也要相匹配。总之，服装产业链各环节的协调发展，可提高其整体服务水平和各环节之间的协作能力。

总之，成功的服装产业链能够有效推动产业发展和区域经济的增长。服装产业链的构建及其内容的细化与明晰，有助于推动服装产业的协调发展和实现产业结构的优化。针对服装产业链的各个环节，有所为有所不为，以产业关联效应带动整个服装产业的发展。

第四章　黑箱探秘：服装消费心理与行为洞察

在市场经济社会里，人们的消费需求都依赖于市场，都要通过具有支付能力的特定购买行为而得到满足，所以消费者是服装市场的主人，服装市场营销的核心就是满足消费者的需求。然而，随着全球经济一体化、信息化和现代化的到来，特别是改革开放40年来，消费者的心理和行为已发生了很大变化，只有深入了解形形色色的消费行为和现象，预测消费者的心理、行为活动过程及其规律，才能为服装企业的营销管理提供理论上的指导和帮助。

问题导入

> 您身边的年轻一代是否有崇尚潮牌或奢侈品的现象？导致这一现象的原因是什么呢？

PART 1　理论、方法及策略基础

第一节　服装消费者的需求

消费行为是以需求为起点，以购买类型和模式为中心的。而消费者的需求、欲望往往是在缺乏或是感到缺乏时才会产生，而有了购买力支持的欲望才能最终发展成为需求，进而形成购买动机。因此，要研究服装消费行为，必须首先分析服装消费者的动机和需求。

一、消费者动机的形成

按照心理学的观点，人的行为是由动机支配的，而动机是由需要引起的。动机引起行为、维持行为，并引导行为去满足某种需要。动机源于需要，当人产生某种需要而又未能得到满足时，人体内便出现某种紧张状态，形成一种内在动力，促使人去采取满足需要的行动，这就是心理学上所说的动机。当人的需要得到基本满足时，则紧张状态消失，恢复平衡，动机也就随之消失。

行为取决于动机，动机来源于需要。但并不是有某种需要，就一定产生某种动机，或者有某种动机，就一定会发生某种行为。因为一个人同时可能存在多种需要，不是每一种需要

都产生动机，也不是每一种动机都会引起行为。动机之间不但有强弱之分，而且有矛盾和冲突，只有最强烈的动机即"优势动机"才能导致行为。例如，一个人得到一笔钱，既想买手机，又想买服装，还想去旅游，等等，最后决定行为的只能是那个最强烈的需要和动机。因此，营销者要想使消费者行为符合企业的目标，就必须善于根据消费者的需要而设置某些刺激物（营销刺激），激发足以引起消费者行为的优势动机，这就是激励。所以，对市场营销来说，就是设法激发足以引起消费者行为的动机，使之有利于企业目标的实现。

二、服装消费者需求的特点

消费者需求是人们为了满足个人或家庭生活的需要，购买产品、服务的欲望和要求，是许多企业从事经营活动的主要服务对象。消费者的需求产生于自身生理和心理上得到满足的需要，而这种需要又是多层次的。正如前面所提到的，美国心理学家亚伯拉罕·马斯洛（A.H.Maslow）在1943年提出的人类需要差别体系，将人类的需要分为生理需要、安全需要、社交需要、尊重需要、自我实现需要五个不同的层次。认为人类的生理和心理需求不仅呈阶梯形，而且具有差异性。消费者需求会因时、因地、因人不同而产生差异，不同的国家、地区、消费者在需求层次的内容上也是不相同的。

服装消费者的需求同样基于生理需求和心理需求两大类。生理需求也称为本能需求或者初级需求，是在人类自身的发展过程中，为了维持生命、保持人体的生理平衡而形成的需求。如人们穿衣服是为了保暖或者使身体不受伤害；心理需求是高层次的需求，是指人们为了提高物质和精神生活水平而产生的需求，表达了人们在社会生活中期望得到尊重和认可的愿望。比如，人们穿名牌服装是为了得到周围人的赞赏和羡慕，以满足自己身份或社会地位的需要；再如，2019年12月，麦当劳和华裔设计师亚历山大·王（Alaxander Wang）联名推出的"黑金篮子"（图4-1），尽管售价高达5888元，但由于全球限量仅300只，再加上网络上众多明星博主们的流量加持，使得这个菜篮子话题度十足，受到了消费者的追捧。

由于服装这种特殊产品具有广泛性、时尚性、流行性、变化快和多层次化的特点，由此使得服装消费者的需求呈现以下特点：

图4-1　麦当劳和Alaxander Wang联名推出的"黑金篮子"
（图片来源：麦当劳官网）

1. 广泛性

广泛性指消费者人数众多，但差异较大。

2. 分散性

分散性指消费者市场以个人或家庭为购买和消费单位。限于人数、需要量、购买能力、存放条件、商品有效期等因素，购买的批量有限、批次多，但购买比较频繁。

3. 复杂性

复杂性指由于消费者年龄、性别、职业、收入、教育程度、居住区域、民族、宗教等方面的不同，形成多种消费层次，有各种各样的需求、欲望、兴趣、爱好和习惯，对不同的商品或同种商品的不同规格、质量、外观、式样、服务、价格等产生多种多样的需求。同时，同一服装品类不同品牌、同一品牌不同款式给消费者提供了巨大的选择空间。例如，针对复杂多变的消费者需求，添柏岚（Timberland）和热风分别开发了不同材质、不同颜色、不同鞋型、风格迥异的多款男士短靴以供消费者选择，如图4-2所示。

| Timberland | Timberland | 热风 | 热风 |

| Timberland | Timberland | 热风 | 热风 |

图4-2　Timberland与热风男士短靴对比
（图片来源：Timberland官网、热风官网）

4. 多样性

多样性指服装消费需求具有求新求异的特性，即不同消费者在需求、偏好以及选择产品的方式等方面各有侧重，互不相同；同一消费者在不同时期、不同情境、不同产品的选择上，其行为也呈现较大差异。

例如，西装诸多细节上的设计，能够使得品牌风格鲜明，易于吸引有相应需求或喜好的消费者。古驰（Gucci）西装强调窄肩、小肩平直，挂肩小且与袖子宽度接近，隐藏手臂线条，从肩到腰收缩的线条略显腰身，模糊了男性的部分特征，形成了消瘦的少年感（图4-3）。乔治·阿玛尼（Giorgio Armani）则相反，西装注重宽肩、小肩倾斜、肩头线条圆润，挂肩比较宽松，以突出男人的宽肩宽臂，腰部省去太多收缩体现倒三角的韵味，表现出明显的男人特性与男人味（图4-4）。

图4-3　Gucci男士西装
（图片来源：Gucci官网）

图4-4　Giorgio Armani男士西装
（图片来源：Giorgio Armani官网）

5. 周期性

随着科技的不断发展，新产品不断出现，消费水平不断提高，消费需求呈现出由少到多、由粗到精、由低级到高级的发展趋势。一些产品在流行过后被逐渐淘汰，但若干年之后，会被消费者重新重视并形成流行。例如，1964年电影《窈窕淑女》（*My Fair Lady*）发行后数年，Eliza Doolittle麻雀变凤凰的故事愈演愈盛。其中由英国著名服装设计师塞西尔·比顿（Cecil Beaton）为奥黛丽·赫本（Audrey Hepburn）所设计的花饰阔领带裙装［图4-5（a）］，在2012

年又被妮可·基德曼（Nicole Kidman）采用为单色宽领带套装［图4-5（b）］而出席活动（图4-5）。

（a）　　　　　　　　　　　　　　　　（b）

图4-5　消费者需求具有周期性

（图片来源：Part Nouveau网站）

6. 可诱导性

消费者购买服装大多属于非行家购买，容易受广告宣传和其他推销方法的影响，因而具有可诱导性。

7. 伸缩性

消费者购买行为变化性大，并有较大的需求弹性。也许今天决定购买，明天就可能取消购买决定。

8. 替代性

服装消费品种类繁多，不同品牌甚至不同品种之间往往互为替代产品，形成竞争态势。如图4-6所示，不同面料和适用场合的瑜伽服互为替代产品。

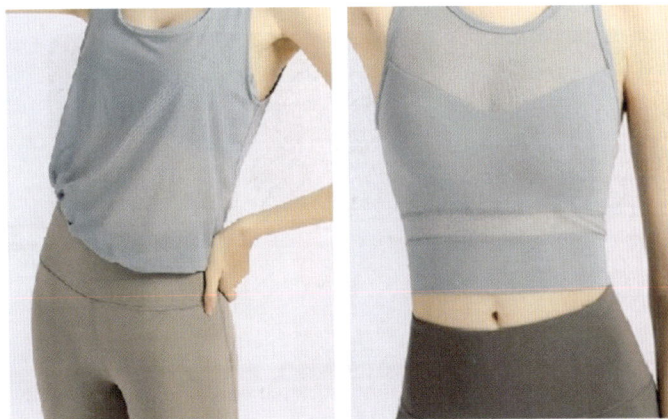

图4-6　不同品类的瑜伽服

（图片来源：瑜伽服品牌"爱暇步"官网）

9. 地区性

地理位置的不同导致消费者不同的消费需要、爱好和消费习惯，所购商品的品种、规格、质量、花色和价格也千差万别。

10. 季节性

季节性的气候变化、季节性生产、风俗习惯和传统节日均可引起季节性消费，从而形成不规则的市场需求。

11. 层次性

消费者需求因其阶层、收入、个性以及价值观念的不同而形成不同的层次，但复杂多样的消费者需求依旧有规律可循。只有认真研究和分析消费者需求，才能真正把握目标顾客需求，有效地开展服装企业的营销活动。

第二节　消费者的购买行为模式

一、消费者购买行为模式的研究成果

研究消费者的购买行为模式，对于更好地满足服装消费者的需求和提高服装企业市场营销工作效果具有非常重要的意义。国内外许多的学者、专家对消费者购买决策模式进行了大量的研究，提出了一些具有代表性的典型模式。归纳起来，主要分为"刺激—个体生理、心理—反应"模式（即S-O-R模式）、营销刺激—消费者反应模式、尼科西亚模式、恩格尔模式和霍华德—谢思模式几种。在此，仅选择最具代表性的营销刺激—消费者反应模式为例，进行详细分析和论述。

菲利普·科特勒提出的营销刺激—消费者反应模式，说明消费者购买行为的反应不仅受到营销刺激的影响，还会受到其他方面外部刺激因素的影响。而不同特征的消费者会产生不同的心理活动的过程，通过消费者的决策过程，导致一定的购买决定，最终形成消费者对产品、品牌、经销商、购买时机、购买数量的选择，如图4-7所示。

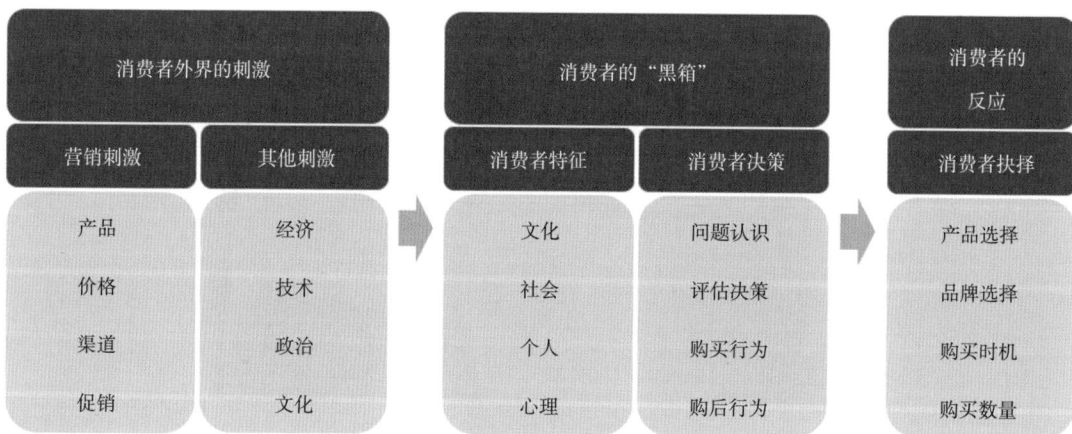

消费者外界的刺激			消费者的"黑箱"		消费者的反应
营销刺激	其他刺激		消费者特征	消费者决策	消费者抉择
产品	经济		文化	问题认识	产品选择
价格	技术		社会	评估决策	品牌选择
渠道	政治		个人	购买行为	购买时机
促销	文化		心理	购后行为	购买数量

图4-7　营销刺激—消费者反应模式

根据营销刺激—消费者反应模式，任何刺激因素作用于人时，会产生不同的反应。比如，当产品价格便宜时，有人认为，"一分价钱一分货，好货不便宜，便宜没好货"；也有人认为价廉物美，会立即购买，同样的信息刺激对于不同的消费者产生的影响不同。因此服装企业就需要研究刺激反应过程中的"黑箱"（Buyers Black Box）。从图4-7中可以看出，"消费者外界的刺激"有两类：一类是工商企业所安排的"市场营销刺激"，包括"4Ps"即产品、价格、渠道和促销，另一类是"其他刺激"，包括经济的、技术的、政治的和文化的刺激等。这些外界刺激进入"消费者的黑箱"（即"心理过程"）。消费者"黑箱"由两部分构成：消费者特征与消费者决策过程。消费者受其文化、社会、个人、心理因素的影响，对刺激会形成不同的反应与理解。消费者的特征和购买决策过程导致一定的购买决定。通过对消费者特性与购买决策过程的了解有助于企业有针对性地开展营销活动。因此，营销者要让消费者做出购买决策并实现企业预期的目的，就必须研究影响消费者行为的因素。

二、服装消费者行为模式的阶段划分

消费者购买行为是指消费者在一定的购买欲望（动机）的支配下，为了满足某种需求而购买商品的行为。从表现形式上看，它是一个行为过程系统，包括购买者是谁（who）、购买什么（what）、为什么购买（why）、谁参与购买（who）、什么时候购买（when）、怎样购买（how）、何地购买（where）等。针对营销刺激—消费者反应模式，服装消费者行为包括了购前、购中和购后三个阶段。

购前主要涉及消费者对产品/品牌的初步认知，包含信息收集与评价判断。购中主要是消费者购买行为的具体实施过程，购后阶段则是指消费者对产品的具体使用、消费过程，也涉及消费者对产品的消费后评价及后续行为。从广义上讲，这三个过程均涉及消费者的决策问题，如购前阶段对消费信息传播媒体的选择，购后阶段对品牌如有不满意是否选择投诉等。但从狭义上讲，消费者的购买决策模式只涉及购前和购中阶段，决策行为更多体现在购买现场。

针对服装消费行为模式的不同阶段，消费者和营销者从不同的立场出发，具有不同的观点和态度。如图4-8所示为消费者和营销者对待消费者行为的不同观点对比。

	消费者观点	营销者观点
购前阶段	如何察觉需要	如何刺激消费者的需求和欲望
	何处可以找到相关的信息	应进行哪些营销传播活动
	如何从各种方案中找到恰当的选择	哪些方案会是消费者考虑的选择
	如何能够提升决策效率	如何使消费者选择自己的产品
	如何避免购后后悔	如何改变消费者的态度
购中阶段	如何获得产品	消费者的购买倾向与策略的原因
	购买经验是否愉快	哪些情境会影响消费者的购买
	消费过程中有哪些体验	店面/网店布置和陈列设计如何、需要对人员进行什么培训等
购后阶段	产品或服务是否符合期望要求	影响消费者满意度的原因是什么
	应采取何种方式表达满意或不满意	消费者是否再次购买或传送口碑
	如何处置产品	二手市场规模如何

图4-8　消费行为不同阶段中消费者和营销者的观点对比

第三节　服装消费者购买行为分析

一、影响消费者购买行为的主要因素

消费者购买行为的形成是一个复杂的且受一系列相关因素影响的连续行为。一个消费者在市场上为什么购买，购买什么东西，购买多少商品，何时、何地购买，是由文化因素、社会因素、个人因素和心理因素综合作用于消费者感官的结果。

1. 文化因素

文化是造成消费者需求差异的重要因素。从广义上说，文化是指人类从社会历史实践中创造出来的物质财富和精神财富的总和。从狭义上说，是指社会的意识形态以及与之相适应的制度和结构。现在我们一般把文化理解为：人类从社会实践中建立起来的价值观念、道德、理想、知识体系和其他有意义的象征的综合体。文化无处不在，充满我们的生活。因此，分析消费者购买行为，必须分析文化因素。

文化因素中包含社会文化、亚文化群两方面。

（1）社会文化。文化是社会的产物，人类只能从后来的教育学习和社会实践中获得。不同的文化教育水平，会带来不同的世界观和人生观、不同的宗教信仰，从而影响消费者的需求和购买行为。同时，社会文化具有明显的区域性。各个国家由于各自发展的背景不同，在文化上表现出各自的特殊性。以传统女性服装为例，我国女性受传统文化的影响，着装讲究体面和端庄，同时由于受到儒家和道家思想的支配，其服饰崇尚含蓄、柔和、自然、淡雅和严谨，体现"天人合一"的追求；日本、韩国、印度等亚洲国家的传统服饰基于"宽"的文化展现，服饰多用纹样、刺绣、镶边等传统工艺点缀，以服装本体的美来代替和修饰人体的美（图4-9）；而西方女性受希腊、古罗马雕塑和绘画的影响，着装讲究比例、匀称、平

图4-9　东方女性的服饰喜好
（图片来源：TANYG天意官网）

衡、和谐的整体感，追求体现人体美和个性化，喜欢选用色彩艳丽、款式新奇的装束（图4-10）。由此可见，不同的社会文化背景，导致了人们认识事物的方式、行为准则、价值观念和审美情趣上的差异。但文化又可以互相借鉴，比如发明于美国西部的牛仔服装受到各国青年的青睐。

图4-10　欧美女性的服饰喜好
（图片来源：海报时尚网）

（2）亚文化群。文化是整体的概念，但在一个大文化背景中，又可分为若干不同的亚文化群。亚文化是指存在于一个较大社会中的一些较小群体所特有的特色文化，表现在语言、价值观、信念、风俗习惯等方面的不同。人类社会的亚文化群主要有民族亚文化群、种族亚文化群、宗教亚文化群和地域亚文化群四大类。由于自然环境和社会环境的差异，不同的民族有着独特的风俗习惯和文化传统；不同种族有着不同的文化传统与生活习惯，例如，黄种人吃饭用筷子，白种人吃面包用刀叉；不同宗教具有不同的文化倾向或戒律；同一民族，居住在不同的地区，由于各方面的环境背景不同，也会形成不同的地域亚文化，表现出语言、生活习惯等方面的差异，其中一些亚文化对消费者服装审美也有鲜明影响，如图4-11所示。

图4-11　朋克时装教母薇薇安·威斯特伍德（Vivienne Westwood）20世纪70年代的留影
（图片来源：腾讯时尚）

鉴于文化对人们价值观念、生活方式及购买行为的影响，服装企业在营销中应当密切注意和研究社会文化，以便选择目标市场，制定相应的营销策略。

2. 社会因素

因为每一个消费者都生活在一定的社会之中，因而其购买行为受价值观念及社会因素的影响。社会因素主要包括社会阶层、参照群体及家庭等因素。

（1）社会阶层和角色定位。在任何一个社会中，都存在着根据职业、收入来源、教育文化水平来划分的人类群体，这就是社会阶层。同时，只要是社会成员，都会承担一定的社会角色。而不同的角色是由一定的社会地位决定的，符合一定社会期望的行为模式。所以，不同的社会阶层、不同的社会角色由于其教育程度和收入水平、角色定位等方面的差异，形成了不同的价值观念、生活方式及兴趣爱好，表现在购买行为和购买模式上，具有明显的差异，对服装品牌、质地、款式，以及工艺均有特殊的偏好。同时，在购买过程中，不同社会阶层的消费者对购物环境、品牌服务的要求也不同。年轻一代更喜欢集购物、餐饮娱乐于一体的商圈，如图4-12（a）所示，而年老一代则喜欢价廉物美的大中型百货商场或折扣店，如图4-12（b）所示。

(a)   (b)

图4-12   西安大悦城商场和康复路批发市场

（图片来源：图虫网）

（2）参照群体。一个人的消费习惯和爱好，并不是与生俱来的，而往往受到参照群体的影响。参照群体是指购买者的社会联系，是影响消费者购买行为的个人或集团。根据参照群体对消费者购买行为的影响程度，可将其划分为主要群体、次要群体和渴望群体三类。

影响消费者购买行为的主要群体，包括家庭成员、朋友、邻居和同事等，这一群体尽管不是正式组织，但与消费者发生面对面的关系，因而对消费者的行为影响也最直接。影响消费者购买行为的次要群体，包括社会团体、职业团体等，如工作单位、消费者参加的各种团体，这一群体属正式组织，消费者归属其中，虽然对消费者的影响不如主要群体那样直接，但也间接发生作用，如学生在校要穿校服、上体育课要穿运动衫裤。另外，对消费者购买行为产生一般影响的还有一种渴望群体，消费者虽不属于该团体，但受其影响也很大，如电影、电视、体育明星等影响。例如，"体操王子"李宁（图4-13）退役后创立的"李宁"体育用品品牌，因李宁个人的影响力而受到消费者喜爱，品牌发展迅速。

参照群体对消费者购买行为的影响，一般表现为三个方面：

第一，参照群体为每个人提供各种可供选择的消费行为或生活方式的模式，使消费者改变原有的购买行为或产生新的购买行为。

第二，参照群体引起的仿效欲望，使消费者肯定或否定对某些事物或商品的看法，从而决定其购买态度。

第三，参照群体促使人们的行为趋于某种"一致化"，如某体育明星穿了一件较时髦的运动衫，许多青年人也竞相跟随，出现"一致化"倾向。

参照群体的存在，影响了消费者对某种商品品种、商标、花色的选择。所以，在市场营销中，企业不仅要具体地满足某一消费者购买时的要求，还要十分重视参照群体购买行为的影响。同时要充分利用这一影响，选择同目标市场关系最密切、传递信息最迅速的相关群体，了解其爱好，做好产品推销工作，以扩大产品销售。

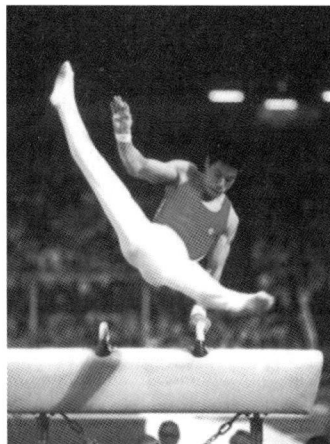

图4-13　明星造型穿搭对消费者的影响

（图片来源：央视国际网）

（3）家庭。家庭对消费者购买行为的影响不仅是直接的，而且是一种潜意识的。家庭的生活方式、文化程度、价值观念及购买习惯对个人影响方式是复杂的，有时是潜移默化，有时则是直接作用。一个家庭中，女性往往负责日常生活以及家庭成员的着装，在服装的购买决策中往往起着主导作用。因此，研究女性购买决策的模式以及行为方式对于服装营销具有重要作用。

3. 个人因素

个人因素是指消费者本身的年龄、家庭生命周期、性别、职业、经济环境、生活方式以及个性特征等因素对购买决策和购买行为的影响。

（1）年龄和家庭生命周期。在人的一生中，由于年龄的不同而表现出不同的追求和价值取向，反映在消费者的购买决策和购买行为当中。婴幼儿时期，追求活泼、可爱以及纯真的服饰；青年时期追求时尚、端庄大方的服饰；而老年时期则注重舒适、宽松以及物美价廉。因此，消费者的年龄对购买行为有一定的影响。

在我国，根据消费者的年龄、婚姻以及子女情况，可将家庭生命周期划分为家庭形成期、成长期、离巢期和空巢期四个阶段（图4-14）。在不同阶段，由于家庭成员年龄、构成以及收入等方面的差异，而使得家庭购买服装的关注点有所不同，所以研究家庭生命周期不同阶段的特点有助于进一步细分服装消费市场，了解不同阶段的购买特点和购买需求。

（2）性别、职业和受教育程度。由于生理和心理上的差异，不同性别的消费者表现出不同的购买欲望、消费构成以及购买习惯。一般情况下，女性要求服装多样化、个性化，所以对服装的关注程度和需求较高，表现出较大的购买兴趣，喜欢逛街并将其作为休闲娱乐和放松的一种方式，购买过程中容易受到外界因素的影响而产生感性购买。购买时喜欢多家比

属性	家庭形成期 (筑巢期)	家庭成长期 (满巢期)	家庭成熟期 (离巢期)	家庭衰老期 (空巢期)
定义	从结婚到最小的子女出生为止	从最小的子女出生到最大的子女完成学业为止	从最大的子女完成学业到夫妻均退休为止	从夫妻均退休到夫妻最后一人过世为止
特征	家庭成员数随子女出生而增加	家庭成员数量固定	家庭成员数量随子女独立而逐渐减少	夫妻两人或只剩一人
夫妻年龄	25~35岁居多	35~55岁居多	55~65岁居多	65~85岁居多

图4-14　家庭生命周期的主要阶段

较、精挑细选；而男性则往往比较关注服装的质量，不会过分计较价格，需要什么便直奔卖点，感觉满意就立即购买，不会花费太多的时间和精力。如图4-15所示反映了男性和女性在购物风格及花费时间上的差异。不同的职业和受教育程度，由于其环境氛围的影响以及自身的审美要求，对服装的品牌、质地、面料、款式以及价格的关注点也各不相同。

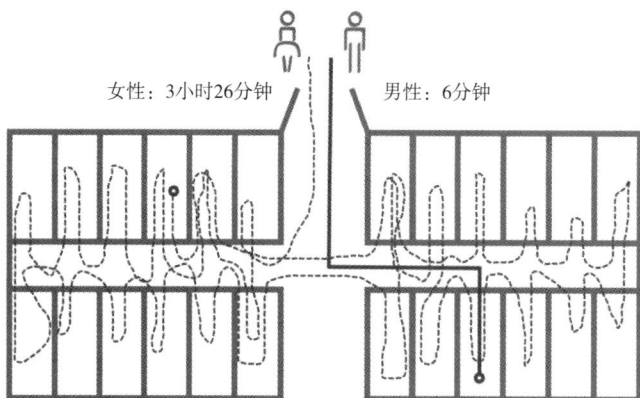

女性：3小时26分钟　　男性：6分钟

图4-15　男性和女性购物风格对比

（3）经济环境。经济环境包含消费者个人的经济状况以及对消费的态度和观念。一方面，消费者的经济状况的高低会直接影响消费者的购买行为。经济状况主要涉及消费者的个人收入、可任意支配收入、储蓄以及信贷能力等。当消费者个人可任意支配收入高的时候，其购买能力就高。另一方面，消费者的消费态度对购买行为有直接的影响。一般情况下，消费者总是追求以最少的投入获取对服装最大限度地满足。所以，消费者会追求物美价廉的服装或者追求服装的最大效用。

（4）生活方式。生活方式是指人们在生活中根据自己的价值观念安排生活的模式，是影响消费者购买行为的重要因素。有些人虽然出身于同一社会阶层，源于同一文化背景，具有相似的个性，但由于生活方式的不同，对服装形式和功能的需求也会明显不同。比如，热爱运动的人，休闲时间常穿着健身、户外服装及相关装备（图4-16）；而热爱中国传统文化的人，休闲时间则可能穿着旗袍或其他传统服饰（图4-17）。

图4-16　运动服装
（图片来源：李宁官方微博）

图4-17　传统服饰
（图片来源：搜狐网）

（5）个性特征。这是消费者个人特性的组合，指人的整个心理面貌，是个人心理活动的稳定的心理倾向和心理特征的总和。一般而言，个性具有倾向性，决定着人们对现实活动对象的趋向和选择。同时，个性又具有一定的心理特征，即在一个人身上经常地、稳定地表现出来的心理特点的组合，比如能力、气质、性格等。消费者的个性千差万别，因而影响消费者购买行为的个性因素有很多，如消费者的性格是随和还是专横、内向还是外向、依赖还是独立、孤立还是合群、爱交际还是沉默寡言、保守还是激进以及自我印象等。

消费者的"自我印象"是与个性相关的一种观念，是指消费者的自我画像，在心目中把自己塑造成什么样的人，或者企图使别人把自己看成什么样的人。不同的人具有不同的自我印象，不同的自我印象又会影响购买行为的差异性。在现实生活中，消费者往往购买与自己印象相一致的商品，如果与自己的印象不相称，就拒绝购买。研究表明，消费者对服装产品的兴趣、偏好和购买行为受其个性的影响明显。

4. 心理因素

影响消费者购买行为的心理因素，是指消费者的自身心理活动因素。由于消费者的个性千差万别，因而影响消费者的心理因素也很复杂。从心理学角度，动机是推动人们进行各种活动的愿望与理想，是一种升华到足够强度的需要，能激励人们以行动达到一定的目的。由于消费者的需求千差万别，故其购买动机也多种多样，具体表现在以下方面：

（1）求实动机。这是消费者以追求商品的使用价值为主要特点的最普遍最基本的购买动机。这类消费者在购买商品时，主要追求商品的实惠、使用方便，不太考虑商品的外形美观，不易受社会潮流和各种广告的影响，购买服装时，不赶时髦，不太注意款式而只注意穿着舒服实用。

（2）求安全动机。这是消费者以追求商品使用安全为前提的购买动机。这类消费者购买商品时首要考虑的是该商品在使用过程中和使用后，是否能够保证生命安全或身体健康。表现在服装使用上，消费者重点关注服装加工后有害物质的残余量是否符合相关法律法规要求、是否会对身体造成伤害等。例如，创立于2018年的服装品牌For Days（图4-18）实行新型环保循环的会员制零售模式，会员在购买该品牌产品后拥有旧衣改造换新的福利，以满足消费者对身体健康、环境友好的期望。

图4-18　绿色服装品牌For Days
（图片来源：For Days官网）

图4-19　新奇服装
（图片来源：MARC JACOBS官网）

（3）求廉动机。这是消费者以追求价廉物美为主要特点的购买动机。这类消费者在购买商品时，特别重视商品价格的高低，对商品的花色、款式、包装及质量不太挑剔。有的消费者专门购买一些低档品及处理品等。此种动机通常是经济收入较低或有勤俭节约习惯的消费者。

（4）求新动机。这是消费者以追求商品的时尚和新颖为特点的购买动机。这类消费者在购买商品时特别重视商品的款式新颖、格调清新和社会流行，如在服装上讲究新奇、个性（图4-19），在家庭摆设上讲究装饰，而对商品的实用程度及价格高低不太注意，这一般是经济条件较好的青年男女及特殊地位的消费者。

（5）求美动机。这是消费者以重视商品的欣赏价值和艺术价值为主要特点的购买动机。这类消费者购买商品时，重视商品的造型、色彩和艺术美，重视对人体的美化作用，如购买服装时十分注重内衣与外衣及上下装的颜色相互协调，还要与自己的体型、肤色相互协调等。因此，设计师会针对不同肤色、不同气质的模特而设计穿搭不同的服装（图4-20）。

（6）求名动机。这是消费者以追求名牌产品、特点产品的购买动机。这类消费者在购买商品时，十分注意商品的商标、牌号、产地、名声及购买地点，如消费者追求名牌服饰，选择高档服装购物场所（图4-21）等。

综上所述，消费者的购买行为受到文化因素、社会因素、个人因素以及心理因素的影响和作用，它们综合影响消费者购买行为，形成消费者的感觉，最后形成消费者的购买决策，如图4-22所示。

二、服装消费者的购买行为类型

如前所述，消费者由于受自身生理、心理和社会等诸多因素的影响和制约，因此，不同消费者购买决策过程复杂多变。针对服装产品而言，消费者购买行为的复杂程度，与服装产品的类别、价值高

图4-20　针对模特气质而设计穿搭不同服饰

（图片来源：MARC JACOBS官网）

图4-21　老佛爷百货

（图片来源：图虫网）

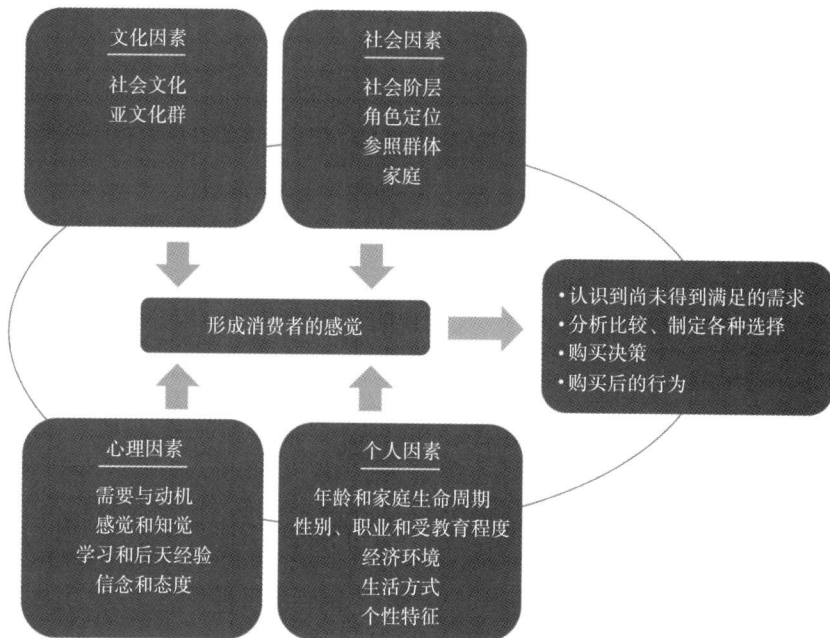

图4-22 影响消费者购买行为的因素

低、品牌之间的差异程度以及参与购买活动的类型和程度、决策类型等有关。比如，人们对日常所需袜子、手套等的购买行为与高档品牌的西装、皮衣等的购买行为之间差异很大。因此，根据消费者在购买时的参与程度和服装产品品牌的差异程度，将服装消费者的购买行为分为以下几种类型：

1. 习惯型的购买行为

对于价格低廉、经常性购买的大众服装产品，因品牌间的差异较小，消费者的购买行为一般都比较简单，对购买的介入程度较低。通常，习惯型的购买行为包括品牌忠诚型购买和习惯性购买两种。

所谓品牌忠诚型购买是指消费者可能曾经对产品的介入程度很高，经过比较分析之后，购买了某种品牌并感到满意，之后，仍可能会不加思考地一再选择此品牌，慢慢地对此品牌产生了情感上的依赖（喜欢这个牌子），成为该品牌的忠诚顾客，其他竞争者很难赢得惠顾。此时，由于品牌忠诚，消费者对产品的介入程度相当高，但对购买的介入程度则很低。也许有一天消费者会更换品牌，但很可能要经历一次高介入度的决策过程。

所谓习惯型购买是指消费者可能会认为一些产品之间的差别不大，因而对产品及其购买关心甚少。在尝试某一品牌并感到满意之后，就会一再选择该品牌。于是便成了这一品牌的重复购买者，但并不忠诚于这一品牌。当下次需要同样产品时，假如遇到了买该品牌是否明智的困惑（比如别的牌子在打折），消费者可能会转换品牌且无须更多的斟酌和思考。

所以，很多价格低廉、消费频率高的中低档服装经常会放在超市或者便利店销售。在这种购买行为下，服装企业应该充分利用价格和销售促进吸引消费者使用，开展大量重复性的广告，以加深消费者印象，增加购买参与程度和品牌差异。

2. 多样型的购买行为

有些服装产品之间虽然具有明显的差异，风格特点和文化内涵也迥然不同，但由于价格不高，消费者不愿意花费太多的时间和精力去进行比较和选择。也就是说，消费者属于低度参与并了解现在各品牌和品种之间的显著差异，但为了满足求新求异的心理而产生寻求多样化的购买行为。在这种情况下，消费者并不会主动地获取信息，而是在媒体广告中被动地接受信息，购买时也不会认真评价不同品牌，一般不会真正形成品牌忠诚。此时，营销者应该力图通过提高曝光率、避免脱销和提醒购买的广告来鼓励消费者形成习惯性的购买行为，而竞争者则要以较低的价格、折扣、赠券、免费赠送样品和强调使用新品牌的广告来吸引和鼓励消费者改变原来的习惯性购买行为。

3. 减少失调感的购买行为

有些服装产品，各个品牌之间的差异并不是很大，但价格相对较高，属于消费者不经常购买的物品，因此，为了降低购买风险，消费者往往会多家咨询，在充分比较和选择之后再做出购买决策，这就是减少失调感的购买行为。比如，对于Adidas、Nike、Puma等世界知名品牌运动鞋来说，其功能独特，能够充分表现个性，而价位却普遍较高，不同品牌之间的差异并不明显。在这种情况下，营销者应该通过价格调整选择恰当的销售地点和销售人员，提供完整的售后服务，通过各种途径经常提供有利于本企业和产品的信息，使顾客相信自己的购买是正确的。

4. 复杂型的购买行为

当消费者要选购一件价格昂贵、不经常购买、有购买风险但却具有较强自我表现作用的高档名牌服饰时，绝不会盲目购买，往往会花费较多的时间和精力，全身心地投入购买过程。一般来说，虽然此类服装产品不同品牌之间差异比较明显，但消费者由于缺乏了解，购买前要通过各种方式搜集有关信息，对可供选择品牌的重要特征进行评价分析，先形成品牌信念和态度，再慎重做出购买决策，期间经历了一个复杂的购买过程。在这种情况下，营销者应该了解消费者搜集和评估产品信息的途径和方法，并通过广告宣传、产品说明书、人员推销等方式与购买者进行沟通，帮助购买者掌握产品知识，了解本品牌的优势与独特之处，以及使用本产品能够带给消费者的利益，影响消费者的最终购买决策，简化购买过程。

三、消费者的购买决策过程

消费者的购买决策过程，是指消费者购买行为或购买活动的具体步骤和阶段。由于影响消费者购买行为的文化因素、社会因素、个人因素和心理因素在不同消费者之间的程度不同，也由于购买的商品性质、用途不同，因而消费者的购买决策过程也大有差异。有的购买过程只需几分钟，而有的购买过程却需几个月甚至几年。消费者购买商品的决策过程，随其购买决策类型不同而有所变化，习惯性购买行为和复杂性购买行为是不相同的。一般来说，较为复杂和花费较多的购买行为往往凝结着购买者的反复权衡和众多参与者的介入。因此复杂的购买决策可分为五个阶段（图4-23）：确认需求—收集信息—判断选择—购买决策—购后评价。

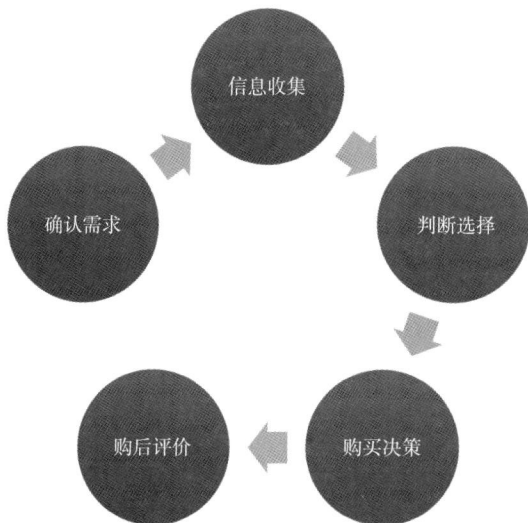

图4-23 消费者的购买决策过程

1. 确认需求阶段

当消费者发现现实情况与其所想达到的状况之间有一定的差距，从而意识到自己的消费需求。这种需求是购买决策的起点。

需求可由内在刺激或外在刺激或者两者相互作用而引起。比如，冬天的寒冷刺激消费者对保暖服装的需求；服装专卖店内漂亮的时装陈列和个人收入的提高会引起消费者强烈的购买欲望；广告中对特种功能面料的介绍刺激消费者选择使用该种面料制作的服装；消费者工作环境或者职位的变化会刺激消费者购买符合现阶段环境和职位要求的服装；亲戚朋友、邻居、同事等使用某产品后的好评唤起消费者的需求等。

服装营销者应该了解消费者存在哪些需求、产生需求的原因以及需求的满足程度，从而实施相应的营销策略，有目的地引导消费者的需求指向特定服装产品。

2. 收集信息阶段

当唤起的需求动机很强烈，而且可以满足的服装物品又易于购买时，消费者的需求就能很快得到满足。但在大多数情况下，需求不是立即能够得到满足，比如想购买的服装在某地没有现货，服装的金额较高，或者对市场上现有的服装不是非常满意等。在这种情况下，需求便储存在记忆中，消费者时刻处于一种高度警觉的状态，对于需要的服装极其敏感，可能会通过多种渠道积极收集相关的服装信息，打听自己意欲购买服装的品牌、销售地点、价格、款式以及风格等。

以前，消费者购买服装的信息主要通过报纸、时装杂志、电视等大众传播媒介发布的广告以及政府机构发布的其他信息中获得，或者通过零售商、商品包装、服装展销会、商品目录或商品说明书、商品陈列等方面获得。随着网购及社交媒体平台的迅速发展，消费者获得信息的途径和渠道大大丰富。例如，线上店铺其他消费者的评价，社交媒体平台上意见领袖的推荐（图4-24），公众的态度，品牌官方号的互动内容，媒体平台的推荐信息等。另外，家庭成员、亲戚朋友、邻居及同事等提供的信息、消费者自身对服装的观察、比较、试穿以及消费者本人以前购买使用，或当前试用中所获得的知觉，都是消费者值得信赖的信息来源。

图4-24　微博上实时搜索关键词"穿搭"的结果

针对消费者购买服装的信息来源，服装企业营销者应该寻找并收集消费者的信息来源渠道，并进行针对性的广告宣传、媒体选择、信息发布、商业推广等。

3. 判断选择阶段

当消费者收集了服装的各种信息之后，就会对此加以整理和系统化，并且进行对比分析和评价，以此作为最后决策的依据。任何一个消费者在购买服装时，不仅要考虑服装产品的质量优劣、价格高低，而且还要比较同类商品的不同属性以及属性的重要程度。

现实生活中，并非每一个产品的所有属性都是最优的，因此，消费者也并非对产品的所有属性都感兴趣，而只是对其中的几个属性感兴趣，他们对属性分析后，建立自己心目中的属性等级。对于服装也同样如此。

在服装的众多属性中，品牌、款式、色彩、面料、加工工艺、价格、售后服务等，不同的消费者有不同的关注。有的消费者倾向购买物美价廉的服装，而有的消费者注重服装的品位和象征意义，还有的消费者看重服装的款式和个性表现等。就是对于同一个消费者，在不同时间、不同场合，或收入变化情况下，购买不同种类的服装时关注的因素也有可能不同。比如，同一个消费者在收入较低的时候可能比较注重服装的价格，而当收入提高后可能会将价格放在次要的位置。例如，2020年新冠肺炎疫情期间，消费者收入水平的下降，使得消费者在判断是否需要购买服装、决定是否购买某一服装时更加注重服装产品的价格属性，更倾向于少买、买价格更低的服装，导致各品牌被迫接连推出多场优惠活动，如图4-25所示。

图4-25 瑜伽服品牌lululemon官方微信商城促销活动页面

品牌作为服装产品的重要属性之一，也是消费者在比较分析中重点考虑的因素。评估过程中，消费者会结合以往的经验，从所有服装品牌中选择已认知品牌中的认同品牌，形成选择组合，而不会选择未认知的品牌。对选择组合中不同品牌的风格、档次进行分析、比较和评估，从而形成对某一品牌特定的信念。比如，某品牌款式新颖，某品牌档次较高，某品牌比较适合自己的风格等。但值得注意的是，消费者在评估过程中所形成的品牌信念或品牌形象可能与产品的实际性能有一定的差距，但多数消费者在评选的过程中往往将实际产品与自己理想中的产品进行比较。

因此，服装企业应该采取针对性的措施，以提高消费者选择本企业品牌的可能性。比如，按照目标顾客对服装产品属性关注的重要程度，重新修正产品的某些属性，使之更接近消费者心目中的理想产品；通过广告宣传、产品推广等方式，改变消费者对某些品牌的偏见；通过比较性广告或其他方式，改变消费者对竞争品牌的信念，改变消费者对服装产品某一个或几个性能的重视程度，设法提高消费者对本企业品牌的重视程度，建立消费者对品牌的忠诚度。

4. 购买决策阶段

这是消费者购买行为过程中的关键性阶段。因为只有做出购买决策以后，才会产生实际的购买行动。消费者经过以上对待选服装的分析比较和评价之后，便对某种服装产品或品牌产生了购买意向。但消费者购买决策的最后确定，除了消费者自身的喜好外，还受其他因素的影响，如他人态度、预期环境因素、非预期环境因素。

（1）他人态度。这是影响购买决策的因素之一。如妻子要买一条连衣裙，受到丈夫反对，她也许会改变或放弃购买意图。他人态度对消费者购买决策的影响程度，取决于他人反对态度的强度及他人劝告可接受的强度。

（2）预期环境因素。消费者购买决策要受到产品价格、产品的预期利益、本人的收入等因素的影响，这些影响是消费者可以预测到的，所以称为预期环境因素。

（3）非预期环境因素。消费者在购买决策过程中除了受到上述因素影响外，还会受到推销态度、广告促销、购买条件等因素的影响，这些影响因素是消费者不太可能预测到的，所以称为非预期环境因素。比如消费者在购买服装的过程中，原来准备购买某一品牌，后受到各种大众传播媒介的影响而改变了原来的态度。

在消费者的购买决策阶段，消费者已经有了明确的购买意向，只是未能付诸实施。因此，营销人员一方面要向消费者提供更多的、详细的有关产品的情报，便于消费者进行比较；另一方面，则应通过各种销售服务，提供方便顾客的条件，加深其对企业及商品的良好印象，促使消费者做出购买本企业商品的决策。

5. 购后评价阶段

购买行为并不意味着购买过程的结束。一般情况下，消费者购买服装产品后，往往会通过使用，通过家庭成员及亲友、同事的评判，对自己的购买选择进行检查和反省，以确定购买这种商品是否明智、效用是否理想等，从中产生满意或不满意的购后感觉。

满意的购后感受，则在客观上鼓动、引导其他人购买该商品。当消费者感觉不满意时，有时会采取行动，比如，向商店或者生产商投诉、不再购买该品牌的服装或者不再光顾该商店、告诫亲友、向政府机构投诉、采取法律行动等；有时也可能不采取行动，但这是一种对服装销售商非常不利的表现。

因此，服装企业的营销者不能仅仅将目光盯着消费者的购买决策阶段，而应该加强与消费者之间的联系，密切关注消费者使用产品后的反馈信息，努力做好售后服务工作，力争获得消费者对产品良好的购后评价。

四、理性购买行为与非理性购买行为

根据消费者在服装产品购买过程中的理性参与（或计划完善）程度，购买行为可分为理性购买行为和非理性购买行为。当然，这种分类并不是绝对的，大多数购买决策都包含一定程度的计划（即理性）。但影响购买是计划还是冲动的因素包括以前对产品的兴趣水平、以前购买对产品的考虑以及广告暴露等因素。

1. 理性购买行为

如上所述，服装购买决策是指消费者为了满足某种服装方面的需求，在一定的购买动机支配下，在可供选择的两个或者两个以上的购买方案中，经过分析、评价、选择并且实施最佳的购买方案，以及购后评价的活动过程。可见，它是一个系统的决策活动过程，是指消费者在非常理性的情况下而进行的购买决策，亦称理性购买。

一般情况下，理性购买者通常对服装产品特性有充分的了解，他们对同一类别的各种品牌也有自己的看法，购买活动也是根据实际需要事先计划好的。一旦他们做出购买决定，就不大可能再受别人的影响。因此，理性购买行为具有以下特点：

（1）从整个生活情况来看，购买的服装是有用的。
（2）服装产品购买是实际生活中最迫切的。
（3）购买自己中意的、对自己适合的、体现自己个性的商品。
（4）强调服装产品应该是优质的。
（5）完全满意后才购买。
（6）强调令人信服的价格。
（7）重视按计划购买和靠智慧购买。
（8）重视情报性购买，购买时挑选范围较大。
（9）购买前考虑产品或品牌的时间较长。

另外，2018年唯品会和腾讯新闻《原子智库》联合发布的《中国家庭精明消费报告》表明，近年来消费者趋向于合理规划消费，理性消费的占比逐步上升；中国一二线城市消费者开始理性分配消费预算，审慎进行消费决策，"性价比"已经成为消费者网购决策中的关键因素。

2. 非理性购物行为

据相关数据显示，在现实生活中，并不是所有的服装购买行为都是有明确计划、经过理智思维的结果。非理性购物主要有两种不同的表现，一种是指消费者在逛商店看到某个商品时，突然想起自己或者家里需要的东西或者想起广告或其他信息而引起的购买行为，即提醒性的即兴购物行为；另一种则是完全在新颖产品的诱惑下，或是以购物为情感发泄手段的购物行为，即纯粹性的即兴购物行为。总之，非理性购买行为最大的特点就是购物没有计划。

非理性购买行为又可以进一步分为忠诚性购买行为、诱惑性购买行为和从众性购买行为三种。这三种非理性购买行为的特点各不相同。

（1）忠诚性购买行为。忠诚性购买与消费者对服装产品品牌的态度、信任程度以及产品的购买习惯有关。当某种品牌已为消费者所偏爱、并取得消费者的信任时，消费者一旦需要这一类别的产品，就会不加思考地选择该品牌，而不愿意花时间去把这种品牌与其他品牌做比较。从品牌的使用频次来说，消费者使用次数愈多的产品，愈可能成为他们选择的对象，即熟悉的东西才敢于相信。一般来说，忠诚性购买行为随消费者年龄的增加而逐渐增多。此外，性格内向的消费者，也更可能发生忠诚性购买行为。

（2）诱惑性购买行为。诱惑性购买是由服装产品本身刺激引起的购买。随着科技的发展，服装款式设计、制造技术和包装技术日新月异，由此对人们产生了不可抗拒的诱惑力。新奇的款式、亮丽的色彩、精致的包装都会让人爱不释手。为了满足一时的好奇心和感官刺激的需要，消费者常常为之慷慨解囊。特别是在当今的服装市场活动中，这一现象屡见不鲜，从年幼无知的儿童到年过花甲的老人都不乏其例。年轻的女性拥有大量的装饰品和服装，无不与诱惑性购买有关。

诱惑性的因素有很多，如服装商场的位置、布局以及商场内的环境氛围、货品朝向、货架的摆设、货架位置的高低以及专柜展销、POP广告、服装促销的优惠券、期望之外的低价格或者折扣（图4-26）等；或者社交平台穿搭博主的推荐、直播带货兴起后直播间热烈的购买氛围（图4-27）、明星的穿搭推荐、品牌跨界互动衍生的联名产品等。相关研究表明，服装销量与诱惑性因素之间存在一定的关系。

（3）从众性购买行为。从众性购买是指由于受他人或周围情景因素的影响而进行的购买活动。从众性购买行为的发生一般有两种情况：其一，消费者不是真正需要这种商品，他们自己对所购买的产品事先并没有充分地了解，也没有购买的计划。他们的购买行动是由于别人的行动引起的。商店里的抢购现象就是这种从众购买的典型例子。其二，消费者存在着某种需要，有购买某类商品的意图。但是在品牌选择上，他们不是选择经过分析比较后认为较为合适、较为满意的品牌，而是选择他们所隶属团体的成员经常使用的品牌。社会上曾经掀起的流行服装浪潮如"红裙子""健美裤""牛仔裤"均是这类从众购买所致。而在如今强调个性化的年代，人们的从众行为则表现为买与别人不一样的品牌、款式的产品。

从众性购买行为的发生与购买情境有密切的关系。当一个人置身于某种情境之中时，

图4-26　线下促销
（图片来源：中新经纬）

图4-27　直播卖货

情境中其他人的行为和认知判断都会影响到他的行为反应。美国"色泽研究院"曾做过一项测验，把六种不同颜色的围巾放在参加测验的妇女面前。当询问被测试者哪种颜色的围巾最漂亮时，有75%的人都说第六号围巾最漂亮。过后作个别猜奖游戏，以这些围巾作为奖品。结果获奖的人大多数选择其他围巾，选择第六号围巾者仅占1/10。究其原因，是由于当众询问时个人屈服于其他人的压力而做出的附和选择，而且其他人的这种压力通常是无形的。

PART 2　项目实操

一、项目目标

了解年轻群体的服装消费心理及行为，掌握分析消费者服装消费心理的方法，引导年轻一代形成健康理性的消费观和服装消费行为。

二、项目任务

结合理论知识及相关文献，探析年轻一代服装攀比消费、炫耀性消费或象征性消费的表现、成因及其利弊，在此基础上，提出相应的引导建议和对策，完成项目汇报。

三、项目要求

班内同学自由组合，5~6人为一组。确定研究的消费类别，提出具体的研究计划，确定课堂项目汇报的详细内容和细节。注意保留过程记录和原始素材。

四、项目开展时间及形式

课后实践环节。项目开展形式以面对面访谈、小组头脑风暴为主，文献资料研究为辅。

五、项目汇报

课堂项目汇报，以小组情景模拟和总结汇报完成，并提供过程记录。

PART 3　项目指导

一、调研准备工作

1. 确定分组

班内同学自由组合，3~4人为一组展开项目研究。

2. 针对研究的消费类别进行文献检索

3. 选定访谈结果的分析方法

4. 确定情景模拟的汇报主题和具体方案

二、调研要求

1. 调研目的

在完成本章理论知识学习的基础上，了解年轻一代服装攀比消费、炫耀性消费、象征性消费行为表现及其引导措施。同时，掌握观察法和面对面访谈的技巧。

2. 调研方法和内容的选取

（1）明确调研采用的方法，如观察法、问卷调研法、访谈法等。

（2）确定调研时间、步骤以及人数。

（3）完成调研提纲或问卷设计，确定访谈内容或问卷题目设计，把调研内容转换为具体的、易理解的调研问题。

实地调研中选择10个左右的典型人物面对面访谈，注意观察以下内容：

①被访者的着装具有什么特点？是否时尚？

②被访者的购物频率、消费结构以及支出状况怎样？

③年轻一代逛街或购物的一般流程是什么？是否对商场、品牌、网店有偏好？原因是什么？是否看重品牌商店的服装陈列及其氛围？

④是否会因为喜爱的明星代言，或时尚博主、网红等的示范而对某品牌产生好感，购买相似风格的服装？是否会因为当季流行趋势而购买相应的服装？

⑤是否看重周围参照群体对自己着装的评价和看法？

⑥购物前是否有详细的购买计划？是否会购买超出购买计划的服装？

⑦是否会参与限量品的摇号购买活动？

⑧是否存在购后后悔和退换货的情况？是否存在购后不穿着的情况？

3. 过程记录

（1）如实进行访谈记录。

（2）如实进行问卷记录。

4. 分析阶段

分析整理调研记录，并归纳总结。根据总结内容，结合前期文献研究结果，探析年轻一代服装攀比消费、炫耀性消费、象征性消费产生的原因及利弊，各成员通过讨论形成统一系统的结论，在此基础上提出转变年轻一代服装攀比消费、炫耀性消费、象征性消费的建议及对策。

5. 成果凝练阶段

各成员交流调研心得，依据前四个阶段的成果确立报告方式及内容，在课堂上进行情景模拟汇报。

PART 4　案例学习

直播卖货背后的消费者心理

直播是2016年刚刚兴起的一种电商模式（图4-28），在短短的三年时间里实现了飞跃式的发展。据《2019年淘宝直播生态发展趋势报告》，消费者每日观看直播时长超15万小时，可购买商品数量超过60万款；与此相对应的淘宝直播用户日活跃量达800万至1000万，日开播主播人数约

4万人，淘宝直播年交易总额达1000亿元人民币。尤其在2020年初新冠肺炎疫情期间，直播电商成为维持产品销量、促进商品流通的一种重要手段。

作为吸引消费者眼球的一种全新方式，网红直播背后的消费心理尤其复杂。在网络直播间，既有社会交往型的消费

图4-28　直播神话创造者：李佳琦

（图片来源：微博@李佳琦Austin）

者，也有场景型的消费者。但不论哪类消费者，均注重互动体验，一方面善于主动发送弹幕与主播形成互动，另一方面享受与其他用户间的互动以及实时分享和交流购买体验，畅享虚拟网络空间中的购物乐趣。直播这种身临其境的沉浸体验，给了消费者强烈的场景感。

当然，直播中不乏消费者基于某种情感因素而针对性地观看直播或在直播间购物。这些消费者中大多为"粉丝"型消费者，表现为追星或具有某种特殊情感。例如，新冠肺炎疫情期间，一些平台推出了帮助湖北农产品销售的直播电商。2020年4月6日，央视主持人朱广权和主播李佳琦共同进行的一场名为"谢谢你为湖北拼单"的网络直播，累计销售价值4014万元的湖北商品。

除此之外，直播间中消费者的购买行为会受到从众消费的影响。大多数直播场景中都设置有"鲜明的销量排行""大量用户评价实时刷新""主播爆款推荐"等环节，这些因素易于感染观看者在消费观念、意愿或行为上参考他人，从而产生从众消费行为。直播中，主播通过展示商品的细节与功能，使观众获得即时的直视感，并产生对主播的信任；其他买家的推荐也会在无形中使潜在用户内化为群体成员，从而加大冲击，促进从众消费行为的产生。

PART 5　知识拓展

可持续的消费观念的形成与培养

针对现阶段存在的非理性消费行为，可以采取多种方式对消费者进行引导和教育。其中，通过系统的政策手段和工具推进消费者教育的手段比较常见。具体包括制定相应的法律法规，以约束消费者行为或激发消费者转变消费习惯。当然，通过社会、企业，或者活动对消费者进行消费观教育也是一种重要的可取方式，通过宣传教育，使消费者能够自发自觉地规范自己的消费行为，从而形成良好的消费观念。但不论哪种方式，关键是要重视对消费者的教育内容。总体而言，消费教育的内容包括以下方面：

一、量入为出，适度消费

无计划消费或者举债消费是缺乏理智的表现，但过于节俭也并不可取。消费者应该在自己的经济承受能力之内进行消费。一方面，消费支出应与自己的收入相适应，这里的收入既包括当前的收入水平，也包括对未来收入的预期，也就是要考虑收入能力的动态变化性。另一方面，在自己经济承受范围之内，应该提倡积极、合理的消费而不是抑制消费，否则不仅会影响个人生活质量，也会影响社会生产的发展。

二、避免盲从，理性消费

要避免跟风随大流、情绪化消费、只重物质消费而忽视精神消费等现象。首先，在消费中要尽量避免一些不健康的消费心理的影响，坚持从个人实际需要出发，理性消费。消费中要注意避免盲从和攀比。其次，要尽量避免情绪化消费。一些消费者常常因为心血来潮、一时失去理智而进行消费，在事后却发现这种选择并不适合自己。消费者在消费中受情绪影响的案例时有发生，因此，在消费时一定要注意保持冷静。最后，要避免重物质消费而忽视精神消费。随着人们生活水平的提高，居民消费结构得以改善。每个人都应加强自我教育，正确认识社交媒体在人际交往中的作用，在享受网络购物带来便利的同时，视物质消费和精神消费并重，加强消费行为管理，培养独立的理性消费意识，合理规划支出。

三、保护环境，绿色消费

绿色消费以保护消费者健康、注重资源节约和环境保护为主，其核心是可持续消费。消费者均应从自身出发，以人与自然的和谐发展为己任，向绿色消费靠拢，主动做到节约资源，减少污染；绿色生活，环保选购；重复使用，多次利用；分类回收，循环再生；保护自然，万物共存。

四、勤俭节约，艰苦奋斗

勤俭节约、艰苦奋斗是中华民族的传统美德。目前，我国尚处在社会主义的初级阶段，还面临人口、资源等各方面的压力，每个人都应该发扬勤俭节约、艰苦奋斗的优良作风。当然勤俭节约并不以降低生活质量为前提。

第五章 一击即中：服装市场细分与目标市场策略

随着人们生活水平的提高，服装作为一种表达自我的载体而越来越受到人们的重视。人们不再侧重购买那些企业为满足需求而大规模生产的服装商品，而是在重视服装质量的基础上，购买具有差异化的商品，以体现自己个性化的生活方式。为此，顾客对服装的需求开始向个性化、多样化和多元化方向发展。同时，消费者评判产品的标准从"要不要""喜欢不喜欢"发展成为"满意不满意"，也就是说，顾客对产品和服务的期望越来越高，内涵也越来越丰富，服装市场变得广阔、复杂而且多变。

于是，服装市场表现出一些矛盾的现象：一方面部分服装大量积压，形成库存；另一方面消费者却不断抱怨，很难买到自己中意的服装。由此，一方面服装企业感到生意越来越难做，另一方面又有众多生意没人做；一方面商家抱怨获利的机会越来越少，另一方面随着需求发展而大量出现的获利机会却被许多人视而不见。究其原因，他们忽略了市场细分化。

实际中，任何一个服装企业都不可能用有限的资源来生产纷繁复杂的服装种类以满足每一个顾客的不同需求。因此，如何结合自身的特色和优势开发恰当的服装市场，就成为每一个服装企业经营者需要决策的问题。而STP营销（市场细分、目标市场和产品定位）则是决策中的关键所在。

问题导入

你所熟悉的国内知名服装企业都有哪些品牌？为什么有的企业会同时采用多个品牌？

PART 1　理论、方法及策略基础

第一节　市场细分的概念及其原理

市场细分是制订市场营销策略的核心，因为市场营销策略包括选择目标市场与决定相应的市场营销组合两个基本概念。而市场细分则是企业选择目标市场的前提和基础，在选择目标市场的基础上才能采取相应的营销组合，制订出正确的产品策略、价格策略、适用的分销策略及促销策略，满足消费者需求，实现企业利润目标。

一、服装市场细分的概念及其意义

著名的"木桶理论"形象地将整个市场比作一个大木桶，虽然这只木桶的空间有限，但如果在里面放入砖块，只能放入有限的几块，并不能完全填满，剩余的空间可以再倒入沙子，此时仍可再加入水。如此一只木桶的有限空间却可以被多次利用，层层细分，制造无限生存空间。可见，只有将服装市场按照一定的标准层层细分，才会创造无限商机。

市场细分理论是20世纪50年代中期由美国营销学家温德尔·史密斯提出的，是营销学研究中继"消费者为中心"的观念之后的又一次革命。市场细分的提出使营销学的理论更趋完整。所谓市场细分是指根据消费者对产品不同的欲望与需求，不同的购买行为与购买习惯，把整个市场划分为若干个由相似需求的消费者组成的消费群体，即小市场群。

市场细分是现代服装企业从事市场营销的重要手段，因此它对于服装企业的营销实践有着重要的意义。

首先，市场细分有助于服装企业深刻认识市场，进而选择合适的目标市场。通过细分，服装企业可以寻找目前市场上的空白点，即了解现有市场上有哪些消费需求没有得到满足。如果企业能够满足这些消费者的需求，则可以以此作为企业的目标市场，有的放矢地进行面料开发、款式设计、工艺配置等，生产适销对路的服装。比如，随着人们生活水平的提高，生活的时尚化，中老年人很渴望打扮自己，但目前市场上依旧是青年人的时装多于中老年人的时装。针对这种情况，如果能针对老年人的特点和需求，专门生产和销售适合中老年人身材特点的时装，既满足了中老年人追求时尚、爱美的需求，也使服装企业有了新的发展目标。

其次，市场细分有利于服装企业充分、合理利用现有资源，制订或调整服装企业的营销策略。这点对于中小服装企业来说尤为重要。因为中小型企业资源薄弱，实力有限，在整体市场或较大的市场上往往难以与大企业竞争。但通过市场细分，可以找到大企业顾及不到或无力顾及的"空白市场"，然后"见缝插针""拾遗补阙"，集中力量去加以经营，就会变整体劣势为局部优势，同样可在激烈的市场竞争中占有一席之地。例如，全棉时代科技有限公司发现全棉材质的服装及日用品深受消费者青睐，于是开始研发全棉材质的卫生巾、化妆棉、婴幼儿用品等（图5-1），填补了市场中的空缺。

图5-1　全棉时代婴幼儿三角巾

（图片来源：全棉时代品牌官网）

最后，市场细分有利于满足消费者的需求，提高人们的衣着生活质量和服装企业的经济效益。在市场经济社会里，企业的效益在于产品的销路，而产品是否适销对路则要看它是否能满足消费者的需求。通过细分，企业可以发现消费者尚未得到满足的需求，还可以掌握消费需求的发展趋势，以此来生产符合市场需求的产品，从而使企业取得更好的经济效益。

二、服装市场细分的原理

一种产品或劳务的市场可以有不同的划分方法。在未进行市场细分之前是一个含有若干个顾客的市场，若这些顾客对服装产品的需求与欲望完全一致，即无差异需求时，则表现为同质市场，这个市场无须进行细分。相反，当这些顾客的需求具有不同特点时，比如购买服装的消费者，对服装的款式、质地、色彩、价格等的要求各不相同，则表现为异质市场，每一种有特色的需求都可以视为一个细分市场。在异质市场上，服装企业的市场营销若能有针对性地满足顾客具有不同特色的需求偏好则是最为理想的。但对服装企业营销而言，这种情况是极其困难的。所以，一般情况下，服装营销管理人员会按照"求大同，存小异"的原则，进一步归纳和总结这些不同需求。

三、服装市场细分的理论依据

产品属性是影响顾客购买行为的重要因素，但是消费者在选购服装的需求偏好上又存在一定的差异。假设消费者购买服装时主要关心的是款式和质量两种特性，那么，根据每个消费者对这两种特性的偏好程度，可以分为同质偏好、分散偏好和集群偏好三种偏好模式（图5-2）。

1. 同质偏好型

同质偏好型即市场上的顾客偏好大致相同，且相对集中于中央位置，如图5-2（a）所示。也就是说，消费者对服装款式和质量两种特性都有同样需求，不存在显著的差异。这种情况下，服装企业必须同时重视这两方面。

2. 分散偏好型

分散偏好型即市场上的顾客对两种属性的偏好散布在整个空间，偏好相差很大，如图5-2（b）所示。也就是说，他们对服装的款式和质量两种特性各有不同的喜好和需求，有的偏好款式，有的偏好质量，有的两者都有要求；而这些不同偏好的消费者又分布比较均匀。此时，服装企业有两种选择：

①兼顾需求两种特性的消费者，以便吸引尽可能多的顾客，把总体消费者的不满足感减少到最低限度；

②侧重于面向偏好某一特性的消费者，比如着重满足讲究款式的消费者，从而把一部分重视款式而不重视质量的顾客吸引过来。如果市场上几家服装企业都侧重于某一特性，那么就可能形成各自的目标市场了。

3. 群组偏好型

群组偏好型即市场上的消费者对服装的两种属性形成群组偏好，有的偏重款式，有的偏重质量，各自形成一定的聚集点，如图5-2（c）所示。同一群组内需求接近，不同群组间需

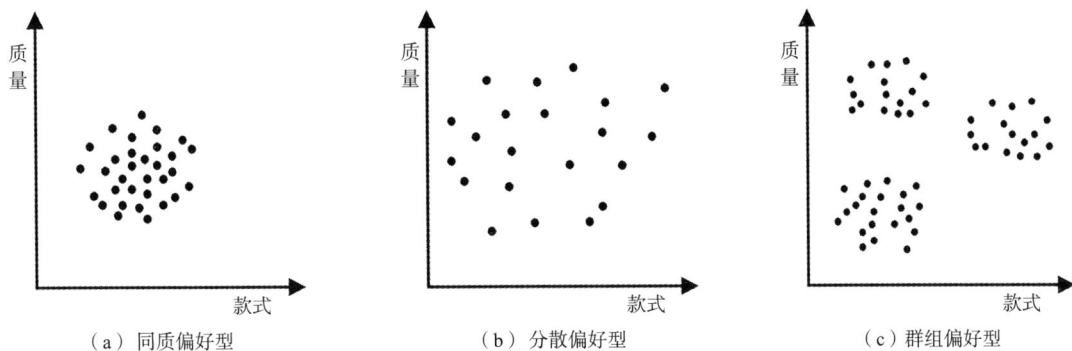

（a）同质偏好型　　　　　　　（b）分散偏好型　　　　　　　（c）群组偏好型

图5-2　三种不同的偏好形式

求差异较大。

可见，消费者需求偏好差异的存在是市场细分的客观依据。在同质偏好情况下，企业可推出一种产品去满足消费需求，而在分散偏好和集群偏好的情况下，要求提供不同的产品，才能使不同的需求得到满足。在实际生活中，同质偏好的情形很少，并且一些原来的同质偏好市场，随着时间的推移，也会逐渐向异质市场演变。因此，总的来说，只要存在两个以上的顾客，市场需求就会有所不同。

因此，市场细分的基础和依据是消费需求的多元异质性理论。一般来说，组成市场的无数消费者由于他们所处的地理环境、社会环境、所接受的教育及自身的心理素质、购买动机等的不同，他们对产品的价格、质量、款式等的要求也不尽相同，存在着需求的差异性。但是，也总有一些消费者由于同处一个地理环境，或接受了同样教育，或有相似的心理素质等，因而他们对产品各方面的需求大致相似，这样的一些消费者就构成了一个细分市场。当细分市场进行得比较彻底时，大规模的服装定制即将产生。因此，对于贯彻市场营销观念的服装企业而言，要着重注意和研究异质市场顾客的不同需求及其发展动向。

例如，"当你找不到合适的服装时，就穿香奈儿套装"，足见香奈儿品牌服装的超凡魅力和香奈儿为使顾客满意所做的不懈努力。其实，从巴黎香奈儿服装名店为高级顾客服务的全过程，就可发现其中的奥秘。当每年巴黎高级定制服装展刚刚落幕，一些欣赏过精彩服装展的世界各地的富豪名流便会迫不及待地走进香奈儿服饰店试衣间，定制自己喜欢的款式。在贵宾接待室，她们首先会受到优厚的礼遇。香奈儿的首席打板师会亲自为顾客量身，这是高级定制服装非常关键的一步（图5-3）。贵宾们之所以肯花费比高级成衣贵10倍左右的费用定制服装，除名店的设计、做工等品质保证之外，其独一无二的、可裁制出准确而完美的合身美服的"量身定制"服务也是其中的魅力之一。在量身服务中，向客人提供真诚的建议是一项最基本的服务项目。"客人会比较担忧，我们则尽可能让她们放松，并且提供中肯的意见，宁可损失一笔交易，也不会任意制作不适合客人的款式。"从定制服装的第一步量身开始，很多顾客的身材尺寸就被详细记录，而且从她们第一次成为香奈儿顾客时，这里就留下了她们的人体模型。

高级定制服装追求完美，特别强调完全针对个人身材量身定制，合体性尤为重要。为此，试衣过程通常是首席打板师会同首席高级时装设计师共同主持，平均试衣两次，并将较

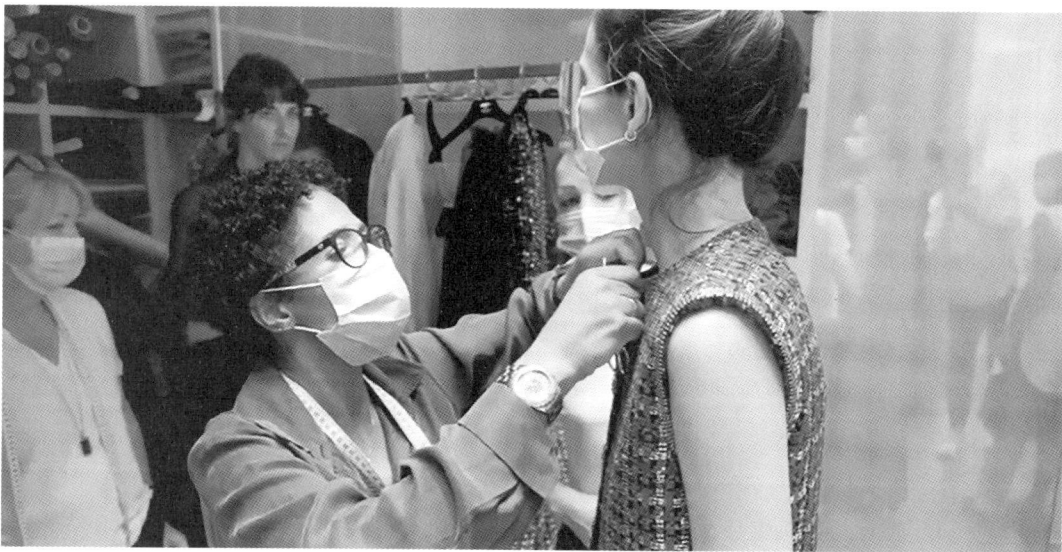

图5-3　香奈儿高级定制
（图片来源：香奈儿品牌官网）

难处理的细节部分拍照，以节省顾客时间。近百年的辉煌，"香奈儿"以其独特的魅力留住消费者的同时，也深深植根于人们的心中。

第二节　服装市场细分

一、服装市场细分的原则

服装企业要进行市场细分，就必须根据一定的标准即细分因素来进行。而这些细分因素可以是单一因素，也可以是多个因素。选用的细分标准越多，相应的子市场也就越多，而每一个子市场的容量相应地也就越小；相反，选用的细分标准越少，子市场就越少，每一子市场的容量则相对较大。因此，如何寻找合适的细分标准对服装市场进行有效细分，在营销实践中并非易事。一般而言，成功、有效的市场细分应遵循以下基本原则：

1. 可区分性

可区分性指细分后不同子市场间顾客的需求存在显著区别，比如对产品属性要求不同，或者对产品的营销方式和方法要求不同等，据此服装企业可制定不同的营销策略。也就是说，各细分市场的消费者对同一市场营销组合方案会有差异性反应，或者说对营销组合方案的变动，不同细分市场会有不同的反应。如果不同细分市场顾客对产品需求差异不大，行为上的同质性远大于其异质性，此时，服装企业就不必费力对市场进行细分。另一方面，对于细分出来的市场，企业应当分别制定出独立的营销方案。如果无法制订出这样的方案，或其中某几个细分市场对是否采用不同的营销方案不会有大的差异性反应，便不必进行市场细分。

2. 可进入性

可进入性指细分出来的市场应是服装企业营销活动能够抵达的，亦即是企业通过努力能够使产品进入并对顾客施加影响的市场。一方面，有关服装产品的信息能够通过一定媒体顺利传递给该市场的大多数消费者；另一方面，服装企业在一定时期内有可能将服装产品通过一定的分销渠道运送到该市场。否则，该细分市场的价值就不大。比如，一个生产瑜伽服的企业，如果将我国西部偏远山区作为一个细分市场，则恐怕在较长时期内都难以进入。

市场细分的可进入原则包括两个方面：一是政治法律环境对企业进入某个市场没有壁垒阻碍。二是企业的资源能力、竞争能力能够使企业了解和获取该细分市场的情报信息，能够展开市场营销组合策略，将产品及服务通过一定的分销渠道进入目标市场。

3. 可盈利原则

可盈利原则指通过细分，必须使子市场有足够的需求量，能够保证企业获取足够的利润，有较大的利润上升空间，即细分出来的市场其容量或规模要大到足以使企业获利。进行市场细分时，企业必须考虑细分市场上顾客的数量，以及他们的购买能力和购买产品的频率。如果细分市场的规模过小，市场容量太小，细分工作烦琐，成本耗费大，获利小，就不值得去细分。因此，在很多情况下市场是不能无限制地细分下去，避免造成规模上的不经济。市场细分必须要把握一个前提条件：即细分出的子市场必须有足够的需求水平，是现实可能中最大的同质市场，值得企业为它制定专门的营销计划。只有这样，企业才可能进入该市场，才可能有利可图。

4. 可衡量原则

可衡量原则指细分的市场是可以识别和衡量的，亦即细分出来的市场不仅范围明确，而且对其容量大小也能大致做出明确的判断。企业选择细分市场的依据变量应该是可以识别、可以定量化的。应该能够用数据来描述细分市场中消费者的一些购买行为特征、勾廓细分市场的边界；能够用数据来表达和判断市场容量的大小。否则，既会使细分市场边界模糊、准确划分很困难或无效划分，又会使得无法有针对性地制订营销战略。有些细分变量，如具有"依赖心理"的青年人，在实际中是很难测量的，以此为依据细分市场就不一定有意义。

5. 可操作性原则

可操作性原则指服装企业能够以自身的资源占有能力、营销运作及管理控制能力，运用科学的方法对市场进行深入的调研分析，正确认识评估市场营销的宏观环境和微观环境，制订和灵活实施产品策略、价格策略、分销策略、促销策略，去影响和引领细分市场中的消费欲望、消费行为，并为之提供新的需求。

6. 相对稳定性

相对稳定性指细分后的市场能在一定时间内保持相对稳定，因为它直接关系到服装企业生产营销的稳定性。特别是大中型服装企业以及投资周期长、转产慢的企业，更容易造成经营困难，严重影响企业的经营效益。

二、服装市场细分的方法

服装企业进行市场细分时可采取以下几种方法：

1. 单一变量因素法

单一变量因素法指根据影响消费者需求的某一个重要因素进行市场细分。如服装企业，按年龄细分市场，可分为童装、少年装、青年装、中年装、中老年装、老年装；或按气候的不同，可分为春装、夏装、秋装、冬装；或按性别的不同，可有妇女用品商店、女人街等。

2. 综合因素排列法

综合因素排列法指根据影响消费者需求的两种或两种以上的因素进行市场细分。例如，根据生活方式、收入水平、年龄三个因素可将妇女服装市场划分为不同的细分市场，如图5-4所示。

3. 系列变量因素法

当细分市场所涉及的因素是多项的，并且各因素是按一定的顺序逐步进行，可由粗到细、由浅入深，逐步进行细分，这种方法称为系列变量因素细分法。这种方法可使目标市场更加明确而具体，有利于服装企业更好地制定相应的市场营销策略。如服装市场，可按性别（男、女）、年龄（儿童、青年、中年、中老年）、地理位置（城市、郊区、

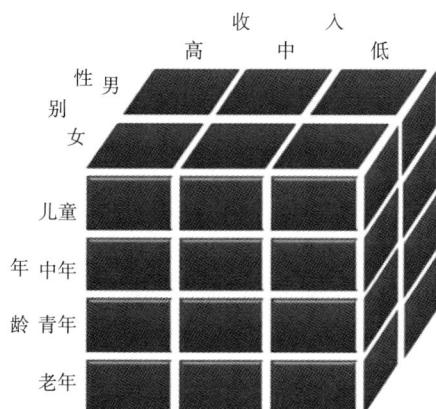

图5-4 综合因素排列法举例

农村、山区）、收入（高、中、低）、档次（高、中、低）等变量因素细分市场，如图5-5所示。

值得注意的是，服装企业在运用细分标准进行市场细分时必须注意以下问题：

（1）市场细分的标准是动态的。市场细分的各项标准并不是一成不变的，而是随着社会生产力及市场状况的变化而不断变化。如年龄、收入、城镇规模、购买动机等都是可变的。

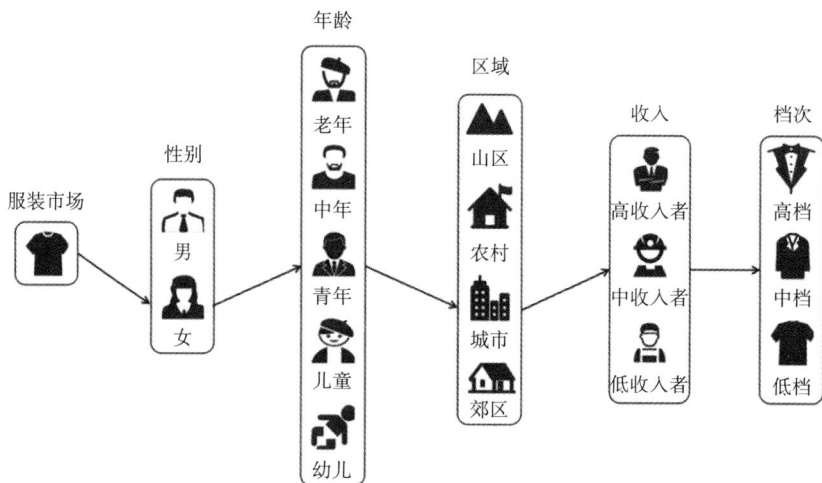

图5-5 系列变量因素法举例

（2）不同的企业在市场细分时应采用不同标准。因为各企业的生产技术条件、资源、财力和营销的产品不同，所采用的标准也应有区别。

（3）企业在进行市场细分时，可采用一个标准，即单一变量因素细分，也可采用多个变量因素组合或系列变量因素进行市场细分。

三、服装市场的细分标准

1. 消费者服装市场的细分标准

由于服装消费者为数众多，需求各异，所以消费者市场是一个复杂多变的市场。不过，总有一些消费者有某些类似的特征。如果以这些特征为标准，就可以把整个消费者市场细分成不同的子市场，并据此选定企业的目标市场。

消费者市场的细分标准有很多，通常可以分为四大类，即地理标准、人口标准、心理标准和行为标准（表5-1）。

表5-1　消费者服装市场的细分依据

细分标准		具 体 项 目
地理标准	行政区域	国家、省、市、区县、乡村等
	地理位置	东北、华北、华东、中南、西南、西北；南方、北方；沿海地区、内陆地区
	城乡	直辖市、省会城市、大城市、中等城市、小城市、乡镇
	自然环境	高原、山区、丘陵、平原、湖泊、草原
	气候条件	干燥、潮湿、温暖、严寒；热带、亚热带、中温带、暖温带、寒带等
	人口密度	高密度、中密度、低密度
人口标准	性别	男性、女性
	年龄	婴幼儿、儿童、少年、青年、中年、老年
	职业	工人、农民、干部、公务员、教师、军人、医生等
	收入（元）	高、中、低、贫困
	文化程度	小学及以下、中学、大学、研究生、博士
	家庭规模	1~2人、3~4人、5人以上
	家庭结构	单身、结婚、有无子女、子女是否独立等
	宗教信仰	佛教、道教、基督教、天主教、伊斯兰教
	民族	汉、回、蒙古、藏、苗、傣、壮、高山、朝鲜族等
	种族	黄种人、白种人、黑种人
	国籍	中国、美国、德国、英国等
	家庭生命周期	新婚期、子女婴幼期、子女学龄期、子女就业和结婚迁出期、老两口期
心理标准	社会阶层	上流社会、中产阶级、下层社会；大款、白领、工薪阶层等；农民、工人和知识分子阶层等
	相关群体	家庭、亲朋、工作同事、团体、协会、组织、明星
	生活方式	传统型、保守型、现代型、时髦型、享受型等
	个性特征	理智型、冲动型、情绪型、情感型

续表

细分标准		具 体 项 目
行为标准	购买时机	规律性、无规律性、季节性、节令性、非节令性
	产品利益诉求	品牌、质量、价格、功效、式样、包装、服务
	使用者	不使用者、潜在使用者、过去使用者、初次使用者、经常使用者等
	使用状况	从未使用过、少量使用过、中量使用过、大量使用过
	品牌忠诚度	坚定忠诚者、不坚定忠诚者、转移者、非忠诚者
	偏好与态度	极端偏好、中等偏好、无偏好；喜爱、不感兴趣、讨厌等
	购买阶段	尚未知道、知道、有兴趣、有购买意愿、已经购买、重复购买等
	对营销因素反应程度	对服装产品、价格、渠道、促销、服务等的敏感度

（1）地理标准。指企业按消费者所在的不同地理位置以及其他地理变量（如城市、农村、地形气候、交通运输等）作为细分消费者市场的标准。一般来说，处在不同地理条件下的消费者，他们的需求有一定的区别，对企业的产品、价格、分销、促销等营销措施也会产生不同的反应。例如，由于气候的差异，地理标准成为内衣市场细分的一个非常重要的标准。如图5-6所示，内衣快时尚品牌都市丽人，打磨了一套适合品牌的标准化发展模式，综合南北方的需求，以许多特色系列的贴心设计满足南北方消费者不同的需求，用国际化的流行审美不断淡化南北方需求的差异，逐步打开全国的市场。

但地理因素多是静态因素，不一定能充分反映消费者的特征。因此，有效的细分还需考虑其他的动态因素。

（2）人口标准。指按人口变量的因素来细分消费者市场的标准。人口是构成市场最主要的因素。人口因素主要包括年龄、性别、家庭、经济收入、教育水平、宗教等。此外，诸如职业、国籍、民族等也都是人口统计方面的因素。

例如，瑞典独立设计师品牌Maria Sjodin，除了设计制作常规的服装外，还有一个非常重

图5-6　都市丽人

（图片来源：都市丽人品牌官网）

要的"领域分支"——为女性神职人员设计服装。早在2002年，创始人Maria Sjodin敏锐地发现：瑞典男女牧师的数量均多达2000多人，但女牧师服的缺口非常大。于是，Maria Sjodin根据宗教传统以及穿着者的宗教立场，结合女性身形的特点，设计了时髦、时尚的女牧师衣——Casual Priest系列（图5-7），从而打造了现代社会女牧师的新形象。至此，该公司的订单从最初的瑞典、挪威，逐步拓展到了美国、英国、澳大利亚等国家。

图5-7　Casual Pries系列女牧师服
（图片来源：Maria Sjodin品牌官网）

　　人口变量因素是最常用的细分标准，因为消费者的需求与这些因素有密切的联系，而且这些因素一般比较容易衡量。如美国的服装、化妆品、理发等行业的企业一直按性别细分，汽车、旅游等企业则一直按收入来细分。再如玩具市场可以用年龄来划分，家庭用品、食物、房屋等则可以依据家庭的规模和家庭结构来进行划分。

　　值得注意的是，实践中运用这些标准进行细分时，并不能仅仅停留在浅表层次，而最重要的和必要的是从更深层次上即消费者的心理和行为来进行细分。

　　例如，服装企业按照性别细分市场时，不应仅仅局限在男装市场和女装市场的表面，而要进一步考虑市场内部的差别，采用适当的细分标准对男装市场或女装市场进行再细分。这方面成功的例子有"奇妮孕妇装"和"胖夫人"服装店。前者以高中档孕妇装为主打，使坚持工作的"准妈妈"们也能漂漂亮亮地上下班；后者以中老年及身材肥胖的女性为服务对象，生产精工制作的高中档时装，以美化这些虽体形有变但对美仍有很高追求的女性。

　　（3）心理标准。指根据消费者的心理特点或性格特征来细分市场的标准。心理标准主要表现在社会阶层、相关群体、生活方式和个性等。生活方式是消费者对自己的工作和休闲、娱乐的态度，如有的人崇尚时尚，追求新潮时髦的时装；有的人生活朴素，则喜欢素雅、清淡大方的服装。生活方式不同的消费者，他们的消费欲望和需求也不一样，对企业市场营销策略的反应也各不相同。针对消费者生活方式不同，有的服装企业把产品生产划分为"朴素型""时髦型""男子气型"等，并以此为设计原则来满足不同的消费者需求。

　　在国外，也有人用"AIO"系数来划分消费者的不同生活方式（图5-8）。其中，Activities（活动），指消费者的工作、假期、娱乐、运动、购物、社区交往等活动；Interests（兴趣），指消费者对家庭、食物、服装款式、传播媒介、成就等的兴趣；Opinions（意见），指消费者对社会问题、政治、商业、经济、教育、产品、文化、价值等的意见。企业可以通过市场调查研究，了解消费者的活动、兴趣、意见，据此划分不同生活方式的消费者群。

图5-8 "AIO"系数示意图

（4）行为标准。指按消费者的购买行为、购买习惯细分市场的标准。用行为作为细分市场的因素，通常可以考虑以下各方面：产品购买与使用的时机、产品利益、使用者、使用状况、品牌忠诚度、购买阶段、偏好和态度等。

2. 生产者市场的细分标准

生产者市场细分标准有的与消费者市场的细分标准相同，如地理环境、产品利益、使用率、品牌忠诚度、购买阶段、态度等。但是，由于生产者市场的购买者一般是集团组织，购买目的主要是为了再生产。生产者和消费者在购买动机和行动上存在显著差异，生产者市场还有着与消费者市场不同的特点，因此，生产者市场也有其不同的细分标准。

生产者市场的细分标准主要有以下四种：

（1）产品的最终用途。不同的产品最终用途对同一产品的市场营销组合往往有不同的要求。例如，同样是棉纱，不同的生产者要求就不一样，机织用纱和针织用纱对棉纱的外观、性能、质量等的要求不同（图5-9）。同样是服装，高档服装产品的生产者则要求面料优良、加工工艺精湛、包含高技术含量等；而低档服装的生产者则更看重价格。因此，服装企业要根据用户的要求，将要求大体相同的用户集合成群，并据此设计出不同的营销策略组合。

图5-9 机织与针织生产车间
（图片来源：河北宁纺集团有限公司、山东南山智尚科技股份有限公司）

（2）用户规模。很多企业也根据用户规模的大小来细分市场。用户的购买能力、购买习惯等往往取决于用户的规模。比如，大用户数目少，但购货量大，服装企业应当直接联系、直接供应，在价格、信用、交货期等方面给予更多优惠，这样可以相对减少企业的推销成本；对于小用户，数目众多但单位购货量较少，服装企业可以更多地采用其他的方式，如中间商推销等，利用中间商的网络来进行产品的推销工作（图5-10）。

（3）用户的地理位置。用户的地理位置对于服装企业的营销工作，特别是产品的上门推销、运输、仓储等活动有非常大的影响。地理位置相对集中，有利于企业营销工作开展。比如前面提到的纺织服装产业集群地（图5-11），就存在对某种产品集中的、大量的需求。

（4）生产者的购买状况。生产者购买方式包括修正重购和新任务购买两种，由于购买方式的不同，而使得采购程度、决策过程等也不尽相同，由此也可作为细分市场的标准。

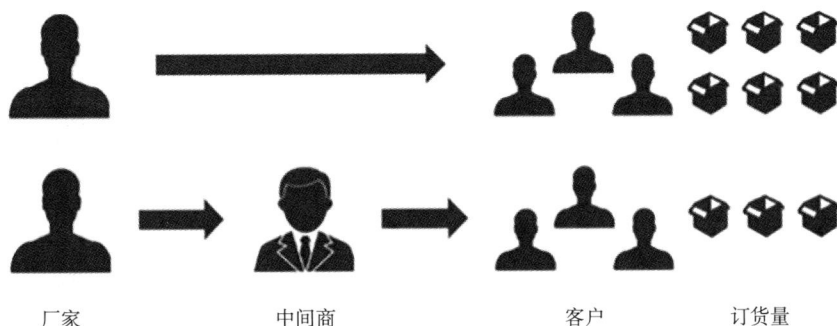

图5-10 根据用户规模确定细分市场示意图

图5-11 常熟纺织产业特色名镇分布
（图片来源：前瞻产业研究院、中国纺织工业联合会）

四、服装市场细分的程序

美国市场学家麦卡锡提出细分市场的一整套程序，主要包括7个步骤，如图5-12所示。

（1）选定产品市场范围。即确定进入什么行业，生产什么产品。产品市场范围应以顾客的需求、而不是产品本身特性来确定。例如，某一家纺公司打算生产一批具有浓郁乡村气息的床上用品。若只考虑产品特征，这批产品的销售对象应该是农村消费者。但从市场需求角度看，高收入者也可能是其潜在的顾客。因为高收入者长期生活在嘈杂的城市中，恰恰可能向往拥有乡村气息的家庭环境，寻求一份属于自己的清静，从而可能成为这种产品的顾客。

（2）列举潜在顾客的基本需求。比如，上述的家纺公司可以通过调查，了解潜在消费者对前述产品的基本需求。这些需求可能包括产品的面料、色彩、款式、舒适性、安全性、加工工艺等。

（3）了解不同潜在用户的不同要求。对于列举出来的基本需求，不同顾客强调的侧重点可能会存在差异。比如，舒适是所有顾客共同强调的，但有的用户可能特别重视款式设计，另外一类用户则相对重视面料的安全性。通过比较这种差异，即可初步识别出不同的顾客群体。

（4）抽掉潜在顾客的共同要求，而以特殊需求作为细分标准。上述舒适的共同要求固然重要，但不能作为市场细分的基础和标准，应该剔除。

（5）根据潜在顾客基本需求上的差异方面，将其划分为不同的群体或子市场，并赋予每一子市场一定的名称。

（6）进一步分析每一细分市场需求与购买行为特点，并分析其原因，以便在此基础上决定是否可以对这些细分出来的市场进行合并，或做进一步细分。

（7）估计每一细分市场的规模，即在调查基础上，估计每一细分市场的顾客数量、购买频率、平均每次的购买数量等，并对细分市场上产品竞争状况及发展趋势做出分析。

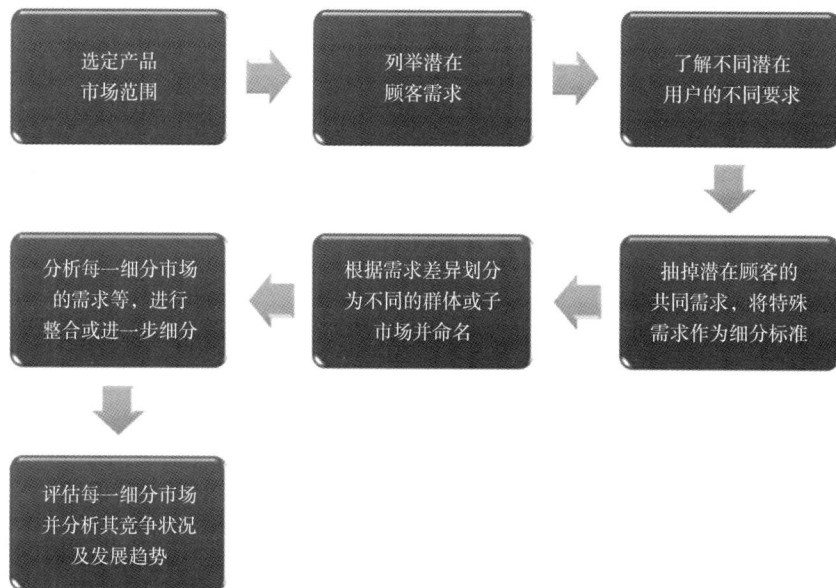

图5-12 服装市场细分的程序

第三节 服装目标市场

企业进行市场细分的最终目的是有效地选择并进入目标市场。所谓目标市场，就是企业要进入的那个市场部分，即企业拟投其所好，为之服务的那个顾客群（这个顾客群有颇为相似的需要）。任何企业在市场细分的基础上，都要从众多的细分子市场中选择那些有营销价值的、符合企业经营目标的子市场作为企业的目标市场，然后根据目标市场的特点与企业的资源，实施企业的营销战略与策略。

一、细分市场的评估

企业要选择目标市场，首先要确定有哪些细分市场是可供选择的，因为并不是所有的细分市场都是适合本企业的。因此，在确定目标市场之前，要对细分出来的子市场进行分析评估。评估细分市场主要从以下四方面进行：

1. 市场规模与潜力分析

通过研究细分市场的消费者特性来了解该市场的规模大小，市场规模主要由消费者的数量和购买力决定，同时也受当地的消费习惯及消费者对企业市场营销策略的反应敏感程度的影响。同时，分析市场规模既要考虑现有的水平，更要考虑其潜在的发展趋势。如果细分市场现有规模虽然较大，但没有发展潜力，企业在一段时间后就会缺乏发展的后劲，从而影响企业的长期利益。因此，服装企业必须首先收集和分析各类细分市场的现行销售量、增长率和预期利润量，以进行潜力分析。

对于服装企业而言，希望进入的目标市场大多规模可观，且有一定潜力。但是，切不可仅以市场规模为唯一选择标准，特别是要避免"多数谬误"，即与竞争者遵循同一思维逻辑，将规模最大、吸引力最大的市场作为目标市场，比如高收入的青年女性服装市场，结果是造成目标市场内生产企业过多，竞争异常激烈，最后不得不自相残杀。相反的，却使一些有一定需求而竞争并不激烈的服装市场被忽略。

2. 企业自身特征分析

细分市场的规模和潜力固然重要，但服装企业自身的资源条件和经营目标是否能与细分市场的需求相吻合，则更为重要。如果细分市场有相当的规模，但与服装企业的经营目标不符，企业的资源条件便无法保证，结果还是不得不放弃这个市场。因此，充分分析服装企业自身的特征指标，比如企业的经营规模、经营目标、现有的资源状况、资源潜力、技术水平、管理能力、资金来源、人员素质等，才能做到有效进入并服务于细分市场。

3. 细分市场竞争状况分析

迈克尔·波特（Michael Porter）认为，一个产业内部竞争激烈，既不是偶然的巧合，也不能归咎于"坏运气"。相反，产业内部的竞争植根于其基础经济结构，并且远远超越了现有竞争者的行为范围。一个产业内部的竞争状态取决于五种基本竞争作用力，如图5-13所示。这五种作用力共同决定产业竞争的强度以及产业利润率，最强的一种或几种作用力占据着统治地位并且从战略形成的观点来看起着关键性作用。同样，波特的五力模型也适用于每

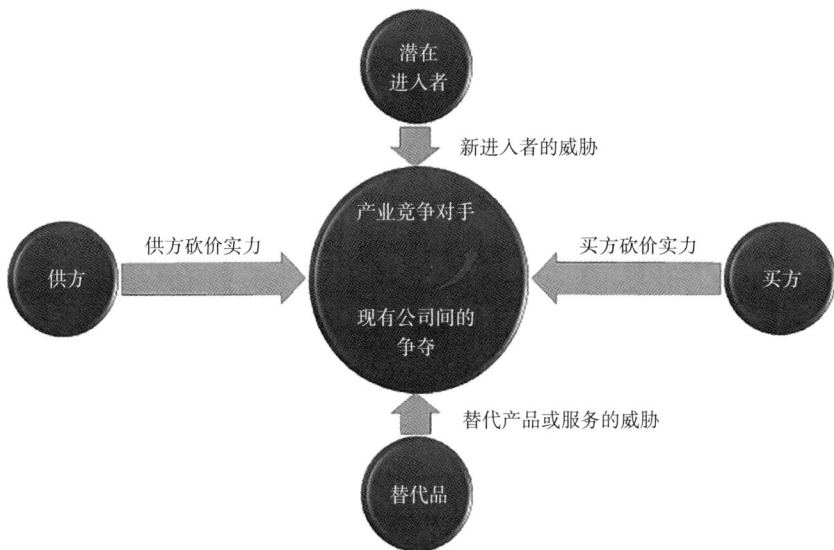

图5-13　驱动产业竞争的力量

一个细分市场的竞争状况分析。

（1）细分市场内服装企业间的竞争。如果某个细分市场已经有了众多的、强大的竞争者，那么该市场则不宜作为细分市场。比如，我国目前的青年休闲服装。或者，某细分市场处于衰退时期，顾客日渐减少，而固定成本过高，市场退出壁垒过高，比如法国巴黎的高级时尚业，这种情况尤其要引起注意。

（2）替代产品的威胁。广义地看，一个产业的所有公司都与生产替代产品的产业竞争，替代品设置了产业中公司可谋取利润的定价上限，从而限制了一个产业的潜在收益。

（3）新进入者的威胁。对于某个细分服装市场来说，分析新进入者的威胁，最关键的问题是分析新的竞争者能否轻易进入。在服装行业中，除高级时装业很难进入外，其他的细分服装市场进入壁垒一般都不会太高，因此，当某个细分服装利润可观时，必然会吸引众多的竞争者加入，从而对细分市场内的其他企业造成威胁。

（4）买方、供方的砍价能力。买方、供方的砍价能力，威胁着服装企业薄弱的利润基础。作为成熟性的、劳动密集型的服装行业，其买方砍价实力主要源于服装产品的批发商、零售商和消费者。买方市场的形成、替代产品的存在赋予买方较强的砍价实力。但不同系列、不同等级的服装产品所面对的买方砍价实力不同。一般说来，高技术含量、高档次的服装产品面对的是高收入人群，该顾客群注重形象、品牌和社会效益，对价格不太敏感，砍价的意向较低；而中低档、大众化的服装产品则面临着较强的买方砍价能力，不得不压价竞争，严重削弱了企业的获利能力。

服装产业的供方主要是面辅料、设备和劳动力的供应者。其中服装面料在企业成本中所占比重较高。可是，我国每年却必须从国外进口相应数量的面料，国产面料的自给率较低。国内服装企业由于对国际市场上的产供需信息缺乏足够的灵敏度和快速反应能力，从而限制了我国服装企业对国际面料供应商砍价行为的回击能力。

4. 获利状况分析

细分市场所能给企业带来的利润可以说是最后的、但又是最为重要的因素，企业经营的目的最终要落实在利润上。只有有了利润，企业才能生存和发展。因此，细分的子市场应能使企业获得预期的或合理的利润，企业才会选择其为目标市场。

二、目标市场策略的选择

通过对细分服装市场的评估，可能会有不止一个细分子市场符合服装企业的要求，那么，企业应该选择哪些策略进入哪些市场呢?

1. 服装目标市场的选择范围

通常情况下，用产品—市场矩阵图可以确定目标市场的范围。以下以女性职业装、休闲装和内衣为产品类型，分青年、中年和老年三个市场，分别介绍服装目标市场的范围。

（1）产品市场集中化。指服装企业只生产或销售一种产品，仅满足某一消费群体的需要。一般规模较小的服装企业会采用这种目标市场的范围。比如，某服装企业专门生产青年女性的内衣，如图5-14（a）所示。

（2）市场专业化。指服装企业向某一顾客群提供各种服装产品，满足其不同服装的需求。如某一服装企业只针对青年女性生产职业装、休闲装和内衣，如图5-14（b）所示。

（3）产品专业化。指服装企业生产或销售一种产品，满足各类消费群体的需要。如某服装企业为青年、中年和老年女性生产内衣产品，如图5-14（c）所示。

（4）选择专业化。指服装企业生产或销售集中产品，同时进入几个不同的细分市场，满足不同消费群的需要。如某服装企业青年女性的内衣、中年女性的职业装和老年女性的休闲装，如图5-14（d）所示。

（5）目标市场整体市场化。指服装企业生产所有消费者需要的各类产品，满足所有细分市场的需要，如图5-14（e）所示。

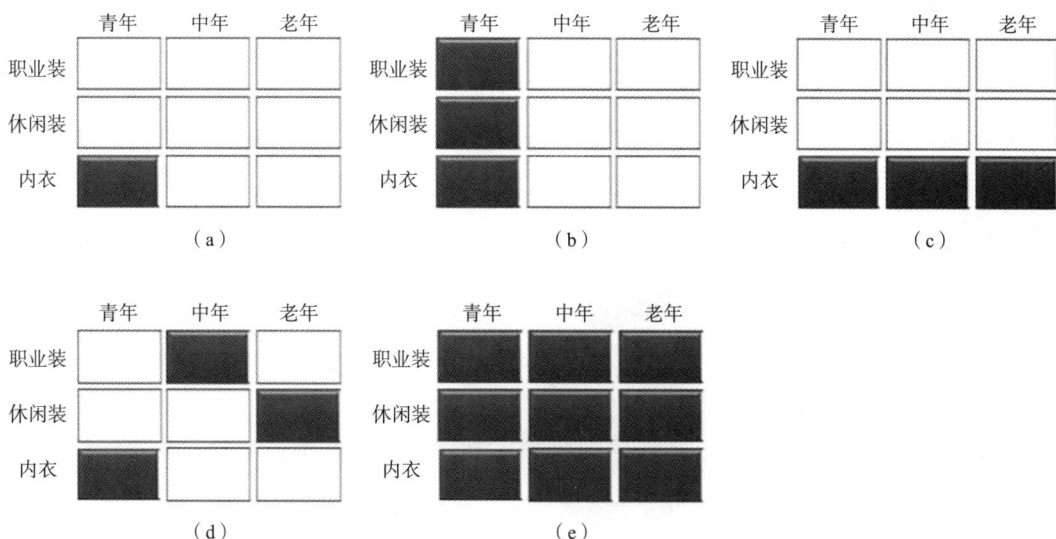

图5-14　服装目标市场选择范围举例

2. 服装目标市场的进入策略

服装企业选择的目标市场不同，其市场营销战略也将不同。一般情况下，服装企业有以下三种选择：

（1）无差异性营销策略。是指服装企业把整个市场（全部细分市场）看作一个整体，即一个大的目标市场，不再细分，提供单一的产品，采用单一的营销组合策略，满足尽可能多的消费者的需要（图5-15）。这种策略要求服装企业向市场推出一种类型的产品，统一的包装，固定的价格，采取广泛的分销渠道，进行同一内容的广告宣传。

采用该种策略时，由于其产品品种、规格、款式相对单一，因而易于进行标准化和大规模生产，利于降低产品开发、生产、仓储、运输、促销等方面的成本，实现规模效益和成本经济性。但是，采用这种策略时，由于部分细分市场的需求无法满足，易于引起其他竞争者加入而使竞争激烈，造成企业市场占有率的下降。因此，无差异营销策略适用于整个市场上的绝大多数消费者，他们对产品有着类似的要求，而且企业有能力制定并保持顾客满意的单一市场营销组合来满足顾客需求。通常情况下，要求是实力雄厚的大企业。

但是，由于无差异营销只考虑消费者在需求上的共同点，而忽视他们需求的差异性，而且服装消费的个性化决定了至今没有一种服装能够永远流行，也没有一款服装能被所有人接受，因此，服装行业内很少采用这种策略，仅有个别的中性化的文化衫和旅游服装采用。

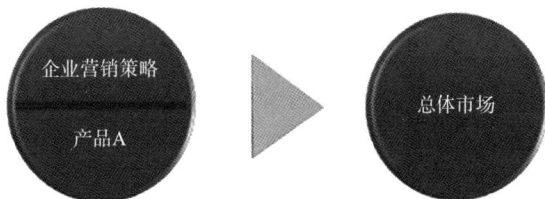

图5-15 无差异性营销策略

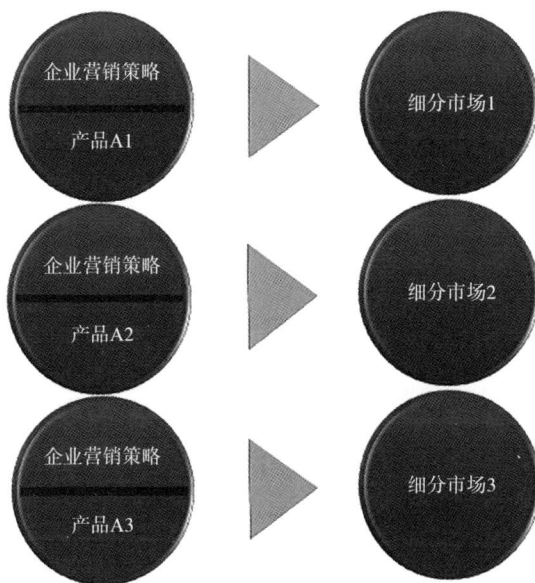

图5-16 差异性营销策略

（2）差异性营销策略。即服装企业在对市场进行细分的基础上，根据各细分市场的需求特征，分别设计不同的产品并运用不同的市场营销组合，分别满足不同的细分市场上消费者的需求（图5-16）。目前很多服装企业都采用这种目标市场策略。

比如，服装企业针对不同性别、不同收入水平的消费者推出不同品牌、不同价位的服装，并采用不同的广告策略进行产品的宣传和推广。再如，皮尔·卡丹自从步入法国时装业，就以服装设计敢于突破传统、富于时代感和青春感而著称，注重目标人群的个性和生活方式，并采取差别化的设计和推广策略。他在厚呢料大衣上打皱褶；用透明的面料做胸前打褶的上衣；给新娘穿上超短裙；让模特穿上带网花的长筒袜；设计出"超短型"的大衣、气泡裙；用针织面料为男士做西服……皮尔·卡丹在20世纪60年代末推出的一套女式秋季服装，就是以式样新颖、料子柔软、做工精细而成为时髦女郎和年轻太太的抢手货，一时轰动了巴黎。由于他的设计刻意追求标新立异，充分展现个性气质，因此法国的时装界"卡丹革命"的旋风劲吹。

差异营销策略的优点之一是多品种、小批量，生产机动灵活、针对性强，可以更好地满足不同消费群体的需要。同时，由于企业是在多个细分市场上经营，一定程度上可以降低经营风险，一旦在几个细分市场上取得成功，便可以有效提高企业形象和市场占有率。但使用这种策略时要求服装企业一方面要降低营销成本，另一方面要使企业的资源得到有效和集中的配置。

（3）集中性营销策略。指服装企业集中全部力量于一个或极少数几个对企业最有利的细分市场，实现专业化生产和销售，在少数市场上发挥优势，提高市场占有率（图5-17）。例如，金利来领带的发展就是这样的。在20世纪60年代，中国香港正处于经济高速发展阶段，服装行业强手如林。那时候做西装的曾宪梓先生发现，香港500多万人口几乎人人都有一套西服，要想发展的确很难。而当时在香港，领带却款式落后，没有品牌，人们普遍购买进口的领带而很少顾及本地产的领带。因此，他将产品定位于中高档的男性消费群体，"生产高档的领带，创建中国人自己的名牌"，一举取得成功。还有，近几年我国迅速发展起来的内衣企业也是很好的例子。

图5-17 集中性营销策略

集中性营销策略的指导思想是：与其四面出击，不如突破一点取得成功。这一策略特别适合于资源有限的中小服装企业。中小服装企业由于受资金、技术等方面因素的制约，在整体市场上可能无力与大型服装企业相抗衡，但如果集中资源优势在大企业尚未顾及或尚未建立绝对优势的某个或某几个细分市场进行竞争，成功可能性更大。但是，该种策略也有局限，由于市场区域相对较小，服装企业的发展可能会受到限制，同时可能会潜伏较大的经营风险。因为一旦目标市场消费者偏好转移，或者有强大竞争者进入，或者有新的替代产品出现，企业都可能陷入困境。

可见，无差异性营销策略和差异性营销策略都是把整个市场看作是目标市场，着眼于为整个市场服务。而集中性的营销策略只把整个市场中的一部分作为目标市场，强调的不是在较大的市场上占有较小份额，而是在较小市场上占有较大的份额。

三、目标市场策略选择中的影响因素

很显然，上述三种目标市场策略各有优缺点，因此，服装企业在市场营销中不能简单地随意选择，应该考虑以下五方面的因素：

1. 服装企业的资源

服装企业的资源包括企业的资金和技术实力、生产能力、经营管理水平、人力资源的水准等。如果企业实力雄厚，可采取差异性营销策略或无差异性营销策略，服务于整个市场；但如果企业资源有限，则应集聚有限的资源于一个或少数几个细分子市场，采取集中性营销策略，以更好地服务于目标市场，提高市场占有率。

2. 服装产品的特点

服装产品的特点包括服装产品的类型、品质、性能、使用寿命、规格、式样等。根据产品的不同特点，可以采用不同的市场策略。如果企业的产品性质相似，如文化衫，产品的特性长期以来变化不大，可以采用无差异营销策略；而大多数服装其特性经常随消费者需求的改变而发生变化，宜采用差异营销策略或集中营销策略。

3. 市场的特点

市场的特点包括市场规模、市场需求、市场位置等。如果市场上消费者的需求与偏好相似，消费者的特性差异不大，则企业可以采用无差异营销策略，为所有的消费者提供同样的产品；反之，若消费者之间的特性相差很大，服装企业应在细分市场后，采用差异营销策略或集中营销策略。

4. 产品寿命周期

产品寿命周期指产品的市场寿命周期，包括投入期、成长期、成熟期和衰退期等阶段。企业应根据产品在寿命周期中的不同阶段，采用不同的市场营销策略。在投入期，新产品刚投入市场，品种不多，竞争也不激烈，可采用无差异营销策略，也可以采用集中营销策略，先占领一个市场，再伺机扩展；在成长期和成熟期，竞争者纷纷加入，消费者的需求向深层次发展，企业应采用差异营销策略，以满足不同消费者的需求；而在衰退期，企业要收缩市场，往往可以采用集中营销策略。

5. 竞争者的市场策略

竞争者包括同一部门的竞争者、不同生产部门的竞争者。如果竞争对手采用了无差异市场营销策略，企业可以同样使用无差异市场营销策略，与对手进行竞争，也可以避其锋芒，实行差异市场营销策略或集中营销策略，抢先向市场的深度进军，占领更深层次的细分市场；如果竞争对手十分强大而且已采用了差异营销策略或集中营销策略，企业则应该进行更有效的市场细分，实行差异营销策略或集中营销策略。

总之，上述三种营销策略各有特点，服装企业必须根据企业的产品特点、市场状况以及自身条件合理选择。

第四节 服装市场定位

服装企业在选定目标市场范围、确定进入的营销策略之后，还必须对目标市场上的服装产品进行市场定位，以适应目标市场中特定顾客的需求和偏好，并与竞争者的产品相区别，逐步形成自己的产品特色和企业形象。

一、服装市场定位的内涵

市场定位（Marketing Positioning）是20世纪70年代由美国营销学家艾·里斯和杰·特劳特提出的。其含义是指企业根据竞争者现有产品在市场上所处的位置，针对顾客对该类产品某些特征或属性的重视程度，为本企业产品塑造与众不同的鲜明形象，并将这种形象生动地传递给顾客，从而使该产品在市场上确定适当的位置。市场定位并不是你对一件产品本身做些什么，而是企业的服装产品在潜在消费者的心目中留下了什么。所以，服装市场定位的实质是使本企业与其他企业严格区分开来，使顾客明显感觉和认识到产品之间的差别，从而在顾客心目中占有特殊的位置。

值得注意的是，服装市场定位并不等同于服装差异化。服装差异化是实现服装市场定位的手段，但并不是服装市场定位的全部内容。服装市场定位不仅强调服装差异，而且要通过产品差异创立鲜明的产品个性，从而塑造独特的市场形象，赢得顾客认可。服装产品的特色或者个性，既可以从产品实体上表现出来，如服装的面料、款式、色彩、工艺等；又可以通过消费者心理特征反映出来，如追求奢华、典雅、朴素等；还可以通过以上两方面的共同作用表现出来，如产品的价格、质量、服务、技术水平等。服装市场定位就是要强化和放大其中的某个或某些因素，从而形成服装与众不同的、独特的市场形象。

二、服装市场定位的内容

服装市场定位可分为对现有产品的再定位和对潜在产品的预定位。对现有产品的再定位可能导致产品名称、价格和包装的改变，但是这些外表变化的目的是保证产品在潜在消费者的心目中留下值得购买的形象。对潜在产品的预定位，要求营销者必须从零开始，使产品特色确实符合所选择的目标市场。企业在进行市场定位时，一方面要了解竞争对手的产品具有何种特色，另一方面要研究消费者对该产品的各种属性的重视程度，然后根据这两方面进行分析，再选定本公司产品的特色和独特形象。

服装市场定位主要包括以下内容：

1. 服装产品定位

服装产品定位即建立服装产品的特色。侧重于服装产品的实体定位，主要从服装的面料、工艺、舒适性、功能性、款式设计、风格、文化内涵、搭配、质量、成本等方面着手。

2. 服装企业定位

服装企业定位即树立服装企业的市场形象。服装产品特色是服装企业参与市场竞争的优势，但必须通过服装企业鲜明的市场形象才能得以显现。为此，服装企业要积极主动地通过各种媒体或事件与顾客进行沟通，达到让顾客知晓、熟悉、接受和认可的程度。比如，Levi's公司通过促销活动，树立了企业倡导循环利用服装和参与社会公益事业的理念。其开展的以旧换新立减200元的活动，不限品牌、颜色、数量，凭任何旧牛仔裤到Levi's专门店选购指定Levi's牛仔裤立减200元，所有回收旧牛仔裤将全部捐献慈善机构。服装企业的市场形象可以通过技术水平、品牌形象、经营方式、售后服务、员工素质、顾客满意度、公共关系等得以体现。

3. 竞争定位

竞争定位即确定服装企业相对于竞争者的市场位置。了解现有竞争者的状况，企业便可以根据竞争状况和本企业的条件来确定本企业产品在市场中的位置，并据此制定相应的市场营销策略。比如，耐克在响应低碳环保鞋产品方面投入数千万美元，完善了生产不含SF6气垫的工艺；安莉芳建设环保工厂，推出生态纺织产品，杜绝对人体和环境有害的纺织成分。

4. 消费者定位

确定企业的目标顾客群。

三、服装市场定位的原则

1. 根据具体服装本身的特点定位

比如，服装的类型、品牌、风格、款式、造型、面料、工艺、价格等。

2. 根据服装所体现的消费者的身份和地位进行定位

比如，"金利来——男人的世界"。

3. 根据服装消费者的心理偏好和诉求进行定位

比如，虎门的时尚服装品牌确定的"时尚休闲"风格是市场定位的成功案例。"时尚休闲"服装的市场定位是面向18~30岁最个性化的年轻消费群体，虽然这一年龄段的消费者消费能力不是最强，但消费频率最高，更注重款式、质量以及品牌的感觉，正是中档或中档偏高的品牌服装消费的主力军。因此，虎门时装将时装的设计理念引入休闲装的设计之中，在传统休闲装中加入时尚化元素，款式、色彩方面突出新颖多变，既满足了年轻人崇尚时尚、追求个性的消费偏好，又适应了其有限的购买能力，有效地吸引了大量年轻顾客。

4. 根据服装消费者特定类型进行定位

比如，按照性别划分的男装、女装；按照年龄划分的童装、青年装、中老年装等。

事实上，许多服装企业进行市场定位的原则往往不止一个，而是多个原则同时使用，因为要使服装企业和产品的形象得到充分体现，必须是多角度、全方位的进行市场定位。

四、服装市场定位的类型

服装市场定位是一种竞争性定位，反映市场竞争中各方的关系，是为服装企业有效参与市场竞争服务的。

1. 避强定位

避强定位是一种避开强有力的竞争对手而进行的市场定位模式。服装企业不与竞争对手直接对抗，而是置身于某个市场"空隙"或者服装市场的某个薄弱环节，发展目前市场上没有的特色产品，开拓新的市场领域。

　　这种定位的优点是能够迅速在市场上站稳脚跟，并在消费者心中尽快树立起一定形象。由于这种定位方式市场风险较小，成功率较高，常常为多数企业所采用。例如，浙江宁波是男西装生产和销售的聚集地，那里有杉杉集团、雅戈尔集团等许多规模和知名度都比较大的企业。这时对于中小服装企业来说，如果再想进军西装市场，必然存在着前期投入大、技术要求高、宣传推广成本高而又难于退出的高壁垒，因此，此时应避开强势，找到合适定位。

　　例如，我国本土时尚服装行业的领导者——太平鸟（图5-18），在服装行业整体低迷的情况下，所有指标一直处于行业上游。1995年，太平鸟品牌创立初始，商务正装的市场很大，但太平鸟避其锋芒，开辟了差异化路线，将太平鸟定位为休闲男装，打开了这一空白市场，为品牌建设打了个好头。太平鸟男装在发展的风生水起时，品牌创始人发现在宁波地区还没有一个可以引领市场的女装品牌，于是增加了女装产品线。积极的革新意识与强健的转型步伐，让太平鸟一路高歌猛进，屹立在行业的巅峰。

图5-18　太平鸟线下门店
（图片来源：太平鸟品牌官网）

2. 迎头定位

　　迎头定位是一种与在市场上居支配地位的竞争对手"对着干"的定位方式，即企业选择与竞争对手重合的市场位置，争取同样的目标顾客，彼此在产品、价格、分销、供给等方面少有差别。高端女装品牌"歌力思"，选择成立在高端女装品牌集聚的深圳，其采用多品牌战略，充分利用企业资源，不断收购不同定位的服装品牌（图5-19），定位不同的消费群体，占据了更多的细分市场，增强了品牌抗风险的能力。歌力思凭借该战略，进一步巩固了国内高端女装的领先地位。

　　在服装市场上采用迎头定位的方式时，企业必须做到知己知彼，充分了解市场上是否可以容纳两个或两个以上的竞争者，自己是否拥有比竞争者更多的资源和能力，是不是可以比竞争对手做得更好。否则，迎头定位可能会成为一种非常危险的战术，会将企业引入歧途。

图5-19　歌力思收购的法国品牌IRO

（图片来源：歌力思品牌官网）

当然，也有些服装企业认为这是一种更能激发自己奋发向上的定位尝试，一旦成功就能取得巨大的市场份额。

一般情况下，这种策略比较适合于在服装的产业集群地，比如我国目前已经形成的一定地域内的不同风格和规模的服装市场：京派—北京、海派—上海、粤派—广州、汉派—武汉等。在这些地区，中小服装企业可以利用地域和市场的优势，采用和其他服装企业相同的市场定位，共同依托当地服装市场的规模，求得共同发展。

3. 追随定位

追随定位是指服装企业在新产品的研究、开发和投入市场的过程中，密切关注竞争对手的行动，在竞争对手推出新产品后，迅速对消费者的需求反馈做出反应，然后快速推出比竞争对手更加符合顾客需求的创新型产品。这种策略的优点在于可以极大地降低在需求不确定前提下推出新产品的风险。也就是说，由于其快速追随，既避免了新产品所直接面对的市场不成熟、产品不完善、顾客并不真正需要等问题，可以经济的借鉴竞争对手的经验和教训，同时又争取了对产品进行改良和创新的时间。近两年，品牌联名的"游戏"玩得风生水起，掀起一番热潮，快消品牌"优衣库"品牌联名的追随定位策略使消费者为之疯狂。其中，2019年6月发售的优衣库与KAWS联名短袖（图5-20），消费者疯狂抢购，现场情景火爆，不得不说优衣库的追随定位策略大获成功。

4. 重新定位

服装产品在目标市场上的位置确定后，经过一段时间经营，企业可能会发现出现了某些新情况，如有新的竞争者进入了企业选定的目标市场，或者由于顾客需求偏好发生转移，企业原来选定的产品定位与消费者心目中的该产品印象（即知觉定位）不相符等，因而造成服装产品滞销，或者市场反应差的结果，此时就需要对产品进行重新定位。

一般来讲，重新定位是企业为了摆脱经营困境，寻求重新获得竞争力和增长的手段。不过，重新定位也可作为一种战术策略，并不一定是因为陷入了困境，相反，可能是由于发现

图5-20　优衣库与KAWS联名服装
（图片来源：1626潮流前线网）

新的产品市场范围引起的。例如，某些专门为青年人设计的产品在中老年人中也开始流行后，这种产品就需要重新定位。又如，在20世纪90年代，女性化服装重新流行，但对于一向以裤装和男式夹克表现"女强人"形象的伊夫·圣洛朗来说，就面临着重新定位的问题。此时，除了在服装面料选择上进行改革外，还在衣裙上印满了女性特征明显的鲜艳的玫瑰图案。

　　服装产品重新定位时，企业首先应找出导致重新定位的主要原因，然后，利用重新定位来解决出现的问题。如果是出现了新竞争者，则企业可以通过增加产品的差异性等来与竞争者抗衡或与竞争者拉开距离；如果是企业定位与消费者的知觉定位不符，则企业可以通过广告宣传来改变消费者的知觉定位，或者改变产品来迎合消费者的知觉定位等。总之，服装企业应根据具体情况，找出主因，然后制定补救的措施。

　　例如，时尚品牌"森马"通过对品牌重新定位战略，近两年渐渐复苏，在2020年疫情期间"反客为主"，实现了新的突破。森马在2020年上半年从品牌力、商品力、渠道力三方面不断重塑品牌，在复盘中不断前进，借助线上店铺、社群推广等形式提升品牌热度，通过推出场景联名服装提升产品竞争力（图5-21），疫情期间实行全渠道的优化，深入探索新零售模式，通过对品牌重新定位实现了弯道超车。

图5-21　森马疫情期间推出的森马与Wconcept场
景联名服装
（图片来源：森马品牌官方微博）

PART 2　项目实操

一、项目目标

了解现代服装企业进行市场细分的依据、原则、方法等，并对服装企业提出新的市场细分方案。

二、项目任务

选择某一熟悉的服装品牌，借助于文献资料分析其市场细分的标准和依据，通过访谈、问卷调研等方法了解目标顾客群的需求，分析其品牌定位与顾客需求的匹配程度，并提出相应的调整方案。

三、项目要求

本项目要求个人完成。请选择当下最新或自己喜欢、熟悉的服装品牌，借助于文献研究分析其市场细分的标准和依据。自拟调研提纲，自定调研方法，探析该品牌目标消费者的需求，并分析其品牌定位与顾客需求的匹配程度，进而提出相应的调整方案计划书。

四、开展时间及形式

课后实践环节。以二手资料收集、实地观察和访谈形式开展。

五、项目汇报

以PPT形式完成指定品牌的市场定位分析及调整计划，课堂汇报交流。

PART 3　项目指导

一、项目准备

1. 确定拟调研品牌
2. 进行品牌资料搜集、文献研究

二、项目推进重点

1. 调研目的

该品牌目标消费者的需求，并分析其品牌定位与顾客需求的匹配程度。

2. 调研方法和内容的选取

调研可采用文献研究、观察法、访谈法、问卷调研法开展。学生可根据本章的学习内容以及在学习中得到启发选取调研内容，并确保调研内容能够顺利实现调研目标。

（1）明确该品牌目标消费者。

（2）分析该品牌细分标准。

（3）分析该品牌目标市场策略。

（4）调研细分后的消费者需求。

（5）分析消费者需求和产品、价格、渠道、促销等品牌定位的匹配程度。

（6）分析细分、需求和定位之间是否存在问题，并指出原因所在。

（7）针对上述问题提出调整方案。

3. 设计调查方案

在以上调研工作的准备及调研要求的基础上，制作详细的调研计划，包括调研时间、调研分工等等。

4. 资料收集和视频制作

通过实地的调研采访，对采访到的内容进行整理汇总，进行调研视频的制作，并进行视频、录音记录。

5. 文字报告撰写

撰写指定品牌的市场定位分析报告及调整计划书。

PART 4 案例学习

Inditex集团STP营销战略

作为西班牙乃至全世界范围内的零售巨头，Inditex集团创造了一个又一个服装零售的奇迹，这与其公司的STP战略密不可分。

在市场细分方面，如果用单一变量因素细分方法，Inditex集团按照产品类别可以分为服装、家居用品、配饰、化妆品等市场；按照产品风格可以划分为时尚精致或运动休闲风格……如果按照综合因素排列法，按照消费者需求可以从性别、年龄、风格、质量要求等方面进行交叉分析。

在选择目标市场方面，Inditex集团采用差异化的市场战略（图5-22）。比如

图5-22 ZARA与Massimo Dutti临街门店对比图
（图片来源：搜狐网、赢商网）

ZARA品牌，采用"超大门店、超速度出货、多品种少量"的战略，用中低价格可以实现中高品质，使中高消费群体付少量价钱便可以买到潮流服装，同时能够做到及时更新，在竞争对手推出同样款式的五天内就将所有的同类产品下架，推出新品。而同属于Inditex集团旗下的Massimo Dutti则采用"中小门店、限量出货、销量走低立即下架"的战略，主推价高质优的服装，让消费者感受到"奢华别致"的感觉。

在市场定位方面，Inditex集团旗下的不同品牌有不一样的定位，ZARA针对各个年龄阶层生产价格便宜但又是品牌设计师设计的中高级时装；PULL&BEAR针对年轻人设计，秉承舒适简约的设计理念，呈现出具有独特风格的休闲服饰；Massimo Dutti走价高质优的路线，设计比ZARA更高档次的设计师款式，并限量出货；Bershka定位西班牙风格的街头时尚，以休闲时装带动时尚潮流；UTERQUE主要经营包括手袋、鞋履、皮革、围巾、眼镜、雨伞、帽子等时尚饰品；ZARA HOME主要以销售家居用品及室内装饰为主，包括床上用品以及各类餐具等。Inditex利用品牌差异化营销战略满足了不同类型消费者的需求。

PART 5　知识拓展

差异化营销策略

所谓差异化营销，就是指在细分市场的基础上，针对不同目标市场的不同个性化需求，进行品牌形象的树立，赋予品牌独特的价值，逐步建立品牌个性化与差异化的竞争优势，从而占领品牌的目标市场。常见的差异化营销策略主要有以下四种：

一、从产品品类入手

这是差异化营销最常见的一种方式，也是最根本的一种方式。一个企业要想长久的发展，根本就要看其产品是否能满足消费群体的需求，尤其是在同质市场中，企业更要摒弃陈旧的营销思维，采取跳跃式的创新思维，着力开发或引进新的产品品类。例如，设计师品牌达衣岩在2019年通过加码原创设计来打造差异化竞争优势，先后孵化出Donoratico、RiverTooth等品牌以及搜藏馆集合店概念（图5-23）。其创始人丁勇表示："加码原创设计不需要妥协于流行，而是为品牌基因注入原生、自然的印记，并在此基础上对面料、剪裁等方面，进行大胆创新。"由此可见产品品类更新对于差异化营销的重要性。

二、从产品附加值入手

这是差异化营销的又一常见方式，当产品在品类、质量、性能等方面均无法与其他品牌区分开时，要从提升产品的附加值这一方面来进行考虑。此时企业要全面了解目标顾客群体、从细节中发现可以赢得目标群体青睐的商机，为目标顾客群体量身定做符合他们身份及购买力水平、满足其用途的产品，为产品找到一个新的利益增长点。在服装行业，品牌联

图5-23　达衣岩搜藏馆式实体店铺
（图片来源：达衣岩品牌官网）

名、跨界营销就是提升产品附加值的好办法，许多品牌服装在联名之后都达到了非常可观的销售量。

三、从概念差异化入手

品牌在对产品进行改良的同时，也要适时对其理论市场进行打造，进行概念推广。企业要为自己的产品打造新的理念、爆炸性话题，这样既有利于吸引消费者的眼球、激发其购买欲望，又可以进一步拉动品牌的销售。例如，森马在2020年疫情期间不断在各类社交媒体上推出娱乐化、个性化、体验式场景化的各类创新话题，诸如"对话Z时代，穿上森马TEE，和你一起乘风破浪""太浪青年野蛮生长区"等，不断吸引了"95后"的消费人群，疫情期间实现了销售额的突破。

四、从销售渠道差异化入手

一般来讲，企业的销售渠道是由其产品特点、销售特点及环境等市场因素共同决定的，在市场营销环境不断变化、竞争日益激烈的今天，重视分销渠道的管理与创新是企业取得成功的重要条件。目前，我国服装市场的销售渠道主要有批发市场、百货商场、专卖店以及网络商店四类，在新零售时代，许多服装品牌创立了自己独有的分销渠道，做到了差异化，从而在激烈的市场竞争中存活下来，较为成功的有红领集团的C2M模式、优衣库的O2O模式等。

第六章　竞争力内核：服装产品策略

服装企业经营活动的中心是满足消费者的需求，而为了满足消费者的需求，服装企业必须能够提供符合消费者需求的特定的服装产品和服务，并由此获得利润。在市场竞争中，服装产品是否具有竞争能力，关键在于其产品适应市场的程度。为此，当目标市场确定以后，服装企业就要根据目标市场的需要来开发和生产满足市场需求的产品，有了产品，还要制订相应的品牌、包装策略，利用合理的产品组合，根据产品在市场上的寿命状况，运用各种营销策略，以使企业的产品能受到消费者的欢迎，同时不断推出新的产品。因此，服装产品策略既是市场营销组合策略的基本内容，又是制订其他营销策略的基础，它直接影响和决定着服装企业的营销活动，关系到服装企业经营的成败。

问题导入

列举日常生活中所关注的服装品牌，说明哪个品牌服装的市场占有率比较高？该品牌服装具有什么属性？为什么会引起您的注意？

PART 1　理论、方法及策略基础

第一节　服装产品组合及其优化

一、服装产品的整体概念

从不同的角度理解，可以对产品的定义做各种表述。人们通常理解的产品是狭义的，是指有一定物质形状和用途的物体；而在现代市场营销中，产品的概念早已经不再局限于人们通常意识到的实体或物质的产品，产品应该是广义的。广义的产品是指能够满足消费者需求和欲望的物质产品和非物质产品。

事实上，顾客购买一件产品并不仅仅是为了得到这件有形的物体，而更多的是要通过有形物体得到某种利益和欲望的满足。比如，人们购买服装并不仅仅是为了得到一件物质的服装，而是希望从服装的购买过程中得到热情的服务，穿着过程中得到别人的赞扬，或者通过服装展示自己的身份、地位、个性等以获得心理上的愉悦和满足。因此，服装一方面表现为物质产品即产品实体和产品外观，是可以触摸的有形产品，满足人们对产品使用价值的需

要，是一种自然属性；另一方面，服装又表现为非物质形态的服务，即物质产品之外的能使消费者需求得到满足的劳务和各种服务，以及能够给消费者带来心理上的满足感和信任感的产品形象等，它是非物质形态，具有象征性的意义，是一种社会属性。所以，服装产品是一个整体概念，是由实质产品、形式产品和附加产品三个层次所组成的整体，如图6-1所示。

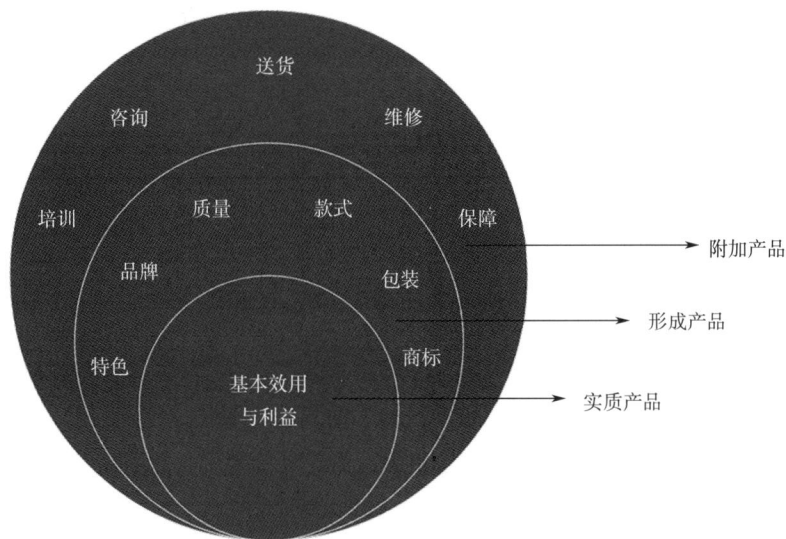

图6-1　服装产品的整体概念示意图

1. **实质产品**

实质产品是产品整体概念中的最基本的层次，是指服装产品能够给顾客带来的基本效用与利益。它是顾客需求的中心内容，也是服装产品带给人们最基本和最实质的价值。比如，人们在严寒的冬季购买棉衣，是为了满足保暖需要，保暖性就是棉衣带给消费者的基本效用和利益。

2. **形式产品**

实质产品所描述的仅仅是一种概念，效用和利益的实现需要通过一定的形式才能得以实现。所以，形式产品是实质产品借以实现的形状和方式，即服装产品通过面料、色彩、板型和款式等表现出来的具体物质形态和实体外观，是服装产品的核心特征。例如，一件女装，设计师既要考虑其领型、袖型、板型等基本款式，还要考虑其色彩的流行趋势，面料与款式以及风格是否协调，包装与服装档次是否配套，以及是否符合环保的要求等。

3. **附加产品**

附加产品是指消费者购买服装时所获得的附带服务或利益，是由企业另外附加到产品上去的，能给顾客带来更多的利益和更大的满足，如咨询、说明、保养、维修、送货等。据报道，在日本，同一品牌同一款式的服装在百货商场销售比专卖店能够为顾客提供更多的附加服务。以日本的松屋百货商场（图6-2）为例，除了为顾客提供百货商店必不可少的配套项目（如礼品包装、修理服务、便利设施等）外，还提供翻译服务、老年顾客服务、免费行李寄存服务等，以吸引众多消费者前往。

实质产品、形式产品和附加产品作为服装产品密不可分的三个层次，构成了服装产品的

图6-2　东京银座松屋百货
(图片来源：新浪尚品)

整体概念。值得注意的是，随着人们生活水平的提高和消费需求的变化，服装企业市场营销的重点应逐渐由内层向外层转移。也就是说，目前消费者已不仅仅满足于服装产品品质的优良、款式的新颖，而更在乎使用这件服装带给人们的心灵愉悦和满足。因此，基于服装产品整体概念的分析，我国服装企业应该重新认识产品，牢固树立"产品就是服务"的理念。

二、服装产品组合的因素

1. 服装产品组合的概念

服装产品组合是指服装企业生产经营各种不同类型服装产品之间质的组合和量的比例。产品组合通常由产品线和产品项目构成。

产品线又称产品系列或产品类，是指在技术上和结构上密切相关，具有相同使用功能，满足消费者同质需求，只是在规格、档次、款式等方面有所不同的关系密切的一组产品。比如，一个服装厂生产西装、羽绒服和内衣，那么这个厂的产品线有三条。

产品项目是指服装企业同一产品线中不同的品牌、规格、档次、款式、包装、价格的服装产品，是产品目录上列出的每一件服装。一条产品线往往包含一系列的产品项目，很多服装企业都拥有众多的产品项目。

产品组合既可以表现为不同产品线的组合，又可以表现为单条产品线产品项目的组合。比如克里斯汀·迪奥（Christion Dior）就是不同产品线的组合例子。其产品不仅涉及服装（高级女装、女装成衣、童装），还有各类服饰、装饰品（如手套、鞋、礼品、提包、珠宝、台布等），更有化妆品系列。胡戈（Hugo）公司由原来只生产波士（Boss）牌老板穿的男装，扩展为适合三种不同类型的男性服装系列，是单条产品线产品项目的组合。Boss男装原定位于比较传统的商人形象，是Hugo公司的主要产品品牌。Hugo品牌适合年轻人穿着，巴萨瑞尼（Baldessarini）品牌以最佳的质地和品位代表既有经济实力又有品位的高层次男士形象（图6-3）。三种品牌、三种定位、三个产品项目满足了不同男士的衣着需求。

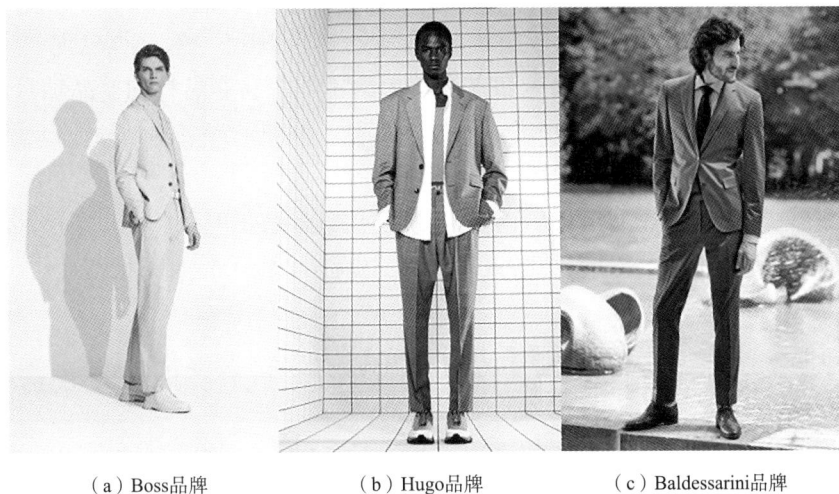

（a）Boss品牌　　　　（b）Hugo品牌　　　　（c）Baldessarini品牌

图6-3　Hugo公司旗下的男装产品系列组合
（图片来源：BOSS官方微博、HUGO BOSS品牌官网、GQ男士网）

2. 服装产品组合的因素

服装产品组合包含产品组合的宽度、长度、深度以及关联度四个因素如图6-4所示为某服装企业的产品组合状态图。

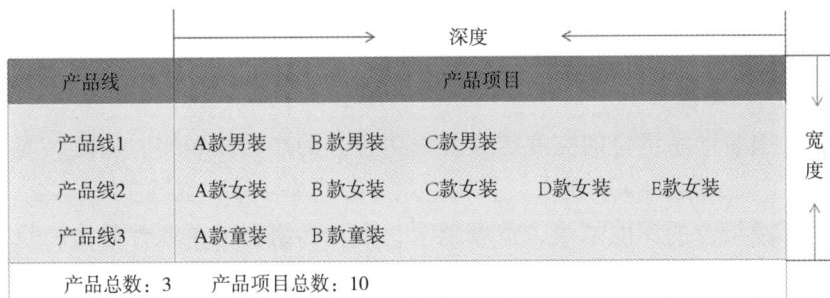

图6-4　某服装企业产品组合状态

（1）产品组合的宽度。产品组合的宽度也称为产品广度，是指一个服装企业生产或经营的不同产品线（产品大类）的数量。数量越多，产品组合宽度越宽；反之，则越窄。一般情况下，服装企业可以通过增加服装产品组合的宽度，从而扩大经营范围，提高经济效益和分散风险。但在增加产品组合宽度时需考虑以下几个问题：服装企业自身实力如何，主要指人力、物力和财力；产品线间的关联度如何，要尽可能开发关联度大的产品线，以利于发挥企业自身优势，减少风险；企业主要产品优势能否得到保证，切忌盲目拓宽。

（2）产品组合的长度。产品组合的长度是指所有产品线中所包含产品项目的总和。例如，服装厂在衬衫这条产品线上有男衬衫、女衬衫、儿童衬衫等三个产品项目。增加产品长度可使产品线更加丰满充裕，使现有生产技术和资源得到充分利用，更多地满足消费者的不同需求，吸引更多的消费者，提高企业竞争力。但品种规格过多，也会给企业组织生产增加难度，导致成本增加。企业在增加产品组合长度时需要考虑增加的产品是否具有明显特征以及市场对增加产品的需求量等问题，力求将产品组合长度控制在合理范围之内。

（3）产品组合的深度。是指每一条产品线上的不同规格和品种的产品项目的数量，它反映了一个企业目标顾客不同需求程度。通过计算每一个牌子产品的品种数，就可以得出产品组合的平均深度。

例如，表6-1所显示的产品组合的宽度为4，产品组合总长度为18，每条产品线的平均长度为18÷4＝4.5。产品组合的深度分别为：服装6、皮鞋4、帽子5、针织品3。

表6-1 产品组合示例

服装	皮鞋	帽子	针织品
男西装	男凉鞋	制服帽	卫生衣
女西装	女凉鞋	鸭舌帽	卫生裤
男中山服	男皮鞋	礼貌	汗衫背心
女中山服	女皮鞋	女帽	
风雨衣		童帽	
儿童服装			

（4）产品组合的关联度。产品组合的关联度是指一个服装企业的各个产品线在最终用途、生产条件、分销渠道、使用及其他方面的密切相关程度。关联程度越高，则企业各个产品线之间的一致性越强；反之，则越差。通过加强产品组合的相关性，提高服装企业在某一市场领域的竞争力和声誉。

由此可见，服装产品组合的宽度越大，说明企业的产品线越多；反之，宽度窄，则产品线少。同样，产品组合的深度越大，服装企业产品的规格品种就越多；反之，深度浅，则产品就越少。产品组合的深度越浅，宽度越窄，则产品组合的关联性越大；反之，则关联性小。

产品组合的宽度、深度和关联性对服装企业的营销活动会产生重要的影响。服装企业通过增加产品组合的宽度，充分发挥企业的特长，使企业的资源得到合理的利用，从而减少企业经营中的风险，提高企业的经营效益。通过增加产品组合的深度，更好地满足广大消费者的不同爱好和需求，以吸引更多的消费者。增加产品组合的关联性，则有利于企业的经营管理，提高企业在某一地区、某一行业的声誉。

二、服装产品组合策略

为了增强服装企业的竞争能力，提高盈利水平，企业必须根据自身实力、市场需求以及市场竞争情况认真研究产品组合策略。服装企业可选择的产品策略组合主要有扩大产品组合策略和缩小产品组合策略两种策略。

1. 扩大产品组合策略

扩大产品组合策略是指扩大产品组合宽度和增加产品组合的深度。开拓服装产品组合宽度即增加产品线，增加深度即在原有产品线中增加新的产品项目，扩展经营范围，生产经营更多的产品以满足市场需要。例如，香奈儿（CHANEL）品牌创始人加布里埃·香奈儿女士早在1924年就倡导香奈儿的"整体形象"理念，即注重服饰搭配的观念，因此为了搭配服装推出了珠宝产品。到后来为了搭配服装又推出了腕表、香水、砖石饰品等系列产品。近两年香奈儿品牌又开始关注男士美妆这个空白区域，在2018年香奈儿首次推出男士彩妆系列（图6-5），进一步扩展了该品牌的产品领域。

图6-5　香奈儿男士彩妆
（图片来源：搜狐网）

服装企业要充分认识自身实力和新的产品系列的市场供应量和需求量。只有在市场需求量增加时，才能扩大产品组合宽度。另外，扩大产品组合宽度应注重产品创新，以科技做先导，新的产品应有较高的科技含量，带给消费者不一样的体验，这样才能使企业有更长远的发展。增加产品组合深度主要是为了发挥企业自身优势，抑制竞争者，增加销售额。但在现代社会分工越来越细的情况下，每一个企业都无法满足各种消费者全方位的需求。一般而言，扩大产品组合可以充分调动和利用企业现有资源，有助于分担风险，增加企业竞争力。

2. 缩小产品组合策略

缩小产品组合策略就是指缩小产品组合的宽度、深度，实行集中经营和专业化经营。通常情况下，是在服装企业经营不善、市场环境欠佳或者原材料紧张等特殊条件下，取消产品组合中一些较弱的产品线或产品项目，以集中力量经营几个有优势、竞争力强的产品，试图从生产经营较少的产品获得更多的利润，保证企业的生存和发展。这一策略只在一些特殊的情况下才会采用。

3. 改进现有产品策略

改进现有产品策略指企业不增加全新产品，而是在现有的产品组合中有选择地改进已有产品，以适应消费者不断变化的需求或者新开拓市场的要求。例如，创立于1994年的赢家服饰，是一家致力于"为盛年女性缔造美好生活"的知名时尚服饰公司。为满足中国盛年女性不同生活方式的多样化着装风格，在原有NAERSI（娜尔思）品牌（自信干练）基础上，通过引进合作和引进代理的方式进行产品组合改进。其中，包括"简约知性"的NEXY.CO（奈蔻）（图6-6）、"灵气洋溢"的NAERSI.LING（灵）（图6-7）等8个自主品牌，适合风格各异的盛年女性不同场合穿着，满足了不同层次人群的审美情趣和生活方式。

图6-6　NEXY.CO
（图片来源：赢家服饰官网）

图6-7　NAERSI.LING
（图片来源：赢家服饰官网）

4. 产品延伸策略

产品延伸策略是指突破服装企业原有经营规模的范围，将现有的产品线加长，改变全部或部分产品的市场定位，以形成新的产品市场定位格局。服装企业采用产品延伸策略时有以下几种方法：

（1）向下延伸，又称产品低档化。是指生产高档服装产品的企业在原有产品线内增加生产低档产品的项目。当出现以下情况时，服装企业可考虑采取向下延伸的策略：第一，由于高档产品的需求不断减少，销售增长速度下降，因此企业不得不将其产品组合向下扩展；第二，由于高档产品市场竞争逐渐激烈，企业受到严重威胁，可开发中、低档产品以进入新的市场，增加销售收入；第三，利用生产高档产品的良好声誉，吸引收入水平较低的顾客，目的在于扩大市场占有率；第四，中、低档产品的市场需求形势好，开发低档产品以弥补产品线的空缺，防止新竞争者的进入。

当然，服装企业采取向下延伸策略时，也会带来一些风险。比如，开始生产低档产品，可能会影响已树立起来的品牌形象，从而损害高档品牌形象，或者迫使竞争者转向高档品牌或进行新产品的开发，引发新的竞争。比如，于1950年诞生于法国巴黎的皮尔·卡丹（Pierre Cardin），是一个闻名全球的时尚品牌。凭借着大胆超前的设计理念，皮尔·卡丹不断开拓设计领域，在五光十色、群芳斗艳的巴黎很快打开了市场。作为国际知名品牌，其品牌在消费者心中本就是一种身份、地位的象征，但后来皮尔·卡丹品牌将产品逐渐延伸到日常生活用品，从家具到灯具，从钢笔到拖鞋（图6-8）。结果，皮尔·卡丹在大多数市场上丧失了高档品牌的形象，也丢掉了追求独特的品牌忠诚者。品牌无原则的延伸，不但不能发挥原有品牌所带来的优势，反而会在一定程度上造成对品牌的伤害。

（2）向上延伸。向上延伸又称品牌高档化，是指一直生产低档产品的企业，在原来的产品线中增加高档产品项目。其主要原因是：

①高档产品有需求且竞争较弱；

图6-8　皮尔·卡丹零售店铺
（图片来源：搜狐网）

②高档产品的利润率较高；

③企业想增加产品组合深度，使生产种类更加全面；

④企业的声誉很好，拥有生产高档产品的实力。

例如，创建于1976年的波司登，在国内市场上一直以中低端产品为主。因受到了海外高端羽绒服品牌的冲击，该品牌向上延伸，开始向高端化方向发展。2019年在上海发布了全新万元登峰系列产品（图6-9），七款高定羽绒服售价均在5800元以上。

图6-9　波司登登峰系列羽绒服
（图片来源：波司登官网）

（3）双向扩展。这是指一直生产中档产品的企业，在原有的产品线内，同时实施向上和向下延伸策略，生产高档和低档产品，更好地满足不同购买力的消费者的需求。如果扩展成功，企业能够得到更快的发展。但由于要面对两个战场，所以难度和风险都更大一些。

例如，创立于1975年的阿玛尼（Armani），是欧洲最顶尖也是全球最时尚的男装品牌之一，被誉为全球最好的西装品牌。其服装产品定位由高到低排列了十几个定位不同的副品牌，分别满足不同层次的消费者。同时，阿玛尼还从各种服饰及配套产品一直延伸到各种生活用品，直至进入食品、汽车及酒店行业，已经从一个单纯的时装品牌成功转型为一个完整的时尚奢侈生活方式品牌。图6-10为迪拜的阿玛尼酒店。

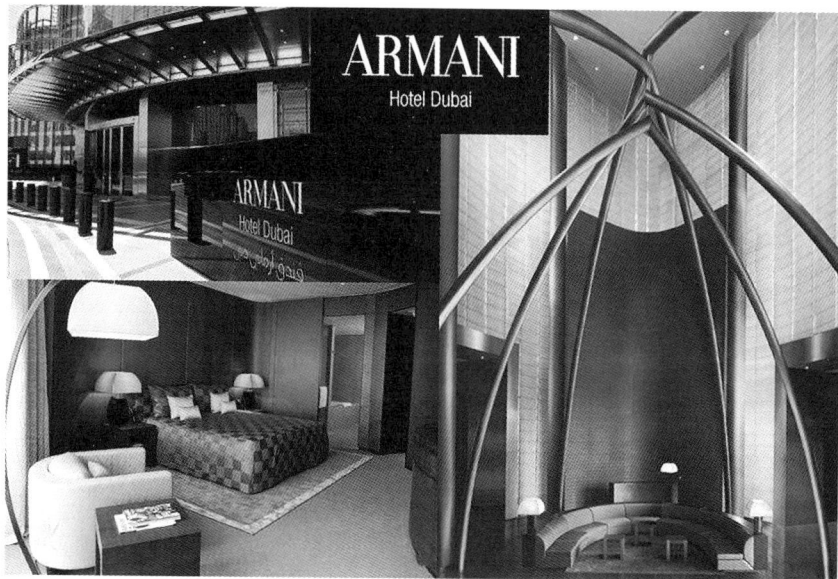

图6-10　迪拜阿玛尼酒店
（图片来源：搜狐网）

　　总体来讲，以上三种策略各有优点，也都存在一定风险。向上延伸比向下延伸的困难更大一些，这主要是基于服装企业要改变产品在消费者心目中的形象难度很大，而且生产高档产品的服装企业竞争力一般也比较强。企业若要向上延伸就需要有一套比较完备的营销策略。例如，做好企业形象的宣传报道，赢得消费者的信任，寻找和培训更好的中间商，提高竞争实力等。

第二节　服装产品的生命周期

　　任何服装产品投放到市场之后，都会随着时间的推移而逐步发生变化，存在一个产生、发展、衰退以致消亡的过程。随着这种周期性的变化过程，服装企业的营销策略也应做相应调整，以维持并延长服装产品在市场上的寿命。

一、服装产品的生命周期

　　服装产品的生命周期是指服装产品从投入市场到最终被市场淘汰的时间过程。需要注意的是，这里所指的是服装产品的市场寿命，而不是服装产品的使用寿命周期。服装产品的使用寿命是指服装从开始使用到磨损、废弃所经历的时间；而服装产品的生命周期表示的是一种新服装产品开发成功、投入市场后，从鲜为人知，到逐渐被消费者了解和接受，然后又被更新的产品所代替的过程。例如，时装的产品生命周期虽然很短，但它的使用寿命可以很长。

根据服装产品的销售量和利润额随时间的变化情况，可将产品生命周期划分为4个阶段，即投入期、成长期、成熟期和衰退期。从图6-11可以看出，服装产品的生命周期曲线呈S型。

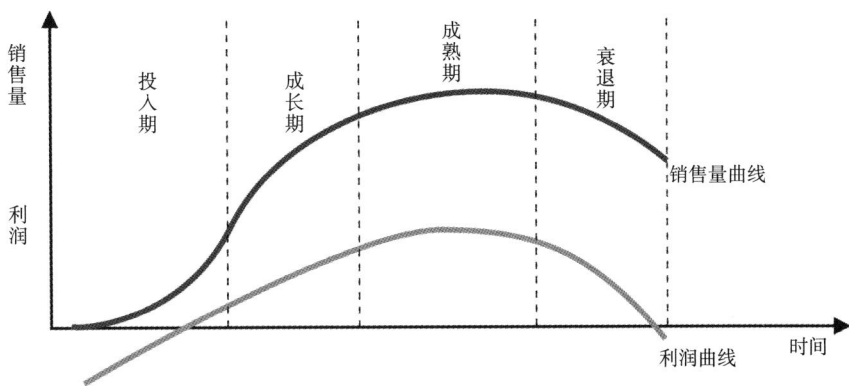

图6-11 服装产品生命周期曲线

但如果观察几个实际服装产品的销售额曲线图和销售增长率曲线图便可以发现，在实际的经济生活中，并非所有的产品生命周期曲线都呈S型。S型产品生命周期曲线是一种理想化的曲线。而且，产品生命周期的四个阶段只是一种典型化的描述。由于各个企业经营的产品不同，其产品的生命周期及其经历的时间长短也不尽相同。比如，时装的生命周期可能只有几周或几个月，而牛仔裤的生命周期可以长达几十年之久。另外，各种产品也不一定都能经历市场周期的四个阶段。比如，有的产品一进入市场就达到成长阶段。但一般来说，所有产品都要"衰老"，直到退出市场。

尽管不同产品的寿命周期不尽相同，但为了方便起见，我们仅讨论有代表性的S型产品寿命周期曲线。

二、服装产品生命周期各阶段的特点及策略

1. 投入期

投入期也称介绍期或诞生期，是指从服装产品开始投入市场到销售量逐渐增加的阶段。在这个阶段，产品由试制转为小批生产，开始进行市场试销。消费者一般为高收入者或年轻人，多是出于冲动或好奇心购买。一般表现出以下特点：

（1）消费者对该产品不了解，大部分顾客不愿放弃或改变自己以往的消费行为，销售量小，相应地增加了单位产品成本。

（2）尚未建立理想的营销渠道和高效率的分配模式。

（3）价格决策难以确立，高价可能限制了购买，低价可能难以收回成本。

（4）广告费用和其他营销费用开支较大。

（5）产品技术和性能还不够完善。

（6）利润较少，甚至出现经营亏损，企业承担的市场风险最大。

但这个阶段市场竞争者较少，企业若建立有效的营销系统，即可以将新产品快速推进市场发展阶段。此时，服装企业的主要任务是发展和建立市场对产品的需求，集中力量提高质量，完善性能，并通过广告等方式扩大宣传，积极占领市场，使产品迅速进入成长期。具体策略如下：

（1）快速获取策略。即以高价格和高促销推出新产品。实行高价格是为了在每一单位销售额中获取最大利润，高促销费用是为了引起目标市场的注意，加快市场渗透。成功地实施这一策略，可以赚取较高的利润，尽快收回新产品开发投资。实施该策略的市场条件是：市场上有较大的需求潜力；目标顾客具有求新心理，急于购买新产品，并愿意为此付出高价；企业面临潜在竞争者威胁，需要及早树立名牌。

（2）缓慢获取策略。即以高价格和低促销费用将新产品推入市场。高价格和低促销水平结合可以使企业获得更多利润。实施该策略的市场条件是：市场规模相对较小，竞争威胁不大；市场上大多数用户对该产品没有过多疑虑；适当的高价能为市场所接受。

（3）快速渗透策略。即以低价格和高促销费用推出新产品。目的在于先发制人，以最快速度打入市场，该策略可以给企业带来最快的市场渗透率和最高的市场占有率。实施这一策略的条件是：产品市场容量很大；潜在消费者对产品不了解，且对价格十分敏感；潜在竞争比较激烈；产品的单位制造成本可随生产规模和销售量的扩大而迅速下降。

（4）缓慢渗透策略。即企业以低价格和低促销费用推出新品。低价是为了促使市场迅速地接受新产品，低促销费用则可以实现更多的利润。企业坚信该市场需求价格弹性较高，而促销弹性较小。实施这一策略的基本条件是：市场容量较大；潜在顾客易于或已经了解此项新产品且对价格十分敏感；有相当的潜在竞争者准备加入竞争行列。

以上四种策略，服装企业可以根据自身情况，选择其中的一种，或者从整个生命周期过程中的总体战略思考，交替使用。

2. 成长期

成长期是指服装产品逐渐被了解，销售量迅速增加，企业进入大批量生产和销售阶段。由于销售量的增加，单位产品成本下降，产品利润率升高。竞争者被日益增长的市场所吸引，竞争产品也将相继投入市场，销售量的增长将减慢。这是决定性阶段，企业务必采取措施，促使产品高速成长并进入成熟期。此阶段的特点如下：

（1）消费者对新产品已经熟悉，销售量增长很快。

（2）大批竞争者加入，市场竞争加剧。

（3）产品已定型，技术工艺比较成熟。

（4）建立了比较理想的营销渠道。

（5）市场价格趋于下降。

（6）为了适应竞争和市场扩张的需要，企业的促销费用水平基本稳定或略有提高，但占销售额的比率下降。

（7）由于促销费用分摊到更多销量上，单位生产成本迅速下降，企业利润迅速上升。

根据成长期的特点，服装企业可以采用以下营销策略：

（1）根据用户需求和其他市场信息，不断提高产品质量，努力发展产品的新款式、新型号，增加产品的新用途，以对抗竞争对手的同类产品，巩固自己的竞争优势。

（2）加强促销环节，树立强有力的产品形象。促销策略的重心应从建立产品知名度转移到树立产品形象，主要目标是建立品牌偏好，争取新的顾客。同时，扩大销售网点，方便消费者购买。

（3）扩展企业的分销网络。重新评价渠道、选择决策、巩固原有渠道，增加新的销售渠道，开拓新的市场。

（4）调整产品售价。产品在适当的时候降价或推出折扣价格，既吸引更多的消费者，又阻止竞争对手的进入，以达到扩大销售，增强竞争力的目的。

企业采用上述部分或全部市场扩张策略，会增强产品的竞争能力，但也会相应地加大营销成本。因此，在成长阶段，面临着"高市场占有率"或"高利润率"的选择。一般来说，实施市场扩张策略会减少眼前利润，但加强了企业的市场地位和竞争力，有利于维持和扩大企业的市场占有率，从长期利润观点看，更有利于企业发展。

3. 成熟期

成熟期是产品的主要销售阶段，也是产品经历的最长阶段。此时，大多数消费者已经接受这种产品，市场基本达到饱和。成熟期的主要特点有：

（1）产品已被消费者所接受，消费者对产品的性质和用途非常了解。

（2）原有的消费者重复购买，新的消费者多为经济型和理智型消费者。

（3）销售量达到顶峰，市场趋于饱和，销售量增长缓慢，后期开始下降，总体基本趋于稳定。

（4）大量的同类型产品和仿制品进入市场，市场竞争十分激烈，甚至出现激烈的"价格战"。

（5）生产成本降到最低点，利润达到最高点，利润稳定或开始下降。

针对以上特点，企业应采取措施，增加推销费用，以争取最后的购买者，使产品保持尽可能长的成熟期，延缓进入衰退期。具体可采取以下策略：

（1）市场改良。市场改良策略也称市场多元化策略，即企业发现产品的新用途或改变推销方式等，以使产品销售量得以扩大。采取这种决策可从以下方面考虑：寻求新的细分市场，把产品引入尚未使用过这种产品的市场，重点是发现产品的新用途，应用于其他的领域，以使产品的成长期延长；寻求能够刺激消费者、增加产品率的方法；市场重新定位，寻求有潜在需求的新顾客。

（2）产品改良策略。也称为"产品再推出"，是指以产品自身的改变来满足顾客的不同需要，吸引有不同需求的顾客，从而促进产品的销售。具体包括：品质改良、特性改良、式样改良、附加产品改良等。

（3）营销组合改良。为了延长产品的成熟期，避免衰退期过早到来。产品、定价、促销、渠道四个营销组合不能一成不变，要随着服装企业的内部和外部环境的变化而做出相应的调整。通过提高产品质量和性能、降价让利、扩大分销渠道、提高促销水平、扩大附加利益等方式，扩大产品销售。

4. 衰退期

衰退期是指产品需求量迅速下降，产品逐渐老化并被市场淘汰的阶段。该阶段的主要特点表现为：

（1）产品销售量由缓慢下降变为迅速下降，消费者的兴趣已完全转移。

（2）价格已下降到最低水平。

（3）多数企业无利可图，被迫退出市场；生产经营者减少，竞争减弱。

（4）留在市场上的逐渐减少产品附带服务，削减促销预算等，以维持最低水平的经营。

在衰退阶段，产品销售量下降，企业生产过剩。此时的营销策略应是有计划的转移、撤出市场，把力量转移到创新和改进上，避免打得不偿失的消耗战，造成亏损。具体可采取以下策略：

（1）集中策略。即把资源集中使用在最有利的细分市场、最有效的销售渠道和最易销售的品种、款式上。也就是说，要缩短战线，以最有利的市场赢得尽可能多的利润。

（2）维持策略。即保持原有的细分市场和营销组合策略，把销售维持在一个低水平，待到适当时机，便停止经营，退出市场。

（3）榨取策略。即大大降低销售费用，如广告费用削减为零、大幅度精简推销人员等，虽然销售量有可能迅速下降，但是可以增加眼前利润。

如果企业决定停止经营衰退期的产品，应在立即停产还是逐步停产问题上慎重考虑，并应处理好善后事宜，使服装企业有秩序地转向新产品经营。

三、服装产品生命周期的延长

对于不同种类的服装，其生命周期的长短可能不同，但其变化还是有一定规律可循的。服装企业可以通过研究某一特定产品生命周期不同阶段的特点，采取一定的生产和经营策略，对其生命周期进行一定程度的控制，从而使产品生命周期的变化服从于服装企业的营销目标。

延长服装产品生命周期的主要措施有：

（1）开辟新的市场，即开发新的细分市场，寻求新的顾客群。如某种服装在城市销售开始衰退时，可以向农村或者边远山区发展，开辟新的销售市场，通过吸引更多新的消费者以达到延长产品生命周期的目的。

（2）通过增加新的花色品种，提高原有产品的系列化程度，吸引消费者购新换旧，延长产品的生命周期。

（3）改进营销组合策略，通过降低产品价格、扩大产品分销渠道、加强广告宣传、改善服务方式、完善售后服务等刺激消费者购买，延缓产品的生命周期。以快时尚品牌Zara为例，对于连锁店内超过2~3周还未销售出去的服装便会被送到所在国的其他连锁店或送回西班牙，加上其每年两次的大型折扣活动以及"阶梯式"的打折规律（图6-12），有效地延长了服装产品的生命周期。

初上市价格	一轮降价	二轮降价	最终价格	最终折扣
399元	329元	249元	179元	4折
399元	259元	159元	79元	2折
299元	249元	199元	99元	3折
159元	79元	69元	39元	2折
99元	79元	59元	39元	4折

图6-12　Zara阶梯式的价格折扣表

（图片来源：搜狐网）

第三节　服装品牌及其包装

一、服装品牌的内涵

在市场经济条件下，任何一种服装产品可能都有若干个企业在进行生产，但各个企业生产的同类产品在质量以及其他方面会存在差异。为了区别不同服装企业所生产的同类产品，以及展示不同服装企业产品的独特风格，就需要在产品上加上企业自己的品牌，供消费者识别，于是品牌便成为产品的重要组成部分。

1．服装品牌的有关概念

品牌是用以识别某个销售者或某群销售者的产品或服务，并使之与竞争对手的产品或服务区别开来的商业名称及其标志，通常由文字、标记、符号、图案和颜色等要素或这些要素的组合构成（图6-13）。就其实质而言，它代表着销售者（卖者）对交付给买者的产品特征、利益和服务的一贯性的承诺。品牌是一个集合概念，它包括品牌名称（Brand Name）、品牌标志（Brand Mark）和商标三部分。

图6-13　阿迪达斯标志
（图片来源：搜狐网）

（1）品牌名称。是指品牌中可以用语言称呼或表达的部分。如杉杉、雅戈尔、阿迪达斯、耐克等都是著名的品牌名称。

（2）品牌标志。是指品牌中可被识别但不能用语言直接称呼或表达的部分。通常由经过专门设计的符号、图形、颜色、文字等构成，并注重于产生视觉效果，如图6-14所示。

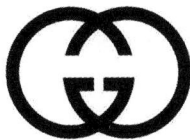

古驰标志
（图片来源：搜狐网）

普拉达标志
（图片来源：六图网）

范思哲标志
（图片来源：搜狐网）

纪梵希标志
（图片来源：网易新闻）

图6-14　品牌标志举例

（3）商标。商标是指企业按法定程序向商标注册机构提出申请，经商标注册机构审查后，予以批准，授予商标专用权、并受法律保护的品牌或品牌的一部分（图6-15）。商标具有独占性、时间性和地域性的特点。我国规定商标的使用期限为10年，到期后可继续申请使用，否则将失去专用权。同时，商标的使用还受到严格的地域限制。但对于国际上通用的为相关公众所熟知的享有较高声誉的驰名商标来说，其具有独特的专属独占性，即对驰名商标的保护不仅仅局限于相同或者类似商品或服务，就不相同或者不相类似的商品申请注册或者使用时，都将不予注册并禁止使用；专用权跨越国界，并且注册权超越优先申请原则。

花花公子商标
（图片来源：搜狐网）

鳄鱼商标
（图片来源：网易新闻）

雅戈尔商标
（图片来源：搜狐网）

图6-15　服装商标举例

品牌与商标虽然都是以识别不同生产经营者的不同种类、不同品质产品的商业名称及其标志。但商标是法律概念，被视为企业的无形资产，受到国际法律的保护。而品牌是市场概念，是产品和服务在市场上通行的牌子，它强调与产品及其相关的质量、服务等之间的关系，实质上是品牌使用者对顾客在产品特征、服务和利益等方面的承诺。

2. 服装品牌的作用

对服装企业来说，品牌的作用主要体现在以下方面：

（1）品牌能够将一种产品与另一种同类产品相区别。品牌的功能之一是表征同类产品之间所存在的差别。对于任何一家企业，品牌是其产品质量和企业信誉的保证书，是其产品区别于其他同类产品的重要标志，企业把某种产品的特点用特定的品牌来表征，使人们一看到这个牌子就想到这种产品的质量、价格、特色甚至售后服务的独特之处。

（2）品牌是信息不对称条件下，产品质量识别的重要媒介。面对市场上存在的成千上万种商品，消费者或购买者难以像生产者或供应者那样了解各种产品的质量（包括性能、服务等），他们识别产品质量最简单的方法之一就是认定某种品牌的产品。此时，产品品牌可以大大节约消费者或购买者的信息成本；对于搜寻产品，品牌利用使消费者或购买者减少搜寻成本；对于经验产品，品牌可以使消费者保持通过经验而获得的关于产品质量的信息，并利用这些信息进行商品选择；对于信任产品，品牌可以使消费者或购买者获得自己难以识别的产品质量信息。

一般来说，生产者或供应者与消费者或购买者关于产品质量所拥有的信息越不对称，后者对产品质量的了解越困难，成本越高，品牌的作用就越大；反之则较小。

（3）品牌可以满足消费者的某种特殊偏好。因为存在消费者的品牌偏好和品牌忠诚的心理和行为特征，所以产品竞争不仅仅只是价格竞争和质量的竞争，而且会发展为超越价格和质量的品牌竞争。此时，品牌在市场竞争中的作用并不仅仅表现在产品的识别功能上，虽然产品的质量性能和企业的市场信誉能够首先通过品牌传导给消费者，但是，品牌——尤其是名牌的功能，更多的是它的市场影响力，是它带给消费者的信心，以及它在给予消费者物质享受的同时，还要带给消费者一定的精神文化享受。名牌服装便具有这样的功能。名牌产品的这种特殊的功能构成了名牌所特有的竞争力。

（4）品牌具有使消费者"很快辨识"的作用。品牌和品牌名称经常作为产品属性和竞争地位的粗略写照。更重要的是，在超级市场上消费者不会为每一次的购买活动而犯愁。的确，他们赋予了它一个第二意向，因而不会花费更多的时间去区分所有的个性特征和物理外观，而是立即认出那个东西。即使不能将它作为独特的标志群，但作为一个名称，消费者也能识别品牌。

（5）品牌是占有和保持市场份额的重要手段之一。企业建立某种有较高声誉的品牌，是为了占有和保持更大的市场份额并获得尽可能多的盈利。当然，不同的产品、不同的市场定位策略，可能使产品的市场份额有较大的差别。名牌产品有的是高档产品、豪华产品，也有的是大众产品，是普通消费者所信赖的商品。但无论何种档次的产品，开拓市场、占领尽可能大的市场份额都是品牌竞争的一般目标。所以，在充分竞争的大宗产品市场上，产品竞争更倾向于发展为品牌竞争。

3. 服装品牌的设计原则

（1）构思新颖、独特醒目、便于识别。这主要基于品牌的功能之一——表征同类产品之间所存在的差别，特别是在目前品牌众多、竞争激烈的服装市场中，服装品牌的设计要充分体现个性鲜明、造型独特和时代感强的特点，以便能吸引消费者的注意力，使品牌在众多品牌中脱颖而出。

（2）简洁明了、一目了然、易于记忆。服装品牌的名称只有易读易记，才能高效地发挥它的识别功能和传播功能。这就要求服装品牌标志的设计要简洁明了、一目了然，易于与消费者进行信息交流，并在消费者心目中留下深刻印象。

（3）突出个性，表达企业和产品特色。服装品牌既要与产品实体相结合，又要能反映服装的基本用途或者带给消费者的利益，使消费者一接触产品的品牌，便能知道是什么产品、某种风格、具有什么特点、蕴含的文化内涵等。

（4）激发消费者的购买欲望。一个构思独特、造型新颖的品牌能启发消费者的联想，引起消费者的兴趣，从而激发消费者的购买欲望。

（5）适合国际市场。多年来，我国的纺织服装进出口总额一直位居世界前列，服装企业产品的营销范围已经突破国界而走向世界，因此，品牌的设计要符合不同的民族习惯、不同的宗教信仰、不同的文化、不同的消费习惯等，以免进入国际市场时，对于品牌的理解出现歧义。

二、服装品牌策略

服装品牌不仅是产品的名称和标志，而且是一种重要的营销手段。品牌策略是一个服装企业产品策略的重要组成部分。为了更好地发挥品牌的作用，必须采用正确科学的品牌策略。品牌策略包括品牌化决策、品牌归属决策、品牌统分决策、品牌延伸决策、多品牌决策和品牌重新定位决策等。

1. 品牌化决策

品牌化是关于品牌的第一个决策，即决定是否给服装企业生产的产品加上品牌名称。不言而喻，拥有自己的品牌，必然要付出相应的费用（包括包装费、法律保护费等），增加服装企业的运营总成本，同时也承担一定的市场风险（比如，某品牌不被消费者认可，造成一定的损失）。但品牌对使用者或营销者的益处更是不可低估的，这在前面已经论述到。

实践中，有的服装企业和营销者为了节约包装、广告等费用，降低产品的运营成本，或者为了降低服装企业经营产品的风险，依托国内外客户，依靠加工优势，也常采用无品牌策略。当然，随着企业品牌意识的加强，我国服装企业的品牌化程度正逐步提高，而且产生了一些国内有名的服装品牌。

2. 品牌归属决策

在确定了产品应该使用品牌后，下一步就是品牌归属决策。即服装产品使用谁的品牌。通常情况下有三种选择：一是制造商品牌，二是中间商品牌，三是混合品牌。

制造商品牌又称为生产者品牌，是指运用自己的品牌，自行生产和加工服装产品。但这要求生产企业具备一定的实力、较高的信誉和市场占有率。一般来说，生产商都拥有自己的品牌，他们在生产经营过程中逐步确立自己的品牌，有的还被培养成为名牌。

中间商品牌也称经销商品牌或销售商标，是指制造商在自身实力较弱、市场营销经验不足、信誉不高或将要进入一个不熟悉的市场的情况下，把产品售给中间商，由中间商使用自己的品牌将产品转卖出去。这种情况下，服装企业可以降低成本和经营风险，并利用中间商的市场信誉和庞大的分销体系扩大产品销售。

混合品牌是指服装企业在产品的销售过程中，或者同时使用制造商品牌与中间商品牌，或者部分产品使用制造商品牌，部分使用中间商品牌，或者先采用中间商品牌，待产品受到欢迎取得一定的市场占有率后，再改用制造商的品牌。这样，既谋求借助中间商扩大产品销路，又努力保持企业品牌特色。

3. 品牌统分策略

无论服装品牌归属是制造商还是中间商，或者两者共有，服装企业都依然面临着如何对产品进行命名的问题，即对各种产品是分别使用不同的品牌还是全部使用同一个品牌做出决定。一般来说，品牌统分策略有以下3种选择：

（1）统一品牌名称。即企业所有的产品（包括不同种类的产品）都统一使用一个品牌。例如，耐克在体育用品、服装、鞋帽、箱包都采用相同的品牌名称；香奈儿在服装、首饰、香水、箱包、化妆品等都采用统一品牌名称。采用统一品牌策略，能够降低新产品宣传费用；可在品牌已赢得良好市场信誉的情况下顺利推出新产品；同时有助于显示企业实力，塑造企业形象。不过，当某种产品因某种原因（如质量）出现问题，就可能因其他种类产品受牵连而影响全部产品和整个企业的信誉。

（2）个别品牌名称。是指一种产品使用一种品牌，或同类不同质量标准的产品使用多种品牌。这种品牌策略可以保证企业的整体信誉不至于受某种商品声誉的影响；便于消费者识别不同质量、档次的商品；同时也有利于企业的新产品向多个目标市场渗透。当然，这种情况下需要较高的促销费用。

（3）分类品牌名称。即企业不同类别的产品或不同目标市场的产品使用不同的品牌。通过分类产品策略，可使企业在不同的细分市场上更好地满足消费者的需求。例如：Hugo Boss公司分别使用Boss，Hugo，BALDESSARINI三个品牌满足不同消费者的需求。这实际上是对前两种做法的一种折中。

4. 品牌延伸策略

品牌延伸是品牌策略的重要内容。即服装企业把现有成功的品牌用于新产品或改进型产品，凭借现有成功品牌的知名度推广新产品的过程。品牌延伸的目的是实现品牌整合支持体系，从消费者的品牌联想到制造商的品牌技术、服务支持形成一个整合的链条。品牌延伸的作用是可以产生品牌伞效率，降低新产品的广告宣传成本，使新产品迅速进入市场。

比如，一提起阿迪达斯这个牌子，人们就会想起它代表的是一种经典的运动系列产品乃至某种运动精神。而它的延伸产品如香水和男士剃须系列用品，则是阿迪达斯品牌核心价值延伸的实现。又如，创立于1968年的Calvin Klein（简称CK），是一个全球时尚生活方式品牌，以性感和极简为审美理念，CK Calvin Klein（高级成衣）为其核心品牌，Calvin Klein Jeans（休闲牛仔）、Calvin Klein Underwear（内衣）、Calvin Klein Performance（时尚运动）则是其延伸的服装系列品牌（图6-16）。另外，CK还经营香水、腕表珠宝、眼镜、睡衣、泳衣、袜子、鞋子、家饰用品等第三方产品。

（a）CK Calvin Klein （b）Calvin Klein Jeans （c）Calvin Klein Underwear （d）Calvin Klein Performance

图6-16 Calvin Klein品牌
（图片来源：CK品牌官网）

品牌延伸有两个基本途径：一是运用在一个生产领域建立起来的品牌进入另一个生产领域。例如，一直以生产运动服装为主的李宁牌开发出同名称的运动器材；二是利用已有品牌发展出相关品牌，与原品牌形成多层次的品牌结构，如成熟女装风格的唐纳·卡兰（Donna Karan）推出年轻系列的DKNY。

5. 多品牌策略

多品牌策略是指企业在同一种产品上设立多个品牌，即对同类产品使用两个或两个以上互相竞争的品牌。这种策略由宝洁公司（P&G）首创并获得了成功。运用多品牌策略可以在产品销售过程中占有更大的货架空间，进而压缩或挤占了竞争者产品的货架面积，为获得较高的市场占有率奠定了基础。而且还应看到，多种不同的品牌代表了不同的产品特色，多品牌可吸引多种不同需求的顾客，提高市场占有率。

但需要注意的是，在推出多种品牌时，企业往往会因为资源过于分散而难以取得理想效果，在收益不佳的情况下，企业需要放弃较弱的品牌，同时，也要避免自己的品牌过度竞争。

比如，山东舒朗服装服饰股份有限公司，是集产品设计开发、生产、销售为一体的中国知名女装企业。舒朗秉持"阳光女性，舒朗人生"的文化理念，致力于中国民族自主品牌建设，陆续推出了舒朗、美之藤、高歌（GOGIRL）、珂蕾朵姆、醉酷、GOGIRL KIDS等时尚品牌（图6-17），将服装的设计理念与最新潮流接轨，积极传播阳光舒朗的企业文化和品牌文化。

图6-17　舒朗品牌（从左至右依次为舒朗、美之藤、GOGIRL、珂蕾朵姆、醉酷、GOGIRL KIDS）

（图片来源：舒朗品牌官网）

6. 品牌重新定位策略

品牌重新定位策略也称再定位策略，就是指全部或部分调整或改变品牌原有市场定位做法。这是因为随着时间的推移和市场情况的变化，竞争对手的加入或者消费者兴趣的转移都会使得企业市场份额的减少，市场占有率下降，此时就需要对品牌进行重新定位。例如，随着20世纪90年代社会文化的变迁，女性化时装卷土重来，许多著名品牌都面临着品牌再定位的问题。原先女性在事业上向男性挑战的象征的伊夫·圣洛朗，以裤装和男式夹克表现"女强人"，当时也在面料选择上做了改革，在衣裙上印满了鲜艳的玫瑰图案。

但是，当需要对品牌重新定位时，必须慎之又慎。因为这可能惹怒坚定的品牌忠诚者，也可能使品牌定位模糊，缺少服装品牌应有的个性，进而使品牌衰退。所以，在做出重新定位的选择时，必须深入调研，综合权衡。通常要考虑两方面因素，一是再定位成本，即企业品牌从一个市场转入另一个市场所需要的费用。二是品牌重新定位后可能获得的收益。收益的大小通常取决于消费者的数量、平均购买率的大小、竞争对手的数量以及产品定价的高低。

三、服装产品的包装及其作用

包装作为服装产品策略中的一个重要部分，具有美化商品、提高产品附加值和产品形象、促进并扩大销售、增加利润的作用。正所谓"一个没有牌子和没有包装的商品，只能算半成品"，这句话强调了包装的作用。从价值角度讲，包装精美有利于价值的提高，能为企业和经销者带来更大的利益。

服装产品的包装是指在服装产品的运输、装卸、储存、陈列以及销售过程中，用来保护产品的特定容器或包裹物的总称。一般来说，服装商品包装包括商标或品牌、形状、颜色、图案和材料等要素。此外，在产品包装上还有标签和吊牌。实际操作中，标签和吊牌的种类很多，主要有品牌标签、产地标签、尺码标签、洗涤标签和成分标签等。

按照包装的作用不同，可将包装分为运输包装和销售包装两类。运输包装主要用于保护服装产品品质安全和数量的完整；销售包装主要表现在美化和宣传产品，便于陈列展销，吸引顾客，方便消费者认识、选购、携带和使用。

包装作为服装产品的组成部分，已经成为一种重要的营销手段，在方便消费者的同时又为企业创造价值。包装的作用主要体现在以下方面：

1. 保护产品

保护作用是包装的最基本但也是最重要的作用，保护服装产品在整个流通过程中不会损失、失散或者污染等。比如，服装的防潮、防尘、防污染的包装。

2. 方便存储并提高作业效率

服装商品包装的形式与大小对服装的储存、运输、配送、装卸、搬运等有直接的影响。通过包装，可以大大提高仓库的利用率和运输工具的工作效率。

3. 为消费者提供便利和质量保证

通过包装上的图文说明，可以引导消费者正确地消费和使用产品。同时，产品包装也是消费者甄别质量的一个重要方面。比如，包装上的纯羊毛标志、环境标志、绿色标志等认证标志有助于消费者进行合理的商品选择。

4. 促进销售

所谓"包装是无声的推销员"说明了商品给消费者的第一印象，往往来源于产品的包装而不是产品的内在质量。精美的包装能够体现特定商品的档次以及文化品位，给人以愉悦的享受，从而吸引更多的消费者。

5. 增加赢利

由于科学合理的包装往往能够满足消费者的特殊需求，所以消费者很乐意花高价购买，因而它能够抬高服装产品的售价。同时，由于运输包装对物流环节的贡献，也使得服装企业能够获取较多的利润。

四、服装产品的包装策略

1. 类似包装策略

类似包装策略是指服装企业生产经营的所有产品，在包装外形上都采取相同或相近的图案、色彩等共同的特征，使消费者通过类似的包装联想起这些商品是同一企业的产品，具有同样的质量水平。例如，LVMH集团旗下高端护肤品牌馥蕾诗（Fresh）的包装风格十分简洁和醒目，均以天蓝色为主，标有品牌名称和标识（图6-18）。

图6-18 馥蕾诗（Fresh）的产品包装
（图片来源：馥蕾诗官网）

2. 等级式包装策略

根据消费者的经济收入、消费习惯、文化程度、审美眼光、年龄等的不同，对服饰产品的包装进行不同的设计。企业将同一商品针对不同层次的消费者的需求特点制定不同等级的包装策略，以此来满足不同层次的消费群体。如图6-19所示，Air Jordan品牌的不同包装策略。

3. 配套包装策略

服装企业根据消费者的消费习惯，将一些有关联的产品配套包装在一起成套供应，便于消费者购买、使用和携带，同时还可扩大产品的销售。经常采用这种配套包装形式的有领带、内衣裤的组合包装等。比如，当购买领带时，会有领带、皮带和钱夹联合包装的形式，或者将不同色彩、不同款式的领带组成礼盒形式，其精致大方，且定价低于三者之和（图6-20）。

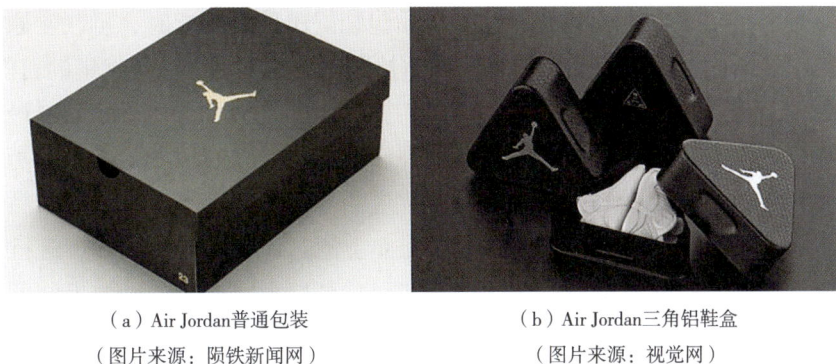

（a）Air Jordan普通包装 （b）Air Jordan三角铝鞋盒

（图片来源：陨铁新闻网） （图片来源：视觉网）

图6-19　Air Jordan的等级式包装

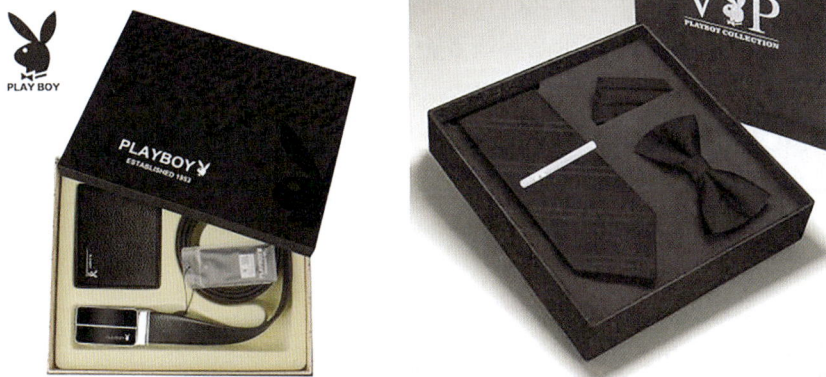

图6-20　产品的配套包装

（图片来源：淘宝网）

4. 复用包装策略

复用包装策略也称多用途包装，即在产品使用后，包装物还有其他用途。比如，很多服装的包装袋可以作为手提袋等。这种包装策略可使消费者感到一物多用而引起购买欲望，同时包装物的重复使用也会起到一定的广告宣传作用。如图6-21所示，被重复使用的蒂凡尼首饰包装。

5. 附赠品包装策略

附赠品包装策略指在服装商品包装内附有购物券、奖券、小玩具或者其他相关的小礼物。比如，有些制鞋企业在鞋盒中放置鞋拔子、鞋油或者一次性擦鞋器等；还有些内衣企业在内衣的包装袋内赠送内衣洗涤袋等；或包装本身可以换取礼品，吸引消费者，促使消费者重复购买。

6. 更新包装策略

更新包装就是改变原来的包装，是指服装产品的包装随着市场需求的变化而变化。当某种品牌的服装

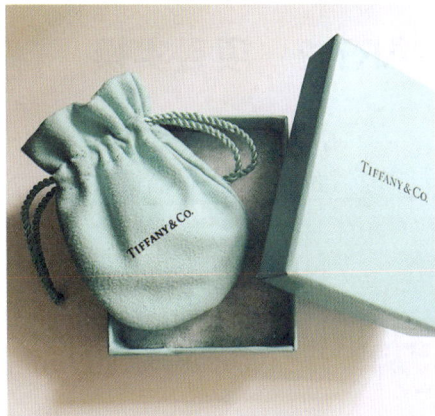

图6-21　蒂凡尼首饰包装设计

（图片来源：小红书）

销路不畅、消费者的需求发生变化或社会对产品包装提出更高要求时，可改变原有的产品包装，换用新的包装，使消费者产生新鲜感，以弥补原包装的不足，达到促销的目的。

对于服装消费者来说，产品的包装和质量一样，同样是消费者对服装品牌最具有说服力的认知。然而，各种各样的服装产品包装对资源、能源的消耗和引发的生态平衡被破坏引起了全世界的关注，这就要求品牌服装企业，不仅应当生产、经营好自有品牌的品质和声誉，更应承担起绿色化的责任。低碳化的产品包装是企业通过服装包装对消费者进行的品牌及社会承诺，更有利于提升企业及品牌形象，进一步建立消费者对服装品牌的忠诚度。从国际大环境来看，低碳环保的服装包装能更快地为企业做好投入国际市场竞争的准备，从而引导消费者注重低碳消费理念和低碳环保意识。因此，从某种意义上来讲，发展服装产品低碳包装产业并推行"低碳包装"刻不容缓。

"低碳包装"是指以减少二氧化碳气体排放为目标，以低能耗、低排放、低污染为基础的新型包装模式。目前，已有不少品牌或者企业开始关注并实施低碳包装策略。比如，优衣库、Zara、H&M等，如图6-22所示。

图6-22 优衣库环保包装袋
（图片来源：优衣库官网）

PART 2 项目实操

一、项目目标
学习并掌握服装产品策略的方法及应用，理解针对不同品牌、不同时期的服装产品策略。

二、项目任务
参观三个不同的设计师品牌，最好是独立的商店。注意从产品、价格、包装以及售后服务等方面，对比三个品牌产品不同层次的特征及其特色。完成以上三个品牌的对比分析报告。

三、项目要求
1. 选择合适的品牌

2. 分组完成，3人/组

3. 调研过程记录

4. 以演示文稿的形式呈现

四、开展时间及形式

课后实践环节，以二手资料收集、现场参观、访谈和问卷调研为主要形式。

五、项目汇报

以演示文稿的形式在规定时间内进行汇报，主要留存过程记录。

PART 3　项目指导

一、项目准备工作

1. 确定分组

班级内的同学自由组合，3人/组。

2. 品牌筛选

通过资料的收集或实地的走访调研，初步了解目前市场上的设计师品牌。在此基础上，选择三个不同设计师品牌作为自己的调研目标，可以是相同层次，也可以是不同层次或者是在某一方面比较有特色的品牌。

3. 制订调研方案

在以上调研工作的准备及调研要求的基础上，制作详细的调研计划，包括调研方式、调研时间、调研内容等。

二、项目实施指导

1. 调研注意事项

（1）调研之前，提前搜集品牌信息，准备调研问题，制作调研信息表。

（2）确定品牌后，提前与服装公司或者店铺管理人员沟通，取得对方允许和同意后方可进行调研。

（3）实地走访时，尽量选择在客流量较少的时间段进行调研。调研过程中注意观察以下内容：

①该品牌是什么时间创立的？是否具有意义深刻的传统和渊源？

②该品牌旗下是否拥有系列品牌？各个品牌的定位及其产品组合怎样？是否具有独特性？

③该品牌产品的包装如何？

④顾客对该品牌评价如何？

（4）调研过程中，在征得店铺管理人员同意的基础上尽可能拍摄部分品牌产品照片，确保图片清晰完整。

（5）实体店铺调研之后，若部分信息不完整，可以借助社交媒体和论坛收集和完善信息。

2. 调研资料的整理

注意调研信息与二手资料的整合。

3. 演示文稿的制作和汇报

（1）时间要求。演示文稿的汇报要在规定时间内完成。

（2）演示文稿的制作要求简明详尽、图文并茂。

PART 4 案例学习

服装品牌的灵魂塑造

一、"无用"品牌的文化及其发展

无用（Wu Yong）是中国本土设计师马可（图6-23）于2006年创立的艺术性服装品牌。2007年2月25日，无用首次亮相巴黎时装周时便大获好评，其新锐的触觉引起了国际时装界与艺术界的广泛关注。无用从一个全新的角度体现了高级时装，可以说是一个改革性的品牌。无用的出现，是集服装文化、艺术于一体的整体性丰富表达。

"无用"品牌几乎所有的衣物都采取了超码、做旧处理（图6-24）。设计师马可在一次采访中说道："无用的创作，对于我意味着从现在开始，我将只听从心灵的声音……我所做的是现代艺术，每件都是孤本，至于美与不美并不重要……就像在旅行中，我其实从来不会带着某种刻意的目的去寻找什么东西，只是任凭欲望去感知。我从不提前预想什么事情，我只是向人们敞开自己的心灵。这不仅是创作，也是我的一种生存方式。"

2014年，"无用"进入品牌发展的关键时期，无用公司的使命是：创建有能力向世界输出中国文化思想和价值观的中国原创品牌！如今，"无用"品牌已成为现今炙手可热的中国原创品牌。

图6-23 无用设计师马克
（图片来源：时尚品牌网）

图6-24 无用品牌服装
（图片来源：时尚服装网）

二、楚河听香品牌故事

"楚河听香"是设计师楚艳（图6-25）于2011年创立的高级定制时装品牌。"楚河听香"品牌创立至今一直不断发掘中国的传统文化和审美意趣，从每件作品的精雕细琢间渗透文化与艺术内涵。

楚河听香自创立伊始一直试图构建具有创新精神的当代东方生活美学生态。在品牌成立元年，楚河听香就以惊艳的设计出现在了中国国际时装周上，当年发布主题为"听香"，其灵感来源于三百多年前的中国著名艺术大师"八大山人"的作品，完美地表现了"越简越远，越淡越真"的传统中国书画技艺。紧接着，在中国国际时装周上一次发布了"天物""如蓝""觉色"等时装主题。2018年10月，品牌对宏阔深远的盛唐时期服饰文化展开探索，发布了主题"观唐"。该主题系列对西安博物院馆藏唐代陶女俑、敦煌壁画唐代女供养人、新疆维吾尔自治区博物馆馆藏唐代着衣木女俑服装进行了复原级的艺术再现，如图6-26所示。

图6-25 设计师楚艳
（图片来源：楚河听香官网）

在当代国际化视野瞻瞩下，楚河听香将诗经风雅的悠远意境、丝路敦煌的灵光融汇，以及大唐盛世的气象风韵完美地进行了视觉化演绎，表现了中国美学的新风范和中国文化的新力量。楚艳塑造出的民族品牌楚河听香成为时代的骄傲。

图6-26 观唐系列服装
（图片来源：楚河听香官网）

PART 5 知识拓展

服装新产品的开发及技术支持

一、开发服装新产品的要求

服装企业在开发新产品时，首先要适应消费需求变化，逐步提高产品的附加值；其次，要增加服装产品的科技含量、功能化和智能化水平，将新技术、新工艺等应用于服装产品的开发当中；再次，服装产品开发要特色鲜明。无论从产品性能还是外观都力求带给消费者明显的感受和利益。例如，创立于1889年的美国百年工装品牌Lee一直致力于追求功能设计，使得品牌服饰不断创新。2015年春夏Lee又推出首个精玉透凉系列；2015年秋冬，Lee又推出全新暖岩恒温牛仔系列，如图6-27所示，以天然火山石矿物分子为启发，在丹宁布编制过程中加入保温分子，从而达到减缓温度流失、保持持续恒温的目的。正是由于品牌的不断探索与创新，使其保持旺盛的生命力；最后，要考虑生态保护。服装产品的开发要立足于社会的长远利益，在满足消费者需求的同时，节省资源，保护环境，维护生态平衡。

图6-27　恒温牛仔系列
（图片来源：搜狐网）

现阶段，已有许多服装品牌立足于生态环保的角度开发新产品，如H&M除了众所周知的"旧衣回收计划"，在服装原材料上采用"更好的棉花"。这种棉花是按照指定规则的方案来生产的，在其生长过程中，杜绝使用高毒杀虫剂，并严格控制水资源。同时在其各系列产品中停止使用有毒的单氟以及多氟化合物（使衣服防水的化学物）；Zara品牌也采取了相应的措施，除了针对商店的环保管理，在其产品线上，成立了Join Life环保产品线（图6-28），面料以再生羊毛、有机棉、天丝棉为主，款式以简单、实用性为主。针对产品包装，Zara纸箱采用100%可回收的纸板。56%的网上订单，都使用回收利用的再生纸箱。还有，意大利女装时尚潮牌REFORMATION，其服装面料全部采用可再生环保材料。65%的服装都由可持续性材料制成，另有35%使用纺织品公司的过期材料进行环保再生，可循环利用。衣架和包装都是使用100%回收材料制成。

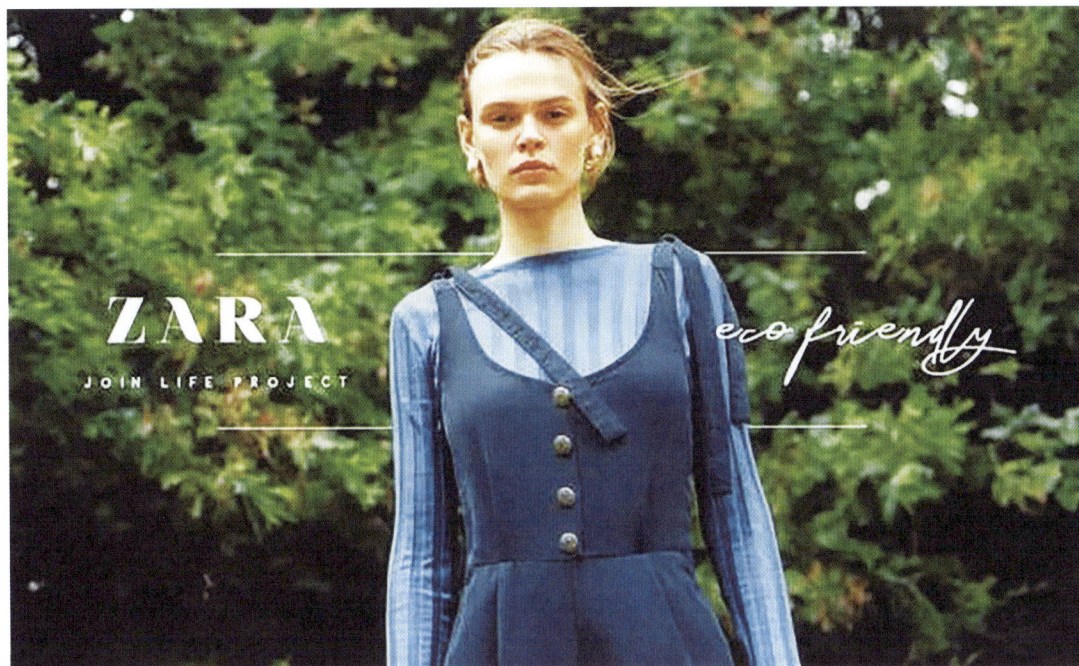

图6-28　ZARA的Join Life图片

（图片来源：网易新闻）

二、服装新产品的开发步骤

新产品开发的成功与否，会关系到一个服装企业未来的发展，它既复杂又具风险性。结合新产品开发的复杂性和风险性，在实施服装新产品开发工作时，通常会经过以下8个步骤，如图6-29所示。

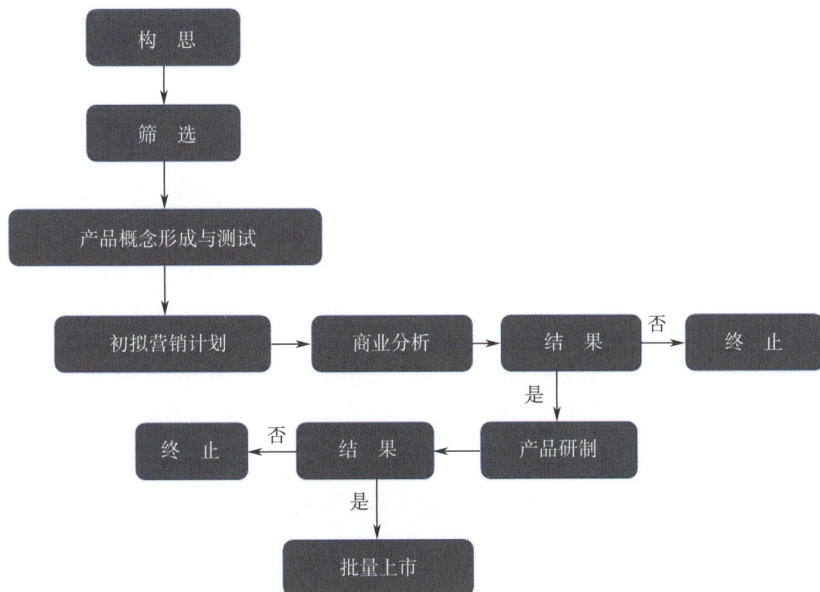

图6-29　服装新产品的开发程序

1. 新产品的构思

构思是新产品开发过程的开始。一个好的构思是新产品开发成功的前提，但并不是任何一个构思最终都会变成产品。构思不能凭空产生，要立足于市场。服装企业要及时听取消费者对新产品的意见和要求，分析竞争对手产品的特征和销售情况，组织有关方面的专家学者参加座谈会，倾听他们在产品开发方面的见解和想法，多与中间商进行沟通交流。

2. 构思的筛选

筛选的主要目的是选出那些符合本企业发展目标和长远利益，并与企业资源相协调的产品构思，摒弃那些可行性小或获利较少的产品构思。构思筛选过程中应考虑以下问题：市场对该产品的需求量如何，企业有无可能从中获利？企业的技术能力、资金能力、销售能力等内部条件能否满足？产品是否符合企业的营销目标，其获利水平及新产品对企业原有销售有无影响？

3. 新产品概念的形成和测试

新产品构思经筛选后，需进一步发展为更具体、明确的产品概念。产品构思是服装企业从自身角度考虑的能够向市场提供可能生产的产品设想。而产品概念则是指企业从消费者的角度，对已经成型的产品构思，用文字、图形、模型或实物等予以清晰的阐述和展示，使之在顾客心目中形成一种清晰实在的产品形象。

4. 初拟营销计划

企业选择了最佳的产品概念之后，必须制订把这种产品引入市场的初步市场营销计划，并在未来的发展阶段中不断完善。初拟计划包括三个部分：

（1）描述目标市场的规模、结构、消费者的购买行为、产品的市场定位以及短期（如3个月）的销售量、市场占有率、利润率预期等。

（2）概述产品预期价格、分配渠道及第一年的营销预算。

（3）分别阐述较长期（如3至5年）的销售额和投资收益率，以及不同时期的市场营销组合等。

5. 商业分析

商业分析主要是在拟定的营销计划基础上对新产品概念进行财务方面的分析，判断其是否满足服装企业开发新产品的目标。主要包括两个具体步骤：预测销售额和推算成本利润；预测新产品销售额可参照市场上类似产品的销售发展历史，并考虑各种竞争因素，分析新产品的市场地位、市场占有率等。

6. 新产品研制

新产品研制主要是将通过商业分析后的新产品概念交送研究开发部门或技术工艺部门试制成为产品模型、样品，同时进行包装的研制和品牌的设计。这是新产品开发的一个重要步骤，只有通过产品试制，投入资金、设备和劳力，才能使产品概念实体化，发现不足与问题，改进设计，才能证明这种产品概念在技术、商业上的可行性如何。应当强调，新产品研制必须使模型或样品具有产品概念所规定的所有特征。

7. 新产品市场试销

企业可选取有代表性的小范围进行新产品的试销。这是对新产品正式销售前的最后一个测试，检验新产品是否能够受到消费者的喜爱。对该产品的市场的反应做出分析，确定新产品是否能够正式投放市场。新产品试销要考虑以下问题，如试销的地区范围、试销时间、试销中所要取得的资料、试销所需的费用开支、试销的营销策略及试销成功后应进一步采取的战略行动。

8. 新产品正式投放市场

新产品试销成功后，即可大批量生产，并全面投放市场。此时，企业应对何时推出新产品、何地推出新产品，如何推出新产品三方面内容进行决策。何时推出新产品即上市时机有三种选择，抢先进入、同时进入或延后进入。何地推出新产品即上市地点可率先选择主要地区市场，待成功后，可逐步扩大到其他地区市场。

三、服装新产品研发的技术支持

1. CLO3D

虚拟现实技术在国内很多领域中都有着非常广泛的应用。服装设计行业也不例外，虚拟服装设计是一种新型的设计理念和设计模式，以CLO3D软件为例，虚拟服装设计作业需要经过创建人体模型、设计款式造型、设计图案配色、测试舒适度等一系列环节（图6-30），在完成虚拟服装设计作品之后还可以通过多视角展示或者动态展示（图6-31）的方式完成设计作品的效果展示。基于CLO3D软件所进行的虚拟服装设计已成为未来几年服装设计领域的发展趋势。

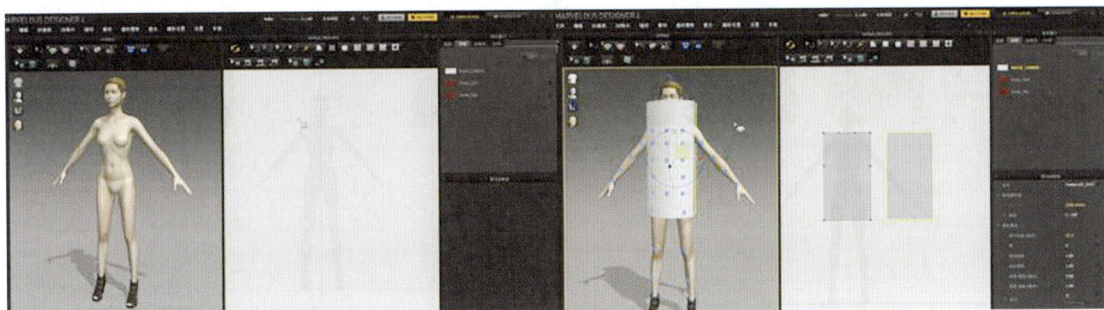

（a）人体模型　　　　　　　　　　　　（b）服装绘制过程

图6-30　CLO3D绘制过程

2. 服装虚拟试衣

虚拟试衣的发展为服装行业开辟出一种新的思路，对于服装营销模式和顾客消费心理的改变起着重要作用。在线上，虚拟试衣可以作为消费者购买服装的决策依据，使消费者获得较为真实的试衣感受；在线下，试衣软件依赖于人脸识别技术、图像识别技术等进行识别和拟合，使消费者感受到服装的实际穿着效果，帮助消费者做出购买决策，提高购物满意度并减少购买时间成本（图6-32）。

目前，虚拟试衣系统有采用动画模式模拟虚拟试衣、贴图模式、拍照模式三种（图6-33）。但至今尚没有成熟的、体验感强的商业产品大规模落地。2014年，优衣库虚拟试衣间（图6-34）出现，采用4D技术，用户可以根据身体的数据自行调节，让虚拟形象更加

图6-31 虚拟服装展示

图6-32 AR试衣镜
（图片来源：搜狐网）

（a）动画模式　　　　　　　　　（b）贴图模式　　　　　　　　　（c）拍照模式

图6-33 虚拟试衣
[图片来源：（a）搜狐网；（b）搜狐网；（c）视觉中国]

图6-34 优衣库虚拟试衣间
（图片来源：优衣库虚拟试衣app首页截图）

贴合现实身材。2015年，淘宝上线虚拟试衣功能，将用户想要购买的衣服制成360°可旋转的3D模型，充分向用户展示衣物的细节。2018年，亚马逊获得了一项虚拟试衣的专利，通过显示屏、投影仪、摄像头和镜子，将用户的真实形象与虚拟形象结合，用户可以根据试衣结果决定是否购买。就当前已有的虚拟试衣设备成品而言，试穿效果并不逼真，既不能真实地建造贴近用户的虚拟形象，也没能真实地展现衣物的物理材质和特性。

尽管当前的虚拟试衣应用和设备还不够完善，但依然吸引了许多用户和入局者。随着技术的发展和行业的成熟，虚拟试衣必然会成为一种趋势。

第七章　利益博弈：服装价格策略

价格是市场营销组合中十分敏感而又难以控制的因素，也是唯一能产生收入的因素，它直接关系着市场对产品的接受程度，影响着市场需求和企业利润的多少，涉及生产者、经营者、消费者等各方面的利益。服装价格是服装价值的货币体现，而服装价值具有多重价值取向，包括有形价值和无形价值，如艺术价值、名誉价值、时效价值、品牌价值等。因此，与其他一些商品相比，服装产品的定价策略更加灵活且复杂。

问题导入

生活中是否发现同款服装在线下实体店和线上网店销售价格间的差异？你看见过哪些品牌存在这样的现象？为什么？

PART 1　理论、方法及策略基础

第一节　服装价格体系及定价程序

一、服装价格构成及体系

1. 服装价格构成

服装价格的构成是指服装价格的各个要素及其在价格中的组成情况。从市场营销的角度来看，服装价格由生产成本、流通费用、税金和企业利润四个基本要素构成。

（1）服装生产成本。生产成本是指企业在生产服装时所耗费的物质资料和劳动报酬的总和。生产成本是影响服装价格的基本因素，在不包括供求、竞争、品牌等因素的前提下通常占到服装价格的70%左右，在服装价格的制订中起着主导作用。服装生产成本一般包括服装直接材料、工资及支出以及服装加工制造费用。其中，直接材料费用包括面辅料、里料、拉链、缝纫线、服装设备配件、外购半成品、包装物、低值易耗品、燃料、动力以及厂房折旧等；工资及支出包括管理者和员工的工资、津贴、各种补贴以及福利费用等；加工制造费用包括服装制作过程中所消耗的各种有形和无形的费用。

（2）流通费用。流通费用与生产成本共同构成生产企业的全部成本。所谓流通费用是指服装产品从生产领域进入消费领域所产生的劳动消耗和货币支出。流通费用一般包括产品

的运输费用、保管费用、商品的损耗、促销费用和店铺租金。流通费用发生在流通领域的各个环节，并和产品的运动时间、运动空间相关联，所以流通费用是制订服装商品差价的基础。

（3）税金。税金是生产经营者为社会创造价值的货币表现，是价格的构成因素，具有强制性、无偿性和稳定性的特点。税率的高低直接影响服装产品的价格。

（4）利润。利润是指生产经营者所得的盈利，是价格构成中最活跃的部分。它是服装企业维持简单的再生产和扩大再生产的重要资金来源，也是服装价格的构成因素。

综上所述，从市场营销的角度来看，服装价格的具体构成为：价格=生产成本+流通费用+税金+利润（图7-1）。

图7-1　商品价格构成

2. 差价体系

服装产品由于其品牌、质量、等级、规格、季节、销售方式等而产生了不同的价格差异，构成了服装产品的差价体系。主要包括以下方面：

（1）质量差价：指同种产品在同一时间、同一地区，因质量不同而形成的价格差额。包括品质差价、品种差价、等价差价、包装差价以及规格差价等。

（2）地区差价：指同种产品在同一时间、不同地区而产生的价格差额。

（3）季节差价：指同种产品在同地区、不同时间而产生的价格差额。

（4）批零差价：指同种产品在同一时间、同一地区的零售价与批发价之间的差额。

（5）购销差价：指同种产品在同一时间、同一地区的销售价与购进价的差额。

二、影响服装产品定价的主要因素

影响服装产品定价的因素很多，主要包括服装企业的定价目标、产品成本、市场需求状况、市场竞争状况、目标人群的购买力及消费心理等。

1. 服装企业的定价目标

服装企业的定价目标直接影响着服装产品的定价水平，而定价目标的制订基于服装企业的产品总战略，包括目标市场的选择和产品的定位。例如，某服装企业管理人员经过慎重考虑，决定为收入水平高的男性消费者设计、生产一种高档次的商务休闲西装，这就意味着该企业应该制订一个较高的价格。此外，企业管理人员还要制订一些具体的营销目标，如利润额、销售额、市场占有率等，这些都对企业定价具有重要影响。关于服装企业的定价目标主要有以下几种：

（1）维持生存的定价目标。这是指服装企业处于不利环境中实行的一种特殊的、短期的、过渡性目标。当服装企业遇到产品供过于求、成本提高、竞争加剧、顾客需求偏好发生变化、价格下跌等冲击时，为避免倒闭、渡过难关，往往以保本价格，甚至亏本价格销售产品。在这种情况下，生存比利润更重要。只要价格能够补偿可变成本和一些固定成本，企业就能继续留在行业中。

（2）追求利润最大化的定价目标。追求最大利润，几乎是所有企业的共同目标。但利润最大化并不等于制订最高价格。定价偏高，消费者不能接受，产品销售不畅，反而难以实现利润目标。同时，高价会刺激竞争者的加入和假冒伪劣产品的增加，更有损于市场地位。服装企业的利润来自全部收入扣除各种成本之后的余额，而不是单件服装商品价格当中包含的预期利润水平，最大利润更多地取决于合理价格推动而产生的需求量和销售规模。同时，需要注意利润的最大化应以服装企业长期的最大利润为目标。

（3）提高市场占有率的定价目标。市场占有率也称市场份额，是一个企业在某一市场上出售某种产品的销售额或销售量相对该行业同一时期内该种产品这一市场上的总销售额或销售量的比率。市场占有率是服装企业经营状况和产品竞争力状况的综合反映。较高的市场占有率可以保证企业产品的销路，便于掌握消费者的需求变化，企业经营效率高，成本低，就能为企业带来较高的长期利润。所以，服装企业一般尽量保持或增加市场的占有率，并且据此定价。

图7-2 杜邦公司尼龙研究员
（图片来源：塑料新材网）

例如，成立于1802年的杜邦公司，在20世纪40年代中期向世界市场推出其新型专利产品——尼龙（图7-2）之时，并未利用其垄断性地位对尼龙产品设定高昂价格。与此相反，而是以相当低廉的价格获得了巨大的市场开拓能量。迄今为止，杜邦公司已发展为以科研为基础的、在全球70个国家经营业务的全球性企业。

（4）追求产品质量最优化的定价目标。优质高价是市场的一般供求准则。当企业产品在消费群体中享有一定的声誉，为了维护和提高服装企业的产品质量和信誉，可以采用产品质量领先的定价目标，并在产品和市场营销过程中始终贯彻产品质量最优化的指导思想。这就要求用高价格来弥补高质量和研究开发的高成本，同时，为了保持产品内在质量和外在形象之间的统一，还应辅以相应的优质服务。如1990年创立于中国香港的金利来品牌，秉承对质量和品味一丝不苟的追求，从而奠定了在国际服装界的地位。最初，金利来只生产单一的领带产品（图7-3），刚上市就以优质、高价来定位，对有质量问题的领带绝不上市销售，更不会降价处理，极好地维护了金利来产品的形象和地位。

（5）追求畅通的分销渠道为定价目标。对于那些需要经过中间商来分销产品的服装企业来说，能够保证分销渠道畅通无阻是服装企业获得良好经营状况的重要条件。为了保持分销渠道的畅通，企业必须认真研究价格对中间商的影响，借助于一些优惠和奖励政策，充分保证中间商的利益，提高中间商经营本企业产品的积极性。

2. 服装产品成本

产品成本是产品价格的最低限度，是制订产品最低价格的主要依据。在其他因素一定的情况下，成本与价格呈正比关系。通常，产品的销售价格应该高于成本费用（换季处理时的低价销售除外），否则将无法补偿生产成本和经营费用。因此，降低产品成本便成为很多企业提高产品竞争力的重要手段。如日本快消品牌优衣库，制造所有人都穿得起的基本款服装。其以成本为中心的供应链管理思想，重视压缩各个环节的成本，以保持利润。同时，以成本为中心的模式进一步加速了工业化进程和技术进步，给产品带来了可持续的竞争力。

图7-3　金利来领带
（图片来源：金利来官网）

3. 市场需求状况

服装产品的价格除了受成本的影响外，还受市场需求的影响。不仅如此，价格变动也会影响市场需求总量，从而影响销售量进而影响企业目标的实现。与成本决定价格的下限相反，市场需求决定价格上限。考虑需求对定价的影响时，应把握以下几点：

（1）供求关系。商品价格与市场供应成正比，与需求成反比。在其他因素不变的情况下，商品的供给量随价格的上升而增加，随价格的下降而减少。而商品的需求量则随价格的上升而减少，随价格的下降而增加。由此可见，商品价格的高低直接影响到产品的销售，企业在给产品定价时，必须考虑到市场供求状况对价格的影响。

（2）需求弹性。指价格变动而引起需求量的相应变动的比率，反映需求变动对价格变动的敏感程度。服装产品的需求弹性大，即需求量的变化幅度大于价格的变化幅度，商品价格稍微上升或下降会引起需求量大幅度的下降或上升。对这类商品，企业可采用降价策略，薄利多销，以达到增加利润的目的；而涨价则需慎重考虑，以免引起需求量锐减，影响企业收入。

4. 市场竞争状况

产品的最高价格取决于该产品的市场需求，最低价格取决于该产品的成本费用。在这种最高价格和最低价格的幅度内，服装企业能把这种产品价格定多高，则取决于竞争者同种产品的价格水平。通常，在产品差异化小，规模经济要求明显的行业，竞争尤为激烈。

定价是一种挑战性行为，任何一次价格调整都会引起竞争者的关注，并导致竞争者采取相应对策。在这种对抗中，竞争力量强的企业有较大的定价自由，竞争力量弱的企业定价的自主性就小，通常是随着市场领先者定价。在这种市场营销过程中，竞争者定价行为必然影响本企业产品的定价。因此，企业要获取这方面的信息，并考虑比竞争者更为有利的定价策略，这样才能获胜。

企业可采用高于、相同、低于竞争者的价格进入市场。当企业以高价进入市场时，企业应在行业中处于绝对优势地位，这时必须要让消费者充分认识到产品的独特性能；以相同价位进入市场时，就要靠产品的质量和服务取胜；企业为了快速渗透市场，刺激销售增长，以低于竞争者的价位进入市场时，要尽可能地降低成本，体现成本竞争优势。

例如，2012年气候还未入秋之时，互联网"快时尚"品牌凡客诚品的秋冬主打产品法兰绒衬衫就已登场（图7-4），99元起的定价犹如一块多米诺骨牌，引发了一连串的连锁反应。很快，优衣库将其法兰绒衬衫（图7-5）的售价由199元下调至99元，紧接着凡客诚品在优衣库降价后马上跟进，将70多款法兰绒衬衫降至68元。由此不难看出，市场竞争情况也是影响服装产品定价的主要因素。

图7-4 凡客诚品法兰绒衬衫
（图片来源：凡客诚品官网）

图7-5 优衣库法兰绒衬衫
（图片来源：优衣库官网）

5. 目标人群的购买力和消费心理

服装作为生活的必需品，受经济因素的影响较大。当宏观经济形势发展良好时，人们收入增加较快，服装消费就会上升，服装生产企业就会扩大生产，提高产品质量，增加产品品类组合，以获取更多的市场份额，此时服装价格也会因服装市场的繁荣而上升。

消费者心理是指消费者在购买商品过程中的一种思维活动。消费者购买一种产品或服务，除了享受它所提供的功能，还包括得到一种心理上的甚至是虚荣心的满足。随着市场经济的发展以及竞争的加剧，"价格战"越来越激烈。针对普遍求实的心理，经济实惠仍然是大多数人追求的目标。企业除了尽量降低成本，采取低价位以外，还可以采取让消费者感觉"便宜"的定价策略。对于一些名店名品，应针对消费者炫耀与显贵心理，将商品价格定得高于同行的同种商品，以迎合这类消费者。

三、服装产品定价的程序

服装企业产品定价时需要综合考虑企业内外部各个方面的因素，遵循一定程序，科学合理地制订服装产品价格。一般来讲，服装产品的定价程序如图7-6所示。

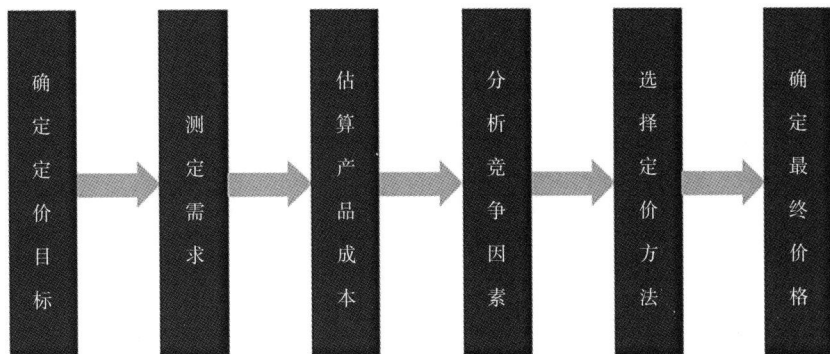

图7-6 确定服装价格的一般程序

1. 确定定价目标

定价目标是指企业通过定价手段所期望达到的预期目标，在上一节已经详细讨论过。企业在确定定价目标时要以营销目标作为参考依据，结合企业自身实力和市场环境做出科学合理的选择。

2. 测定需求

价格不仅受到成本的影响，市场需求也在一定程度上对价格浮动产生着影响。市场需求大于供给时，价格上升；市场需求小于供给时，价格下降。需求弹性是指价格和收入等因素引起需求的相应变动率。它反映了市场需求时价格的敏感程度。

3. 估算产品成本

成本是定价的基础，企业在制订产品最高价格时主要参考市场需求，制订最低价格时则主要参考产品成本。服装产品成本根据市场营销定价策略的不同可分为固定成本费用、变动成本费用和总成本费用。所谓固定成本费用是指在既定生产规模范围内，企业在固定投入要素上的支出，在短期内，不受生产种类及数量销售收入变化的影响，如设备折旧、厂房租金、借款利息和管理人员工资；变动成本费用是指企业在可变投入要素上的支出，成本随着产量的变化而变化。服装价格的可变成本有面料、辅料、纽扣、拉链等；总成本费用是固定成本与变动成本之和。当产量为零时总成本等于固定成本。

4. 分析市场竞争因素

竞争对手的成本价格都是企业制订合适价格的重要依据。企业应当时刻了解现实或潜在的竞争对手的价格变化。针对竞争价格的变化情况，适当调整自己的产品和价格，以消除竞争者的威胁，取得竞争主动权。

5. 选择定价方法

企业在明确定价目标、产品需求、产品成本和竞争因素后，便可以根据自己掌握的信息，选择适合企业的定价方法。

6. 确定最终价格

在实际营销过程中，服装企业的产品价格会在基础价格上做出一定的调整以适应市场的变化。首先，所制订的价格必须符合相关政策。其次，还需要考虑服装市场上的需求变化。最后，还要参考企业内部员工、中间商等对产品价格的意见和竞争者对该定价的反应。

第二节　服装的定价方法

一、成本导向定价法

成本导向定价法是一种以产品成本为基础的定价方法，这种方法简单易用，是服装企业最常用的定价方法。具体的做法是按照产品成本加一定的利润定价。使用这种定价方法时，需要率先考虑收回企业在生产经营过程中投入的全部成本，包括生产、销售和储运成本，之后再考虑取得一定利润。

成本导向定价法又可分为成本加成定价法和收支平衡定价法。

1. 成本加成定价法

成本加成定价法指单位产品的售价由产品的单位成本和一定比例的利润加成而构成。其计算公式为：

$$单位产品出厂价格 = 单位产品的生产成本（1 + 成本加成率）\qquad （7-1）$$

式中：加成率是指企业的预期目标利润占产品成本的百分比，是定价的关键。加成率因商品不同而有很大的差别，一般在15%～60%之间。

例如，某服装企业生产加工针织羊毛衫的成本为200元，加成率为30%，则这件羊毛衫的售价为260元。

与成本加成定价的方法类似，还有一种售价加成定价，这种方法一般为零售商广泛采用。其公式为：

$$单位产品的销售价格 = 单位产品的商业成本（1 + 成本加成率）\qquad （7-2）$$

加成定价法是企业较常用的定价方法，具有以下优点：

（1）计算方法简便易行，资料容易取得。

（2）可以保证企业所耗费的全部成本得到补偿，在正常情况下能获得一定的利润。

（3）有利于保持价格的稳定。当消费者需求量增大时，按此方法定价，产品价格不会提高，而固定的加成，也使企业获得较稳定的利润。

（4）同一行业的各企业如果都采用完全成本加成定价，只要加成比例接近，所制订的价格也将接近，可减少与同行之间的价格竞争压力。

但是，成本加成定价法是典型的生产者导向定价法，而忽视了以消费者需求为中心，特别是在服装市场竞争激烈的情况下。因此，成本加成定价法也具有一些不足。比如，该种方法忽视了产品需求弹性的变化以及竞争因素。由于不同产品在同一时期、同一产品在产品生命周期不同阶段或者同一产品在不同的市场，其需求弹性都不相同。因此，成本加成法不能适应迅速变化的市场要求，缺乏应有的竞争能力。

2. 收支平衡定价法

又称为盈亏平衡定价法或损益平衡定价法，是指在销量既定的条件下，企业产品的价格必须达到一定的水平才能做到盈亏平衡、收支相抵。既定的销量就称为盈亏平衡点（Break Even Point，BEP），也称单位产品保本价格，即企业收支相抵，利润为零时的状态。其公式如下：

$$盈亏平衡点的销售量 = \frac{固定成本}{价格 - 单位变动成本} \qquad (7-3)$$

在此价格下实现的销售量，使企业刚好能弥补成本，因此，该价格实际就是保本价格。即：

$$单位产品的保本价格 = \frac{固定成本}{盈亏平衡点的销售量} + 单位变动成本 \qquad (7-4)$$

式中：单位变动成本是指其总量随产量的变化而变化的那部分生产费用，如原材料、包装费、工人工资、直接营销费用等。每个单位变动成本一般都是不变的。

如果企业的生产量为零，变动成本也为零，总成本等于固定成本。

例如：某服装厂生产一个系列的服装，固定成本为50万元，变动成本为50元，根据不同的价格就会产生不同的盈亏平衡点。

如果每件服装的销售价格为550元，则盈亏平衡点的销售量为：

$$50万 / (550-50) = 1000$$

如果每件服装的销售价格为400元，则盈亏平衡点的销售量为：

$$50万 / (400-50) = 1429$$

如果每件服装的销售价格为450元，则盈亏平衡点的销售量为：

$$50万 / (450-50) = 1250$$

通过市场需求预测，市场的需求量为1000件左右，则要达到盈亏平衡的价格为：

$$50万元 / 1000件 + 50元 = 550元/件$$

以上我们得到了保本价格。但对于服装企业来说，进行生产经营的目的并不仅仅是为了保本，而是要获得一定的预期利润。因此，服装企业在制订产品价格时必须加上预期的目标利润。即：

$$产品价格 = \frac{固定成本 + 目标利润}{预期销售量} + 单位变动成本 \qquad (7-5)$$

例如，某内衣企业的固定成本为300万元，生产内衣的单位变动成本为15万元，企业的目标利润定为200万元，如果内衣的预期销售量能达到15万件，其价格应定为：

$$保本价格 = 300/15 + 15 = 35（元）$$

可见产品价格必须达到35元才能实现盈亏平衡。在产品销量不变的情况下，只有通过提高单位产品的价格才能实现企业的目标利润，所以

$$单位产品的价格 = (300+200)/15 + 15 = 48.33（元）$$

采用这种定价方法的优点是计算方便，但盈亏平衡定价的前提是要科学地预测销售量和已知固定成本、变动成本，然后运用盈亏平衡分析原理来确定产品价格。因此，如果预测不准，成本就不准确，计算的产品价格也就随之不准确。反过来，价格又是影响销售量的重要因素。因此，采用这种方法时，首先应该明确企业所要实现的利润目标，然后根据不同产品需求价格弹性，制订不同水平的产品价格，以测量价格变动对销售量和利润所产生的影响，将价格定位在能使企业目标利润实现的水平之上，以保证企业目标利润的实现。

二、需求导向定价法

需求导向定价是指企业不直接以成本为基础而是依据消费者对商品的认识及市场需求程度来确定产品价格的定价方法。需求导向定价方法主要有理解价值定价法和需求差异定价法两种。

1. 理解价值定价法

理解价值定价法又称感受价值定价法或认知价值定价法。理解价值定价法是指服装企业根据消费者对产品价值的感受和理解认识程度作为定价的主要依据。消费者对商品价值的认知价值，是他们根据自己对产品的功能、效用、质量、档次等多方面的印象，综合购物经验、对市场行情和同类产品的了解而对价格做出的评判，即人们购买商品时常说的"值"或"不值"，其实质是商品的效用价格比，其关键是消费者对价值的理解和认可。当消费者认为产品价值水平与自身理解价值水平大体一致时，就会接受此价格；反之，如果两者相去甚远，消费者就不会接受此价格，拒绝购买该产品。

这种定价方法的主观性较大，在实际操作过程中，不易操作。因此，在运用理解价值定价法时，需要注意以下关键的两点：

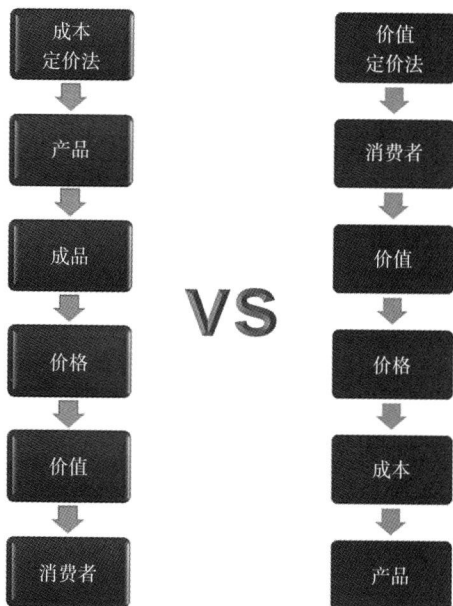

图7-7 成本定价法与价值定价法的比较

（1）充分运用各种营销策略特别是营销组合的非价格变量影响和提高消费者对商品的认知价值，特别是同竞争对手的同类产品相比较而言的认知价值。如一瓶地道的法国香水，成本不过几十法郎，售价却高达几百法郎，购买者还认为值，这是因为名牌的声誉大大提高了购买者的认知价值。

（2）尽量准确估测购买者对商品的认知价值。估测过高，会造成定价过高而使消费者感到企业漫天要价从而抑制购买；估测过低又会造成定价太低而使消费者怀疑产品的质量也不愿购买，同时定价过低还会影响企业收益。

值得注意的是，要区分成本定价法与价值定价法两者之间的区别，如图7-7所示。

2. 需求差异定价法

需求差异定价法，指对同一产品采用两种以上的不同价格。这种价格上的差异，并不和成本成比例，而是根据顾客、产品款式、地点和时间等条件变化所产生的需求差异作为定价的基本依据，服装企业针对上述差异，决定在基础价格上加价还是减价。差别定价法有如下几种：

（1）不同的产品款式采用不同的定价。企业制订差价时主要根据产品款式的区别对消费者心理的作用来定价。实行这种定价的目的是通过形成局部市场以扩大销售，增加利润。如图7-8所示，ZARA针对两款款式不同的连衣裙采取了不同的定价。

（2）不同的顾客采用不同的定价。由于职业、阶层、年龄或顾客位于不同的地区等，

图7-8　ZARA两款不同的碎花裙
（图片来源：ZARA官网）

顾客有不同的要求。企业在定价时给予相应的优惠或提高价格，可获得良好的促销效果。如一般的男性买东西不太注重价格，女性则希望以尽可能少的钱买到尽可能多的东西，不管这些东西是否是现实所需。例如，运动品牌李宁按照不同的年龄段对其顾客进行细分，采取了多层次定价策略（图7-9）。在高端市场，产品是技术含量高、板型与设计流行、功能专业的核心技术产品，产品定价为600~1200元；在中端市场，产品是时尚流行、穿着舒适、面向大众的运动产品，产品定价为250~600元。

图7-9　李宁品牌产品图
（图片来源：李宁官网）

（3）不同的时间采取不同的定价。企业在定价时根据某些产品销售季节和时间的不同特点制订不同价格。例如，羽绒服在冬季的销售价格会高于夏季的销售价格；越是临近圣诞节，圣诞靴、圣诞帽等的价格要高于之前和之后的价格等；对于同一产品在生命周期的不同阶段也可采取不同的价格等。如图7-10所示为乐町品牌的羽绒服反季节清仓价格。

图7-10　乐町羽绒服反季节清仓
（图片来源：乐町官网）

（4）不同的需求场所采用不同的定价。需求场所不同可以制订不同的价格。例如，同样的丝绸礼品，在旅游景点的价格要高于一般商店内的价格；同样品牌的同款服装，在消费者收入水平高的城市商品价格要高于收入水平较低的城市的商品价格。

值得注意的是，实行差别定价法必须具备以下几个条件：市场必须是可以细分的，且各个细分市场的需求强度不同；商品不可能从低价市场流向高价市场；高价市场上不可能有竞争者削价竞销；不至于违法，或因此引起顾客的不满等。

3. 逆向定价法

逆向定价法是指服装企业依据消费者能够接受的最终销售价格，计算自己从事经营的成本和利润后，逆向推算出产品的批发价和零售价。这种定价方法不以实际成本为主要依据，而是以市场需求为定价出发点，力求使价格为消费者所接受。分销渠道中的批发商和零售商多采取这种定价方法。

例如，某服装产品的市场零售价为218元，零售商加成为15%，即218×15%=32.7（元）；批发价为218-32.7=185.3（元）；批发商加成为20%，即218×20%=43.6（元），于是出厂价为185.3元-43.6=141.7（元）。

服装企业一般在两种情况下采用逆向定价策略：

（1）应付竞争。价格是竞争的有力工具，企业为了同市场上的同类产品竞争，在生产之前，先调查产品的市场价格及消费者的反应，然后制订消费者易于接受又有利于竞争的价格，并由此决定产品的设计和生产。

（2）推出新产品。企业在推出新产品之前，通过市场调查，了解消费者的购买力，拟定市场上可以接受的价格，以保证新产品上市时能旗开得胜，销路畅通。

三、竞争导向定价法

竞争导向定价法是指在竞争激烈的市场中，服装企业通过了解竞争者的生产条件、服务状况、价格水平等因素。以竞争者的价格为基础，来确定本企业同类产品的价格。这种定价方法的特点是它与产品成本及市场需求并没有直接关系，而是将竞争者的产品价格作为定价的主要依据，随着竞争者价格的变化而变化。竞争导向定价方法主要有随行就市定价法和投标定价法两种。

1. 随行就市定价法

随行就市定价法是指服装企业按照行业的平均现行价格水平作为定价的主要依据来制订服装产品价格。适用于成本相近、产品差异化小，企业经营水平比较接近的情况。目的在于采用流行的价格水平，使企业获得平均利润。

这种定价方法相对比较简单，风险小，易于被消费者接受。但是，服装企业必须是在掌握有代表性的市场整体价格后，再实行随行就市定价法。同时，采用这种方法可能会使企业利润得不到保证，因此服装企业必须着力于降低产品成本，并通过质量、服务、广告等方面的努力，提高企业自身的竞争力。

这种方法主要适用于以下几种情况：企业难以估计成本，或企业希望跟同行和平共处，或者企业想另行定价，但很难了解消费者和竞争者对该价格的反应等。采用这种方法可避免价格竞争带给企业的损失，各企业价格保持一致，也利于整个行业的健康、稳定发展。对服装企业而言，对于特色不太鲜明的产品往往会采用这种定价方法，这样既能反映服装市场供求关系的变化情况，还能保证企业的适当收益。

2. 投标定价法

投标定价法是一种具有竞争性的定价方法，又称为招标定价法。即买方（采购机构）刊登广告发出函件，说明拟采购商品的品种、规格、数量等具体要求，邀请卖方（供应商）在规定的期限内投标。买方在规定的期限内开标，选择报价最低、最有利的供应商成交，签订采购合同。这是集团采购者常用的方法。通常，招标方只有一个，处于相对垄断的地位。投标方有多个，彼此相互竞争。它分为招标、投标、开标三个步骤。

（1）招标：买方发布招标公告，提出采购商品的具体条件。

（2）投标：卖方根据招标信息，结合自身情况及分析竞争对手可能的报价，向买方密封提出自己的书面报价。竞争对手的实力包括产量、销量、市场占有率、信誉、质量、服务水平等。需要注意的是，给出的底价不能低于边际成本，也不能过高。否则，不易中标。

（3）开标：企业在规定的时间、地点内，在有投标人出席的情况下，当众公开拆开投标资料，宣布投标人的名称、投标价格以及投标价格的修改过程等。

这种通过公平竞争实现交易的方法，有效地避免了价格策略的主观性。但组织招标的过程过于复杂，不适用于小宗商品。

第三节　服装产品的定价策略

在实际操作过程中，服装企业不仅需要掌握一定的定价方法，以确定服装产品的初始价格，同时还必须根据市场环境、产品特点、交易条件和消费者心理等因素，采取灵活多样的定价策略，以确定产品的最终价格。因此，服装产品的定价策略是服装企业在特定市场环境下所采取的定价方针和价格竞争方式。

一、服装新产品的定价策略

服装企业在新款服装推向市场之前，必须对新产品进行定价。此时，由于没有可借鉴和参考的依据，所以新产品的定价必须要慎之又慎。如果价格定得过高，则消费者难以接受；如果价格定得过低，则直接影响到服装企业的经济效益和新产品的形象。一般而言，新产品的定价可以采取以下三种策略。

1. 撇脂定价策略

撇脂定价策略是指新产品上市后，有目的地将新产品的价格定得较高，在短期内赚取最大的利润，以求尽快收回投资。这一定价策略就如同从牛奶中撇去奶油一样，含有提取精华的意思，故称为撇脂定价策略。随着销售的扩大，企业为了吸引更多的消费者，扩大市场覆盖面，会逐步降低产品价格。

这一策略利用消费者的求新心理，以高价将产品打进市场。其优点是提高产品身价，树立高质形象，刺激顾客购买，尽快收回成本，获取利润，并为以后实施降价策略留有充分余地。缺点是高价令人望而生畏，抑制购买，高利容易诱发竞争，吸引竞争者加入。作为一种短期价格策略，它适用于技术独特、优势明显、难以效仿、生产能力不易迅速扩大等特点的新产品。

2. 渗透定价策略

渗透定价策略又称为渐取定价策略，与撇脂定价策略正好相反，是一种低价策略。是指在新产品上市初期，企业将价格定得相对较低，以利于被消费者接纳，便于迅速开拓市场，扩大产品市场占有率，具有鲜明的渗透性和排他性。

这一策略针对消费者的选价心理，以期获取长期利润。其优点是低价容易为消费者所接受，有利于迅速打开销路，提高市场占有率；薄利不易诱发竞争行为，便于企业长期占领市场。其缺点是本利回收期较长，价格调整空间较小，要求企业有较强的实力。作为一种长期价格策略，它适用于工艺技术较为简单，并能尽快大批量生产，市场需求量和需求潜量都较大的新产品。

3. 满意价格策略

满意价格策略又称为平价销售策略。是指新产品刚投放市场时，企业制订产品价格较为合理，兼顾了生产者、中间商、消费者的利益。既能被消费者接纳，又能保证企业拥有可观的利润。

满意价格策略的优点在于价格比较稳定，对企业和消费者都比较公平。通常可保证企业实现盈利目标，加强与中间商和消费者之间的广泛合作。但由于价格保守，不适合复杂多变的市场环境，应变能力较差。

一般情况下，满意价格策略适用于需求价格弹性小的产品。

二、服装弹性定价策略

服装弹性定价策略即销售价格的确定是以价格的需求弹性作为主要依据。价格需求弹性是指市场需求对价格变化的反应程度，即：

$$价格需求弹性 = \frac{需求量变化的百分比}{价格变化的百分比} \tag{7-6}$$

式中：当价格需求弹性=1时，需求量的变动幅度与价格的变动幅度相同，此时企业无论提高或降低价格，其总收益都是不变的；价格需求弹性>1时，需求量的变动幅度大于价格的变动幅度，属于价格弹性充足的产品。此时，若调低产品的价格，可能会因为价格的降低而使得销量增加，企业的总收益也相应增加；价格需求弹性<1时，需求量的变动幅度小于价格的变动幅度，属于弹性不足的产品，若调低价格，由于销量上升幅度不大，反而会使企业利润减少。

常规服装如衬衫属于价格弹性充足的商品，企业通过降价可以使产品的销量和企业的总收入增加，因此，薄利多销是一种明智的做法。而对于刚上市的时装来说，其价格的变动对需求量的影响不大，企业降低价格并不会使需求量受到明显影响，反而会使总的利润减少。因此，针对时装目标人群的消费特点，采取厚利少销的办法则更能满足消费者的需求，并使企业在短期内获得足够的利润。但随着时间的推移，该时装的需求弹性会逐渐增大，当其不能称为时装时，其需求弹性最大，此时可通过降价的办法消化库存产品，取得最后收益。

三、服装差别定价策略

差别定价是指企业按照两种或两种以上不反映成本费用的比例差异的价格销售某种产品或服务，最大限度地满足市场的需求，增加企业利润。

1. 服装差别定价方式

服装差别定价通常有以下几种方式：

（1）顾客差别定价。是指将同一种产品按不同的价位出售给不同的消费者。比如，老客户和新客户，长期客户和短期客户，VIP顾客和普通客户等采用不同的价格。

（2）产品形式差别定价。即服装企业对不同规格或款式的产品分别制订不同的价格，但不同规格或款式产品的价格差额和成本费用之间的差额并不成比例。

（3）产品地点差别定价。即企业对于处在不同地点、不同环境的产品或服务分别制订不同的价格，即使这些产品或服务的成本费用没有任何差异。例如，同样的服装陈列在高档商场或专卖店时，因其购物环境优雅，经营费用较高，而采取较高的定价；而当处于批发市场或低档次的场所时，则采取较低的定价。

（4）销售时间差别定价。即企业对于不同季节、不同时期甚至不同钟点的产品或服务分别制订不同的价格。例如，服装销售在淡季和旺季的价格不同。

（5）以交易条件为基础差别定价。交易条件包括交易量、交易方式、购买频率和支付手段。根据交易条件的不同，企业为产品制订不同的价位。比如：交易量大，价格会相对较低。网上交易比店铺交易价格较低。

2. 应注意问题

服装企业在采用差别性定价策略时，需注意以下问题：

（1）差别性定价策略是企业获取高额利润的手段，企业在进行差别性定价策略时，要进行综合分析，考察产品成本、市场需求、企业利润等方面是否适用该策略。

（2）要符合国家的相关法律法规和地方政府的相关政策。

（3）市场能够细分，且各细分市场有其不同的需求弹性。顾客对产品的需求有明显的差异，需求弹性不同，市场能够细分。

（4）消费者在主观上或心理上确实认为产品存在差异。不要引起消费者的反感，使他们产生被歧视的感觉，从而放弃购买，抵制购买。

差异定价法是许多服装企业采用的一种常见的定价方法。这种方法不仅能增加销量，还能获得更多的"消费者剩余"。通常情况下，一个顾客购买商品都会有一个心理价位，他在实际购买时的价格，不会高于他愿意支付的心理价格，而同样的商品，不同顾客愿意支付的价格是不同的。所以商家应针对这种需求差异，采用多种价格，实现顾客的不同满足感，从而将这些"消费者剩余"尽可能多地转化为企业的利润。

四、服装产品组合定价策略

当服装企业同时经营多种产品时，定价需着眼于整个产品组合的利润实现最大化，而不是单个产品。加之各个产品之间存在需求和成本上的联系，有时还存在替代和竞争关系，因此，实际定价的难度可想而知。通常可采取以下组合定价策略：

1. 产品线定价策略

产品线定价策略即针对整个产品线制订价格，而不是对单个产品定价，个别产品的定价应服从企业全局利益。一般情况下，可以根据不同的产品或者不同品牌的生产线，采取不同的方法进行定价，使之更能适合不同市场环境目标顾客的需求，有利于企业进入不同的细分市场。在定价时，首先，确定某种产品的最低价格，它在产品中充当领袖价格，以吸引消费者购买产品大类中的其他产品；其次，确定产品大类中某种产品的最高价格，它在产品中充当品牌质量和收回投资的角色；最后，产品大类中的其他产品也分别依据其在产品大类中的角色不同而制订不同的价格。例如，国内著名男装品牌报喜鸟创建于1996年，报喜鸟西服是其中的一个重要产品线（图7-11），定位于都市时尚青年和白领人士。报喜鸟品牌不同系列的西装价位层次分明，时尚系列价位为1300～1898元；商务装为1900~3000元；高档西服在6000～9000元，不同层次的西装对应不同的价位，便于消费者选择购买。

一般来说，如果企业生产的其中两种产品互为替代产品，为了增加一种产品销售量，可以把另一种产品的价格定高。尽管这种定价对后一种产品的销售量不利，但对整个企业利润的增加可能是有益的。如提高畅销品的价格，降低滞销品的价格，可以扩大滞销品的销路，增加企业的总盈利；如果两种产品是互补品，为了增加其中一种产品的销售量，应降低另一

¥1460 价格 ¥4690　　　　¥2389 价格 ¥2990

图7-11 报喜鸟西装
（图片来源：报喜鸟官网）

种产品的价格直至成本水平。通常是降低购买频率低、需求弹性高的产品价格，同时提高购买频率高、需求弹性低的产品价格，使企业两种产品总的经营效果达到最佳。

产品线定价策略不是基于顾客的心理因素，而是根据几种产品使用价值的相互关系，更多地为生产企业所采用。营销者的任务就是确立认知质量差别，来使价格差别合理化。

2. 附带产品定价策略

附带产品就是与主要产品配套使用的产品，可分为必须附带产品和任选附带产品两大类：

（1）必须附带产品是指使用主导产品时必须不断购买的易耗品。这是因为主导产品一般都可以多次反复使用，而附带产品属于易耗品，需要重复多次购买。服装企业一般会同时生产主导产品和附带产品，而且往往主导产品定价较低，而附带产品价格较高，其目的是以主导产品的大量销售而带动附带产品的销售。如西服套装和衬衫、皮鞋和袜子等。

（2）任选附带产品是指那些与主导产品的使用密切相关，但顾客可买也可不买的产品。针对这类产品，定价时要认真分析市场环境、顾客偏好等。如果任选附带品的有无对顾客选择主导产品的影响不大，则可将其定价稍低一些，甚至免费赠送；反之，假如顾客对某种任选附带品有强烈的购买偏好，而且选择相对固定，此时可将其价位定得稍高一些。比如，服装与备用纽扣，领带与领带夹等。

3. 配套产品定价策略

配套产品定价策略是指服装企业为了促进产品的销售，常常将有关联的产品组合在一起形成配套销售，而配套产品的价格会低于单独购买各个产品时的价格之和。比如，男女内衣套装。配套产品销售可以提高整体的销售业绩，但切忌硬性搭配。

五、心理定价策略

心理定价策略是指服装企业利用消费者购买服装时的不同心理需要和对价格的感受，而制订相应的价格策略。常见的心理定价策略有以下几种：

1. 尾数定价策略

尾数定价策略又称为奇数定价策略，是利用消费者对数字认知的某种心理制订尾数价格，尽可能保留零头，使消费者产生廉价的感觉心理，形成占便宜的价格优势。

尾数定价具有一定的优点。首先，它给人便宜的感觉。例如标价99.94元的商品和100.04元的商品，虽然仅差0.1元，但前者给消费者的感觉是还不到"100元"，而后者却使人产生"100多元"的想法，因此前者可以使消费者认为商品价格低。其次，容易使人觉得商品价格精确。因为消费者通常会对有尾数价格产生信任感，认为它们是经过认真的成本核算的价格。最后，由于民族习惯、社会风俗、文化传统和价值观念的影响，某些特殊数字常常会被赋予一些独特的含义，企业在定价时如果能加以巧用，其产品就会因之而得到消费者的偏爱。例如，"8"字作为价格尾数在我国南方和港澳地区比较流行，人们认为"8"即"发"，有吉祥如意的意味，因此企业经常采用。

但是，尾数定价法也存在缺点。该策略一般适用于非名牌或中低档商品。国外采用为尾数价格的商品，通常是需求弹性大、价格定位不高、消费者容易把握或了解的日用消费品。由于消费者对这些商品的消费量和购买频率较高，对其价格大致有了一个习惯的或可以接受的价格幅度，所以对这些商品的价格变化较为敏感，对这类商品采用尾数价格策略尤其有效，心理价格尤其适用于日用品和食品为主的超市零售业态。但是，尾数价格在商场中过多、过频使用的现象会刺激消费者产生逆反心理，由原来的尾数定价给人定价准确、便宜很多的感觉，变成定价不准确，甚至产生对企业价格行为不信任的心理。

2. 声望定价策略

声望定价策略是指服装企业利用消费者仰慕名牌产品或名店的心理，制订高于其他同类服装产品的价格。定价时，往往将产品的价格定成整数。

在如今的社会环境下，顾客购买名牌产品不仅仅是为了消费，还要显示他们的身份和地位。所以对于质量上乘的名牌产品，可采用声望定价策略，以带给消费者心理上的满足。如爱马仕箱包、宝格丽珠宝、阿玛尼男装等。对于一般商品，有时也可使用声望定价法，适当提高售价，这是基于很多消费者往往以价格来判断质量、认为价高质必优的心理。声望定价法如果运用得当，不仅能提高商品售价，还能刺激有实力的消费者争相购买，获得很高收益。

3. 招徕定价策略

招徕定价策略又称为特价品定价策略。即服装企业利用顾客求廉的心理和投机心理，特意将某几款服装产品的价格定得很低，以此作为吸引消费者的手段。按照心理学的观点，人们在逛商场时，会自然或不自然地产生购买欲望，产生"冲动性购买"，从而达到扩大其他服装产品销售的目的。它遵循"抛砖引玉"的逻辑，通过部分商品的低价，在消费者心中产生感觉迁移，形成所有商品都不贵的错觉，吸引消费者购买其他商品。同时，招徕定价策略由于采用"一站式"购物方式，降低了消费者购物的时间成本、精力成本和体力成本，消费者在购买便宜商品之后，只要觉得其他商品不是非常贵，也可能顺便购买。

六、地区性定价策略

地区性定价策略是指服装企业针对不同地区的顾客采取不同的价格出售服装产品，即制订地区差价。地区性定价策略的形式有以下几种：

1. 原产地定价

原产地定价是指买方按照出厂价购买某种产品，企业只负责将该产品运送到产地的某种运输工具上交货。交货后，买方将承担一切风险和费用。这样对企业产生的不利因素为，顾客很可能由于距离的原因而放弃购买该企业的产品，转而购买自己附近企业的产品。

2. 统一交货定价

统一交货定价是指企业对卖给不同地区顾客的某种产品均按相同厂价加相同运费定价，即不论地区远近均实行统一价格。

3. 分区定价

分区定价是指企业将全国或某些地区划分为若干个区域，不同的区域分别制定不同的价格。

4. 基点定价

基点定价是指企业选定某些城市作为基点，然后按照这个基点到顾客所在地的距离收取运费。采用这一策略可迅速占领市场，提高销量并增强企业灵活性。

5. 运费免收定价

运费免收定价是指企业急于促成某地区的生意，有时会采用自己负担部分或全部运费的策略，以促成交易，增加销售额来补偿运费的开支，从而达到市场渗透的目的。

PART 2　项目实操

一、项目目标
掌握服装价格体系和定价方法，理解针对不同时期、不同产品的定价策略。

二、项目任务
选择当下热门的某一服饰类电商品牌，分析其价格体系和定价策略。假设你是该电商品牌的策划人员，为该品牌本年度双十一活动制订一套围绕价格展开的促销方案策划，着重突出服装的定价过程、价格影响因素，以及如何利用价格策略促进服装的连带销售等。

三、项目要求
个人独立完成。选定合适的电商品牌展开调研，需有过程记录，最终以原始资料为基础数据，完成定价策划方案。

四、开展时间及形式
课后实践环节。以二手资料收集为主、访谈和问卷为辅展开。

五、项目汇报

以PPT及视频形式课堂汇报选定品牌的"双十一"定价策划方案（提供过程记录）。

PART 3　项目指导

一、项目准备工作

（1）选定目标服饰类电商品牌。

（2）该品牌运营现状等资料搜集。

二、项目实施指导

（1）市场分析，对所选品牌进行目标客户分析、市场情况分析等，了解品牌在市场上的情况及目标顾客。

（2）SWOT分析，全面了解品牌在市场竞争环境中的优势、劣势、机会、威胁。

（3）市场营销计划分析，了解品牌的产品定位、价格定位以及常用的推广渠道、推广策略、促销方式等。

（4）明确该品牌近几年双十一活动的价格策略。

（5）明确近几年双十一不同电商平台的活动要求。

PART 4　案例学习

香奈儿品牌的定价策略

创立于1910年的法国著名奢侈品品牌香奈儿，是世界高级女装的佼佼者，消费者心目中高品质、高素质的代名词。在定价策略上，香奈儿品牌采取撇脂定价策略，主要原因在于：香奈儿拥有强有力的品牌优势做支撑，市场上存在一批购买力很强并且对价格不敏感的"香奈儿追随者"，同时，香奈儿产品风格独特、技术先进，竞争者难以效仿。

不仅如此，香奈儿还采用整数定价、小计量单位定价、声望定价等心理定价策略，引导和刺激消费者购买产品。而且，根据不同地区的不同情况采用了分区定价的地区性定价策略。香奈儿分区定价表现在，香奈儿属于高端奢侈品牌，许多国家进口的奢侈品都需要支付消费税、关税。在有些情况下，还需要增值税（包括在零售价中）和地方税。同时每个地方开设店铺的成本不同，在东京经营直营店和人工成本通常是马德里的2~3倍，而这些一定程度上都会反映到最终零售价中，所以香奈儿采取了分区定价策略。在原产地法国价格指数被设定为100元的话，对于纽约来说，公司通常会设定稍高于原产地的零售价比如105元或者110元。图7-12是一款香奈儿经典皮包在不同地区的售卖价格。此外，由于产品组合中的各种产品之间存在需求和成本的互让联系，该品牌采取产品线定价、选择品定价以及捆绑定价等产品组合定价方法。

国家	当地价格	美元等值价格
美国	4900USD	$ 4900
英国	3380GBP	$ 4508.32
法国	4260EUR	$ 4788.22
中国	29800CNY	$ 4472.78
日本	599400JPY	$ 5892.02
新加坡	7090SGD	$ 5262.38
加拿大	6325CAD	$ 4907
澳大利亚	7160AUD	$ 5494.29

图7-12　香奈儿经典皮包在不同地区的售卖价格
（图片来源：搜狐网）

ZARA品牌的定价策略

ZARA是1975年成立于西班牙Inditex集团旗下的一个子公司（图7-13），它既是服装品牌，也是专营ZARA品牌服装的连锁零售品牌，在全球87个国家内设立了超过两千多家的服装连锁店。作为知名的快时尚品牌，ZARA在价格上采用了低价策略。这是由于其目标消费群是收入较高并有着较高学历的青年人，主要为25～35岁的顾客层，这一类的购买群体具备对时尚的高敏感度并具备一定的消费能力，但并不具备经常消费高档奢侈品牌的能力，因此，频繁更新的时尚低价产品正好可以满足这类人群的需求。

在价格折扣方面，ZARA采用少折扣策略。因ZARA的产品都是"少量、多款"，消费者如不在第一时间购买，就存在着再也买不到的风险，所以往往无法等到季末或岁末打折就会迅速购买。正是因为消费者的这种心理。ZARA的货物上柜后几乎都能在短时间内销售一空，只会剩下少量不受欢迎的产品留在季末或岁末打折。ZARA的打折商品数量平均约占它所有产品总数量的18%左右。在服装设计之余，参与ZARA设计的采购专家与市场专家就已经共同完成了该服装的定价工作，这一价格当然是参照数据库中类似产品在市场中的价格信息来确定的。定好的价格就被换算成多国的货币额，并与服装的条形码一起印于标价牌上，并在生产之初就已经附着在服装上了。因此，新款服装生产出来之后无须再定价和标签，通过运输到达世界各地的专卖店之后就可以直接放在货架上出售。

图7-13　ZARA门店

（图片来源：搜狐网）

PART 5　知识拓展

服装商品价格的调整

由于服装企业处于一个不断变化和发展的市场之中，当其所处的内部环境或者外部环境发生变化时，为了适应市场竞争的需要，产品定价就必然面临着调整。否则，就有可能造成很大的经济损失或者有损企业形象。通常情况下，服装价格的调整策略包括主动调整价格和被动调整价格两种。

一、主动调整价格

当服装市场的供求环境发生变化时，企业认为有必要对自己的产品价格进行调整，此时为主动调整价格。服装企业对价格的调整，不外乎两种：调高价格或者降低价格。

当生产服装的原材料成本上涨、服装产品供不应求、通货膨胀，或出于竞争策略的需要，服装企业可以考虑主动调高产品价格。但调高价格会给顾客造成不好的印象，所以在实施的过程中，要讲究方式、方法和技巧。此时，可以通过公关关系、广告宣传等方式向广大顾客说明真实情况，以获得理解；或者提高产品质量，使顾客感觉物有所值；或者加强服务质量和提供更多优惠等。

实际操作过程中，更多地表现为调低价格。调低价格的主要原因有：

（1）生产能力增加，或成本获得有效降低。如企业增加了新的生产线，生产能力大大提高，但市场却未相应扩大，此时，为挤占竞争对手的市场份额，往往会主动调低商品价格。

（2）企业现有市场占有率下降。这通常发生在新进入的或已有的竞争对手采取了更具进攻性的营销策略，以挤占本企业的市场份额的时候。企业为防止市场份额继续丧失，不得不采取削价竞争。这是一种被动降价，但运用得当，也会对竞争对手构成巨大的反压。

（3）经济不景气，消费者实际收入和预期收入均下降，导致购买意愿下降的时候。这在一些选择性商品上更为突出，消费者对一些可买可不买的商品会推迟购买，或选择价格较低的商品作为替代，迫使企业不得不降低商品价格，维系市场。

同样，调低价格也会影响消费者的购买心理，需要掌握好时机和技巧。调低价格通常由以下几种方式：

（1）数量折扣。这是鼓励消费者大量购买而采用的一种策略。针对消费者不同的购买数量而给予不同的折扣，数量越多，折扣越大。例如：在服装专卖店中，经常会采用"一件8折，两件7折"的做法。

数量折扣的促销作用非常明显，企业因单位产品利润减少而产生的损失完全可以从销量的增加中得到补偿。此外，销售速度的加快，使企业资金周转次数增加，流通费用下降，产品成本降低，从而导致企业总盈利水平上升。

运用数量折扣策略的难点是如何确定合适的折扣标准和折扣比例。假如，享受折扣的数量标准定得太高，比例太低，则只有很少的顾客才能获得优待，绝大多数顾客将感到失望；购买数量标准过低，比例不合理，又起不到鼓励顾客购买和促进企业销售的作用。因此，企业应结合产品特点、销售目标、成本水平、企业资金利润率、需求规模、购买频率、竞争者手段以及传统的商业惯例等因素来制订科学的折扣标准和比例。

（2）现金折扣。是对在规定的时间内提前付款或用现金付款者所给予的一种价格折扣，其目的是鼓励顾客尽早付款，加速资金周转，降低销售费用，减少财务风险。采用现金折扣一般要考虑三个因素：折扣比例、给予折扣的时间限制和付清全部货款的期限。

提供现金折扣等于降低价格，所以，企业在运用这种手段时要考虑商品是否有足够的需求弹性，保证通过需求量的增加使企业获得足够利润。此外，由于我国的许多企业和消费者对现金折扣还不熟悉，运用这种手段的企业必须结合宣传手段，使购买者更清楚自己将得到的好处。

（3）功能折扣。由于中间商在产品分销过程中所处的环节不同，其所承担的功能、责任和风险也不同，服装企业据此可给予不同的折扣，称为功能折扣。对生产性用户的价格折扣也属于一种功能折扣。功能折扣的比例，主要考虑中间商在分销渠道中的地位、对生产企业产品销售的重要性、购买批量、完成的促销功能、承担的风险、服务水平、履行的商业责任，以及产品在分销中所经历的层次和在市场上的最终售价等。功能折扣的结果是形成购销差价和批零差价。

鼓励中间商大批量订货，扩大销售，争取顾客，并与生产企业建立长期、稳定、良好的合作关系是实行功能折扣的一个主要目标。功能折扣的另一个目的是对中间商经营的有关产品的成本和费用进行补偿，并让中间商有一定的盈利。

（4）季节折扣。服装商品的生产是连续的，而其消费却具有明显的季节性。为了调节供需矛盾，这些商品的生产企业便采用季节折扣的方式，对在淡季购买商品的顾客给予一定的优惠，使企业的生产和销售在一年四季能保持相对稳定。例如，羽绒服生产企业则为夏季购买其产品的客户提供折扣。

季节折扣比例的确定，应考虑成本、储存费用、基价和资金利息等因素。季节折扣有利于减轻库存，加速商品流通，迅速收回资金，促进企业均衡生产，充分发挥生产和销售潜力，避免因季节需求变化所带来的市场风险。

（5）回扣和津贴。回扣是间接折扣的一种形式，它是指购买者在按价格目录将货款全部付给销售者以后，销售者再按一定比例将货款的一部分返还给购买者。津贴是企业为非凡目的，对非凡顾客以特定形式所给予的价格补贴或其他补贴。比如，当中间商为企业产品提供了包括刊登地方性广告、设置样品陈列窗等在内的各种促销活动时，生产企业给予中间商一定数额的资助或补贴。又如，对于进入成熟期的消费者，开展以旧换新业务，将旧货折算成一定的价格，在新产品的价格中扣除，顾客只支付余额，以刺激消费需求，促进产品的更新换代，扩大新一代产品的销售。这也是一种津贴的形式。

二、被动调整价格

被动调价是企业在竞争对手先于自己调价后而做出的调价反应。面对竞争者的变价，服装企业必须认真调查研究以下问题：

（1）为什么竞争者变价。

（2）竞争者打算暂时变价还是永久变价。

（3）如果对竞争者变价置之不理，将对企业市场占有率和利润有何影响。

（4）其他企业是否会做出反应。

（5）竞争者和其他企业对于本企业的每一个可能的反应又会有什么反应。

当了解了以上问题后，企业就可以采取针对性的策略。通常情况下，当竞争者的产品提价，一般不会对企业造成严重威胁，此时，可以维持原价不变，以获得更多的市场份额；或者随之适当调高价格，但提价幅度要低于竞争者的提价幅度。

对于竞争者提前采取调低价格的情况，一般是难于处理的。但根据西方的经验，服装企业面对竞争者降价，可以有以下策略：

（1）维持原价不变。

（2）保持原价不变的同时，改进产品质量或者增加服务项目，加强广告宣传。

（3）在降价的同时努力保持产品质量和服务水平稳定不变。

（4）提价，同时推出某些新品牌，以围攻竞争对手的降价品牌。

（5）推出更廉价的新产品进行反击。例如，某服装企业在同行竞争对手的一片降价声中，没有选择跟风降价，而是通过对服装款式、色彩、质地、风格或整体外观上进行改进，然后推向目标市场，使消费者感到物有所值。虽说价格没有调低，但却大大激发了消费者的购买欲望。

第八章　全方位守护：
服装分销渠道的选择策略

在现代化的大生产中，服装产品的生产者和消费者之间往往存在时间和空间上的背离。要使产品能顺利地由生产领域进入消费领域，实现其价值和实用价值，取得一定经济效益。除了要根据目标市场要求，提供消费者所需的产品、并制订合适的产品价格之外，还必须依赖市场上的一些中间环节，以便在"适当的时候""适当的地点""以适当的方式"将产品提供给"适当的消费者"。因此，分销渠道承担着服装产品由生产领域向消费领域转移的任务，合理选择分销渠道是服装企业营销者的又一重要策略问题。

问题导入

> 　　随着移动互联网的发展，以电子商务为引领的线上渠道服装销售额节节攀升，给线
> 下实体店的销售带来了巨大压力。有人说：线下实体店必将消亡，这种说法是否合理？
> 为什么？

PART 1　理论、方法及策略基础

第一节　服装分销渠道的构成

一、服装分销渠道含义及其成员组成

1. 服装分销渠道的含义

通常情况下，在服装生产者与最终消费者之间，会有批发商与零售商买入商品，取得所有权后再转售出去，或者服装经纪商、生产者代表以及销售代理人负责寻找顾客，他们是生产者和消费者之间的桥梁。因此，服装分销渠道是指服装产品从服装生产企业到达消费者手中所经过的路线。其起点是服装生产者，终点是消费者，中间环节包括各个参与交易活动的中间商。

分销渠道不仅指商品实物形态的转移路线，还包括完成商品运动的交换结构和形式。传统上的流通规划任务，就是在适当的时间、把适量产品送到适当的销售点，并以适当的陈列

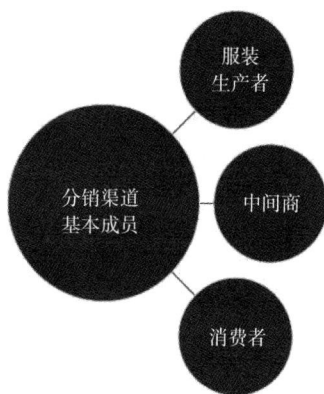

图8-1 分销渠道中的基本成员

方式，将产品呈现在目标市场的消费者眼前，以方便消费者选购。

2. 服装分销渠道所涉及的成员

通过服装生产者、批发商、零售商和其他专业公司合作而形成的渠道可以看作是一个关系系统。在这个系统中，根据各个企业在整个分销过程中的作用，将渠道成员分为基本渠道成员（Basic Channel Members）和特殊渠道成员（Special Channel Members）两类。

（1）基本渠道成员。基本渠道成员指拥有货物所有权风险的企业以及作为分销终点的消费者。如图8-1所示，分销渠道中承担转移货物所有权的基本成员包括服装生产者、中间商和消费者。

服装生产者是指提供服装产品的生产企业，是服装市场营销的源头和起点。它是服装分销渠道的主要组织者和渠道创新的主要推动者；中间商包括生产者的生产机构、批发商、零售商、代理商或者经销商等。批发商曾是渠道的主导，通过设计和发展渠道将许多零售商和生产者的活动联系起来。但近几年许多服装零售商向纵向一体化方向发展，使得服装批发商的作用逐渐减弱。但无论如何，批发商远没有被排除在分销渠道之外，许多著名的批发商仍主导着各自的分销渠道；与生产者直接相对的是零售商，它们是分销渠道中最接近消费者的一环。服装零售商利用各种购物环境把不同款式服装提供给消费者。在许多渠道中，零售商是主导力量，就像香奈儿那样，它们决定如何组织和运作整个分销过程。实际上，品牌服装已经使零售商在分销渠道中的作用越来越重要。消费者是整个分销渠道的终点。生产者和中间商的很多努力都是为了满足消费者的需要，通过实现商品的销售最终实现各自盈利。因此，消费者的类型、购买行为以及购买特征都是其关注的焦点。基本销售渠道成员对整个服装销售所起的作用非常关键，是服装渠道管理的主要对象。

（2）特殊渠道成员。也称专业渠道成员，指为整个分销过程提供重要服务、但不承担货物所有者生产风险的企业。可分成功能性的特殊渠道成员和支持性的特殊渠道成员两种。前者包括提供促销支持的企业，如运输公司、仓储公司、保险公司、银行等；后者包括咨询与调研业等，如咨询公司、调查机构、广告公司等。

二、服装分销渠道的基本模式

分销渠道的模式又称分销渠道的结构，是服装企业产品进入市场领域的必由之路。按照分销渠道中间环节的多少，即渠道层级的数量，可以将分销渠道划分为零级、一级、二级和三级渠道等，如图8-2所示。

1. 服装生产者→消费者

零级渠道，又称为直接渠道，是指没有渠道中间商参与的一种渠道结构。也可以理解为是一种分销渠道结构的特殊情况。服装或相应服务直接从生产者到消费者手中，流通环节和流通费用相对较少，企业能够直接了解到消费者的需要。表现形式有上门推销、家庭销售会

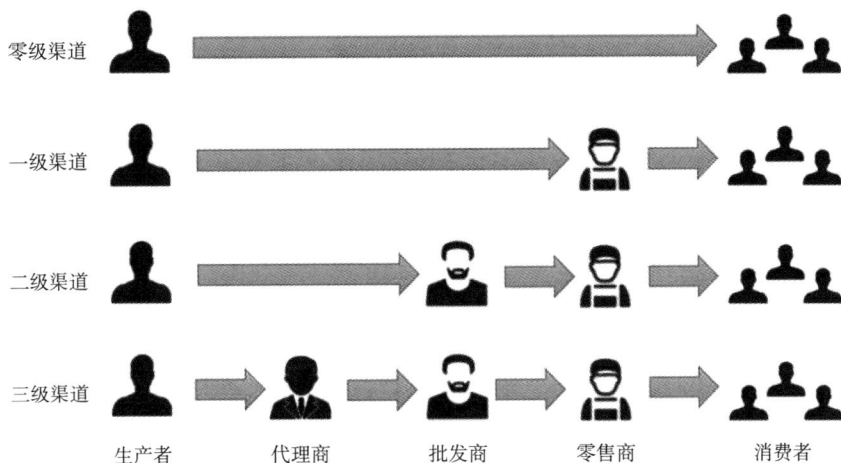

图8-2　分销渠道的基本模式

的直接营销，或以寄发商品目录和利用网络、电视、电台、报纸杂志等为广告媒体的直复营销，或电子商务中服装品牌生产者的B/C业务等。

2. 服装生产者→服装零售商→服装消费者

一级渠道，是指服装从生产者到消费者手中需要经过一个中间商，如零售商。生产商以出厂价售给零售商，零售商再用零售价售给消费者。一级渠道中间环节少，渠道途径较短，产品在流通过程中所用的时间短，企业易于掌握消费者关于服装规格、款式、色彩等的需求信息并了解市场变化，有助于对老产品的改进和新产品的开发，提高企业的经济效益。我国的百货公司主要采用这种模式。

3. 服装生产者→服装批发商→服装零售商→服装消费者

二级渠道，是指服装从生产者到消费者手中需要经过两个中间商，即由批发商将产品转卖给零售商。我国中小城市的服装销售基本属于二级渠道。

4. 服装生产者→代理商→批发商→零售商→服装消费者

三级渠道，是指服装从生产者到消费者手中需要经过三个中间商，主要是代理商、批发商、零售商。对外贸易企业较多采用这种分销渠道。

三、服装分销渠道的分类

1. 直接渠道和间接渠道

直接渠道和间接渠道的区别实际上就是服装企业在分销活动中是否通过中间商的问题。

（1）直接渠道。直接渠道又称直接销售，指产品在从生产领域流向消费领域的过程中不经过任何中间商转手。一般生产资料的销售通常采用这种渠道，大约80%的生产资料是直接销售的。此外，消费品中的一些传统产业和新兴服务业也采用直接销售的方式。

直接渠道的主要表现形式为推销员推销产品、邮寄、订购销售、直销店等。采用直接渠道销售及时，可以缩短流通时间，节约流通费用，降低成本。但对于规模大的服装企业，假若采用这种渠道就会分散过多的人力、物力，从而影响企业效益。

（2）间接渠道。间接渠道又称间接销售，是指产品从生产领域转移到消费领域要经过若干中间环节的分销渠道。间接渠道是消费品销售的主要渠道，约占消费品销售的95%。此外，一部分生产资料也通过若干中间商转卖给生产性团体用户。

对于服装产品来说，实际操作中选择哪种渠道要根据具体情况具体分析。

2. 长渠道和短渠道

商品在从生产者转移到消费者或用户的流通过程中，要经过若干"流通环节"或"中间层次"（如批发商、代理商、零售商等）。在商品流通过程中，经过的环节或层次越多，分销渠道越长；反之，分销渠道越短。

分销渠道的长与短是相对而言的，仅从形式的不同不能决定孰优孰劣。因为随着分销渠道的长短变化，一种产品既定的市场分销职能不会减少或增加，只是在参与流通过程的中间商之间转移替代或分担。因此，渠道长度决策的关键是选择适合自身特点的渠道类型，权衡利弊得失，尽力扩大经营的效能和效益。实际上，企业往往采取多渠道推销某种产品，取长补短，提高市场渗透程度，以适应不同的市场需求。

3. 宽渠道和窄渠道

分销渠道中，每个层次使用同种类型中间商的数目越多，分销渠道越宽；反之，分销渠道越窄。一般有三种类型：

（1）密集型分销。运用尽可能多的中间商分销，使渠道尽可能加宽。消费品中的便利品（卷烟、火柴、肥皂等）和工业用品中的标准件，通用小工具等，适于采取这种分销形式，以提供购买上的最大便利。这是一种最宽的销售渠道。即在同一渠道环节层次上，生产企业尽量通过众多的中间商来推销其产品。

（2）独家分销。在一定地区内只选定一家中间商经销或代理，实行独家经营。独家分销是最极端的形式，是最窄的分销渠道，通常只对某些技术性强的耐用消费品或名牌产品适用。独家分销有利于控制中间商，提高他们的经营水平，也有利于加强产品形象，增加利润。但这种形式有一定风险，如果这一家中间商经营不善或发生意外情况，生产者就要蒙受损失。采用独家分销形式时，通常由产销双方议定，销方不得同时经营其他竞争性商品，产方也不得在同一地区另找其他中间商。这种独家经营妨碍竞争，因而在某些国家被法律所禁止。

（3）选择型分销。这是介于上述两种形式之间的分销形式，即有条件地精选几家中间商进行经营，而且往往仅选择业绩良好的中间商经营本企业的服装产品，并同中间商建立密切联系。这种形式对所有各类产品都适用，比独家分销面宽，有利于扩大销路，开拓市场，展开竞争；比密集型分销节省费用，较易于控制，不必分散太多的精力。有条件地选择中间商，还有助于加强彼此之间的了解和联系，使被选中的中间商愿意通过努力而加大推销力度。因此，这种分销形式效果较好。

第二节 服装中间商

一、服装中间商的含义及其功能

在现实社会中，中间商的存在不可或缺。因为中间商为生产者和消费者提供各种信息和服务，降低了两者的信息搜索成本和风险，在产品分销、售后服务、产品运输、交易完成、交易量扩大以及消费者利益保护方面都起着非常重要的作用。而且，现在许多中间商越来越注重增值服务，与消费者之间建立了较为长期稳定的关系，促进消费群体的形成和固定其购物模式。同时，这种关系使得中间商在市场中的力量较强，有时候，他们的优惠功能甚至会使生产者放弃直接与消费者交易的计划。

表8-1反映了服装中间商所具有的功能。

表8-1 中间商的功能说明

功能	具体体现
购买	批发商和零售商都必须为了使服装商品向顾客流动而买断商品，代理商根据委托协议接收供应商的产品
销售	每个中间商必须与顾客或买主联系，推销商品，促进货畅其流
仓储、运输	为了把服装产品集中在适当的地点，以便购买与销售。中间商必须承担一定的商品储存运输工作，以保证准时交货和保护产品免遭变质和损失
分类	把从多种供应来源获取的相关产品分类组合，按照顾客需要的花色品种编配起来形成系列商品项目
分级	对于规格质量较为复杂的产品，由中间商在出售前进行检查、试验和评价，并按一定的质量标准划分成若干等级、档次，以利推销
分装	中间商将购进产品的大包装拆零编配，提供适应顾客的小包装
融资	中间商一般应该向顾客提供商业信贷，协助融通完成交易所需资金；中间商通过提前订货、准时付款，同时又为供应商融通了资金
提供市场信息	中间商是生产者与顾客发生联系的纽带，应负责向生产者、顾客提供市场信息，包括市场行情倾向、竞争状况、产品的质量问题、顾客需求和商品价格等，从而减少生产者生产的盲目性和顾客购买的盲目性
承担风险	在大多数情况下，中间商要承担产品在流通中而发生的滞销积压、降价、变质、陈旧过时、被淘汰等所造成的经济损失。批发商和零售商对商品拥有所有权，因此要承担全部市场风险。但代理商一般不承担市场风险

二、服装经销商和服装代理商

按照服装中间商是否拥有商品所有权，可将其划分为服装经销商和服装代理商两类。

1. 服装经销商

服装经销商是自己先购进服装产品，然后再将其转卖出去的中间商。他们对所经营的服装产品拥有所有权。对于大多数的服装企业来说，除自营外，都愿意将产品一次性卖断给经销商，这样一方面可以快速回笼资金；另一方面又可以完全转移产品的市场风险。在服装的分销渠道中，经销商又可以分为批发商和零售商两类。

2. 服装代理商

服装代理商是指受服装生产企业委托，而代理开展销售业务的中间商。他们对所经营的服装产品不拥有所有权。服装代理商大多从事批发销售业务，但在整个批发销售量中所占比例并不大。在分销渠道中只承担为买卖双方提供便利的功能，或协助买卖一方完成一部分必要的手续。一般情况下，对于服装企业销售网络涉及不到的地区，或者销售商不愿意经销本企业的产品时，服装企业会采用代理商。主要有商品经纪人、生产者的代理商、销售代理商、拍卖行等几种形式的代理商。

3. 服装经销商与代理商的区别

由此可见，经销商和代理商两者的主要区别表现在以下方面：

（1）经销商对所经营的服装商品拥有所有权，而代理商仅仅是受服装生产企业委托，代为销售本企业产品，所以并不拥有服装商品的所有权。

（2）由于经销商需要先购买服装企业的产品，所以需要首先垫付一部分商品资金。而代理商经营的代销业务，无须投入商品资金。

（3）经销商赚取的服装商品的购进和销售价格之间的差额，以此作为其经营利润。而代理商赚取的是委托其销售的生产企业所支付的佣金。

（4）由于经销商首先要购进服装产品，所以必然要承担一定的市场风险；而代理商无须承担市场风险。

三、服装批发商和零售商

按照销售对象的不同，可将服装中间商划分为服装批发商和服装零售商两类。

1. 服装批发商

服装批发商亦称转售商，是指不直接服务于个人消费者，而是以专卖、加工而购买服装产品和劳务、从事批发活动的组织和个人。批发商位于商品流通的中间环节，拥有大量的货物。一般批发商可以分为一级批发商和二级批发商。一级批发商是指直接从生产者处购买商品，然后到批发市场等场所进行销售的批发商；二级批发商是指从一级批发商购买商品，然后分销给零售商的批发商。

批发商具备以下职能：

（1）销售与促销职能。批发商通过其销售人员的业务活动，可以使生产者有效地借助众多的小客户，促进销售。

（2）整买零卖职能。批发商可以整批地买进商品，再根据零售商的需要批发出去，从而降低零售商的进货成本。

（3）采购与搭配货色职能。批发商代替顾客选购产品，并根据顾客需要将各种货色进行有效的搭配，从而使顾客节省不少时间。

（4）仓储服务职能。批发商可将商品储存到出售为止，从而降低供应商和顾客的存货成本和风险。

（5）运输职能。由于批发商一般距零售商较近，可以很快地将商品送到顾客手中。

（6）融资职能。一方面，批发商可以向客户提供信用条件，提供融资服务；另一方面，如果批发商能够提前订货或准时付款，也等于为供应商提供了融资服务。

（7）风险承担职能。批发商在分销过程中，由于拥有商品所有权，故可承担失窃、瑕疵、损坏或过时等各种风险。

（8）提供信息职能。批发商可向其供应商提供有关卖主的市场信息，诸如竞争者的活动、新产品的出现、价格的剧烈变动等。

（9）管理咨询服务职能。批发商可经常帮助零售商培训推销人员、布置商店以及建立会计系统和存货控制系统等，从而提高零售商的经营效益。

2. 服装零售商

服装零售商是分销渠道中位于最末端的中间机构，是指将商品直接销售给最终消费者的中间商。它是联系生产者、批发商与消费者的桥梁，对于生产者、批发者和消费者之间的信息沟通起着非常重要的作用。

第三节　服装分销渠道的选择

服装分销渠道决策是企业管理层面临的最重要的决策。在选择分销渠道时，必须要注意营销环境的趋势变化，以长远眼光来规划企业的分销渠道。服装企业选择中间商需根据自身情况来进行合理选择。因为中间层次越多，销售渠道也就越长。但太长的销售渠道会使服装价格成本上升，减弱企业对渠道的控制力。

一、影响服装分销渠道选择的因素

分销渠道策略是指根据产品性质、市场状况、企业自身条件及环境等因素分析，对产品分销渠道的长度、宽度等方面进行合理组合而制订的具体分销方案和措施。影响服装分销渠道选择的因素如图8-3所示。主要涉及服装企业内外部环境中的各种因素，且各因素的影响程度并不完全相同，具体包括以下方面：

1. 服装产品特征

影响分销渠道选择的服装产品特征，主要有服装的特性、款式、价格、时尚性、售后服务以及产品的生命周期等。一般而言，对于必需品，便利和及时是其最基本的要求，因此可以选择较多的零售商，分销渠道要长些。而对于选购品和特殊品，如高档名牌服装，顾客一般都需要比较选择后购买，

图8-3　影响服装分销渠道选择的因素

因此，渠道不宜过长。如果服装单价较高，应选择中间环节少的分销渠道，以免提高服装的销售成本；对于款式变化快的时装，应多利用直接营销渠道，尽量减少服装的物流时间。位

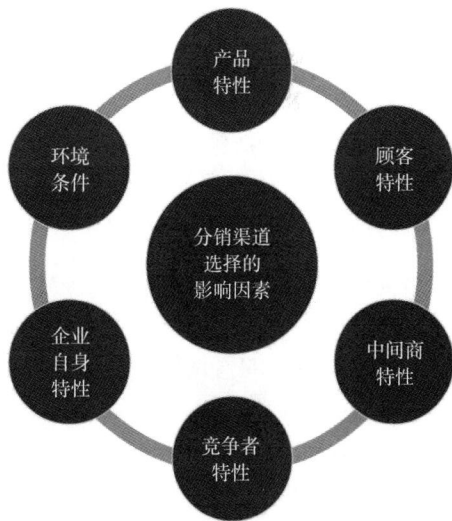

于服装产品生命周期不同时期的产品，应选择不同的分销渠道。比如，为了较快地把新产品投入市场、占领市场，生产企业应组织推销力量，直接向消费者推销或利用原有营销路线展销；而对于在衰退期的产品就要压缩营销渠道。对于具有高度技术性或需要经常服务与保养的商品，营销渠道要短。

2. **顾客特性**

渠道设计受顾客人数、地理分布、购买频率、平均购买数量以及对不同促销方式的敏感性等因素的影响。当顾客人数多时，生产者倾向于利用每一层次都有许多中间商的长渠道。但购买者人数的重要性又受到地理分布的修正。而购买者的购买方式又修正购买者的人数及其地理分布的因素。此外，购买者对不同促销方式的敏感性也会影响渠道选择。

对于顾客频繁购买的服饰用品，如拖鞋、袜子等，宜采用层次较多的分销渠道；在销售数量一定的前提下，当顾客分布比较集中时，宜采取在集中地区设立销售网点进行营销；当顾客分散时，则宜选择中间商将产品送达顾客所在地点。当顾客平均购买数量比较大时，企业应该有能力承担直接销售的费用，宜采取直接营销渠道。

3. **中间商特性**

中间商的性质、功能以及对产品销售任务的适应性也是服装企业进行分销渠道决策的重要影响因素。一般来说，企业对中间商在执行运输、广告、储运、送货、信用以及服务等方面都有不同的要求。比如，有些季节性非常强的服装需要进行一定的储存，则需选择有相应储存能力的中间商来承担。

4. **竞争者特性**

服装企业在选择分销渠道时，必须考虑竞争者的渠道策略，并采取相应的对策。面对竞争者，要么采取正位渠道竞争，即在竞争对手分销渠道的附近设立销售点，正面竞争，以优取胜，例如市面上的快时尚品牌扎堆开店的情况；要么采取错位渠道竞争，即避开竞争对手的分销渠道，在市场空白点另辟新径。

5. **企业自身特征**

企业特征在渠道选择中扮演着十分重要的角色，主要体现在总体规模、财务能力、产品组合、渠道经验以及营销政策等。

当服装企业的规模比较大时，对市场的控制能力就大，愿意与之合作的中间商就多，企业对营销渠道选择的余地就大。例如，赢家、雅戈尔等知名企业在全国各地都设有销售网点；而一些势单力薄的中小型服装企业则将分销交给中间商来完成。对于资金雄厚的服装企业可以建立自己的营销渠道，而对于一般企业则需借助外力来实现。当企业的产品组合宽度越宽，与顾客直接打交道的机会越多，能力越强，则应建立自己的直接营销渠道。对于产品组合深度越深，可选用独家经销或独家代理。当产品组合关联性越强，营销渠道的一致性就越强；对渠道的控制，采用间接分销渠道的企业，必须要和中间商建立良好的合作关系，这时企业必须要兼顾到中间商的利益，但如果企业希望对分销渠道有较强的控制力，则可以选择较短的分销渠道。

6. **环境条件**

经济条件和法律限制等因素也会影响渠道设计决策。例如，在经济萧条时期，生产者希望以最经济的方式销售产品，即运用较短的渠道，取消增加产品最终价格的非必要服务项目。

二、选择服装分销渠道的原则

1. 畅通高效的原则

畅通高效是渠道选择的首要原则，商品的流通时间、速度、费用因素是衡量渠道效率的重要标准。流通时间短、速度快、费用低，效率就越高。

2. 适当覆盖的原则

企业在选择分销渠道时还必须考虑到目标市场的覆盖率问题。渠道成本过低则容易导致市场覆盖不足，渠道过分扩张，目标市场不容易被控制。

3. 稳定可控的原则

企业的分销渠道一旦确定下来，就需要花精力去保持整个渠道的相对稳定。稳定的分销渠道是渠道畅通高效和适当覆盖的基础。而且企业的分销渠道需要具备一定的调整能力，才能适应不断变化的市场。

4. 协调平衡的原则

企业想要和中间商长期合作，避免冲突，就不能只顾着追求自身的利益，一定要兼顾渠道其他成员的利益。只有各渠道成员相互间统一、协调、有效地合作，才能确保总体目标的实现。

5. 发挥优势的原则

企业在选择分销渠道时，要发挥自己各方面的优势，才能确保在竞争中处于优势地位。生产者的优势在于强调产品的开发和生产能力，中间商的优势在于强调产品终端的销售能力。

三、选择服装中间商的条件

如果企业确定了其产品销售策略，选择间接渠道进入市场的方式，则下一步就应该做出选择中间商的决策，包括批发商和零售商。中间商选择的恰当与否，直接关系到服装生产企业的市场营销效果。所以，在选择中间商时首先要广泛搜集有关中间商的信息，并制订审核和比较的标准。

一般情况下，选择具体的中间商必须考虑以下条件：

1. 中间商的市场范围

首先，要考虑预定的中间商的经营范围，包括所在地区与产品的预计销售地区是否一致；其次，中间商的销售对象是否是生产者所希望的潜在顾客。只有中间商的销售对象和生产商的目标市场相一致，才能充分保证分销渠道目标市场的正确延伸。

2. 中间商的地理区位优势

选择零售中间商最理想的区位应该是顾客流量较大的地点。

3. 中间商的营销水平

中间商的营销水平包括资金、人员素质、过去经营状况、增长率、运输、仓储能力等。

实际操作中，一些中间商之所以能够被规模较大且有名牌产品的生产商选中，往往是因为它们具有销售某种产品的专门经验，而这一点能够保证企业产品很快打开销路。

4. 预期合作程度

中间商是否能够全力以赴配合服装生产商，对销售的提升起着决定性的作用。假若中间商与生产企业合作关系良好，则会积极主动地推销本企业的产品，对双方都有益处。因此，生产企业应根据产品销售的需要确定与中间商合作的具体方式，然后再选择最理想的合作中间商。

5. 中间商的财务状况及管理水平

中间商能否按时结算包括在必要时预付货款，取决于其财力状况。整个企业销售管理是否规范、高效，关系着中间商营销的成败。

四、服装分销渠道的设计步骤

在设计营销渠道时，服装生产者必须在理想的渠道和实际可行的渠道之间做出抉择。由于资本有限，新企业通常会先选择一个有限的市场区域进行销售，通常只利用每个市场中少数的几个现有的中间渠道：少数生产者的销售代理商、少数批发商或一些现有的零售商，从中选择最优渠道，并设法说服一个或几个可利用的中间商经销本企业的产品。

设计服装分销渠道时，应遵循以下步骤：

1. 树立渠道目标

对于不同的服装企业来说，渠道设计的目标是有差别的。因此，在进行渠道设计之前，每个企业都应设定预期要达到的目标。因为渠道目标服务于市场营销战略，而市场营销战略服务于整个企业的目标。

2. 确定分销渠道的模式

确定分销渠道的模式即服装分销渠道长短的选择。在确定了服装企业分销渠道的目标之后，就应决定采取什么类型的分销渠道，是派推销人员上门推销、还是以其他方式自销，或者通过中间商分销。如果决定采用中间商分销，则要进一步决定选用什么类型和规模的中间商。

作为一种生活用品，服装消费具有多层次和流行性的特点，而且消费者分布范围广泛，这就决定了服装企业可以根据本企业的经营特点，灵活选择长短不同的分销渠道。在选择时需重点考虑利润和风险两个因素。比如，当服装生产商的实力比较雄厚，便可以自设销售机构，以赢得丰厚的商业回报，并建立自己的品牌；当生产商实力不足时，便可以借助中间商来进行销售。但此时易于受到中间商的控制，且必须给中间商留出一些利润空间。

3. 确定中间商的数目

确定中间商的数目即决定渠道的宽度。这主要取决于产品本身的特点、市场容量的大小和需求面的宽窄。通常可以选择的形式有密集型分销、独家分销和选择型分销三种。对于无品牌服装或非选购服装，如普通的内衣、衬衫、外套、便服等的生产厂商，可采取密集型分销。这一方面可以使消费者及时、便利地购买到本企业的产品，同时也可增加销量，提高市场份额；对于选购性的服装，如具有一定品位、产品服务面较窄、销量有限的时装或者受季节影响较大、顾客选择性较强的服装可以选择选择型的分销。由于这种模式中往往选择业绩良好的中间商，并且彼此之间关系密切，因此，采用这种模式可以提高中间商经营本企业产品的积极性，充分利用商业企业的信誉，扩大销路。同时，生产商容易对中间商实施控制，避免因中间商的经营行为不当而损害本企业的声誉；对于价格昂贵的高级时装、名牌服装或具有特种功能的服装新品可以采用独家分销的方式。这样能够加强生产商对销售渠道的控制能力，但其中任何一方失败都会使对方蒙受损失。

4. 规定渠道成员彼此的权利和责任

在确定了渠道的长度和宽度之后，企业还要规定与中间商彼此之间的权利和责任，如对不同地区、不同类型的中间商和不同的购买量给予不同的价格折扣，提供质量保证和跌价保证，以促使中间商积极进货。还要规定交货和结算条件，以及规定彼此为对方提供哪些服务，如产方提供零配件，代培技术人员，协助促销；销方提供市场信息和各种业务统计资料等。

五、服装分销渠道的管理

在渠道设计完成之后，还必须对个别中间商进行选择、激励与定期评估。只有这样，服装的分销渠道才能达到预期的目标。在分销渠道的管理过程中，主要包括对渠道成员的选择、激励和评估。

1. 渠道成员的选择

服装生产者吸引合格营销中间商的能力各不相同。在选择中间商时，企业应该制定明确的标准和条件以区分较好的中间商，比如评估每个渠道成员的从业年限、发展和利润纪录、协作性和声誉等。如果中间商是销售代理商，则应该评估它经营的其他产品的数量和性质，以及销售人员的规模和素质；如果中间商是一家要求独家或精选销售的零售商，则应评估该店的顾客、位置以及将来的发展潜力。

2. 渠道成员的激励

对于被选中的渠道成员，必须不断地加以激励，使其能够出色地完成任务。对于绝大多数服装生产商来说，可以采取合作、合伙或者制定相应的分销规划的办法从积极和消极两方面共同激励中间商。比如，有时会使用积极的激励因素，如较高的利润额、特殊关照的交易、奖金等额外酬劳、合作广告折让、展览折让、销售竞赛等；有时又会采取一些消极的激励因素，如威胁减少利润额、推迟交货或中止关系等。但切记不能出现激励过分与激励不足的情况。

3. 渠道成员的评估

服装生产商除了选择和激励渠道成员外，还必须对中间商的业绩进行定期评估。如果某一渠道成员的绩效过分低于既定标准，则需找出主要原因，同时还应考虑可能的补救方法。当放弃或更换中间商将会导致出现更坏的结果时，服装生产商则只能容忍这种令人不满的局面；而当出现更坏的结果时，则应要求工作成绩欠佳的中间商在一定时期内进行改进，否则，取消其资格。

（1）契约约束与销售配额。如果一开始就与中间商签订了有关绩效标准与奖惩条件的契约，这样可以避免种种不愉快，因为契约中已经明确了中间商的责任。

服装生产商还应定期发布销售配额，以确定目前的预期绩效。在一定时期内，可以依据各中间商的销售额进行排序，这样既可促使后进中间商为了自己的荣誉而奋力上进，又可以促使先进的中间商努力保持已有的荣誉。

（2）测量中间商绩效的主要方法。比如，将每一中间商的销售绩效与上期的绩效进行比较，并以整个群体的升降百分比作为评价标准。对低于该群体平均水平的中间商，必须加强评估与激励措施。如果对后进中间商的环境因素加以调查，可能会发现一些可原谅因素，这样，生产者就不应因这些因素而对经销商采取任何惩罚措施；或者将各中间商的绩效与该地区基于销售量分析所设立的配额相比较。企业的调整与激励措施可以集中用于那些未达既定比率的中间商。

六、服装分销渠道的调整

在经过一段时间的运作之后，服装企业的分销渠道往往需要加以修改和调整。其主要原因在于消费者购买方式的变化、市场扩大或缩小、新的分销渠道出现、产品生命周期的更替等；另外，现有渠道结构通常不可能总在既定的成本下带来最高效的产品，随着渠道成本的递增，也需要对渠道结构加以调整。通常情况下，服装分销渠道的调整主要有三种方式：

1. 增减渠道成员

增减渠道成员即对现在销售渠道里的中间商进行增减变动。做这种调整，企业要分析增加或减少某个中间商会对产品分销、企业利润带来什么影响，影响的程度如何。如企业决定在某一目标市场增加一家批发商，不仅要考虑这么做给企业带来的直接收益，而且还要考虑到对其他中间商的需求、成本和情绪的影响等问题。

2. 增减销售渠道

当在同一渠道增减个别成员不能解决问题时，企业可以考虑增减销售渠道。这时需要对可能带来的直接、间接反应及效益作广泛深入的分析。有时候，撤销一条原有的效率不高的渠道，比开辟一条新的渠道难度更大。

3. 变化分销系统

变化分销系统是对企业现有分销体系、制度作通盘调整，如改变间接销售为直接销售。这类调整难度很大，因为它不是在原有渠道基础上的修补、完善，而是改变企业的整个分销政策，会带来市场营销组合有关因素的一系列变动。

上述调整方法，第一种属于结构性调整，立足于增加或减少原有渠道的某些中间层次或具体的中间商；后两种属于功能性调整，立足于将工作在一条或多条渠道的成员间重新分配。企业的现有分销渠道是否需要调整，调整到什么程度，取决于销售渠道和分销任务是否平衡。如果矛盾突出，则要通过调整解决问题，恢复平衡。

第四节　服装终端零售的主要业态

零售业态是零售企业为满足不同的消费需求进行相应的要素组合而形成的不同经营形态，是零售企业适应市场经济日趋激烈的竞争产物。服装零售位于服装产业链的终端，是实现价值的重要一环。

纵观近代世界零售业的发展历史，发达资本主义国家的零售业经历了三次革命性变化。第一次以百货商店的诞生为标志，1852年，在法国巴黎诞生了世界上第一家百货商店，标志着零售业从过去分散的、单一经营的商店发展为综合经营各类商品的百货商店；第二次以20世纪30年代兴起的超级市场为标志，通过大量销售体制实现薄利多销，以自我服务方式来节省费用，创造出深受消费者欢迎的新业态；第三次以20世纪50年代的连锁经营的广泛发展为标志。近年来又出现了仓储式商场、专卖店、折扣店、步行商业街、购物中心等零售新业态。

我国的零售业态也出现了三次转折，第一次转折始于1978年，依靠业态创新（如超级商场）与组织创新（如连锁）实现了初步规模化经营；第二次转折始于1992年，零售对外资从局部开放转变为全面开放，开始了本土内的国际化竞争，产权变革和资本市场的开放也极大地推动了我国零售业的发展，竞争的结果使得外资零售由慢变快，内资零售由快变慢；第三次转折始于2008年的全球金融危机，行业希望通过盈利模式转型与经营管理创新来实现新的发展。目前，我国的服装零售业态呈多元化发展态势，因此，如何进行经营战略定位、关注市场转移、并进行零售方式创新、转变盈利模式等是各零售业态保持竞争力的关键所在。

总体来讲，服装零售业态可以分为店铺零售和无店铺零售两大类。

一、服装店铺零售

店铺零售商是指有固定销售场所的零售商，包括百货商店、专卖店、超级市场、折扣店、连锁店、便利店、购物中心、仓储商场等。

1. 百货商店

百货商店通常指规模较大，经营的产品种类较多的商店。西方学者普遍认为最早的百货商店是1852年在法国巴黎创办的Le Bon Marché（乐蓬马歇）（图8-4）。乐蓬马歇位于巴黎左岸最豪华最富有的区域，是巴黎有钱人最喜欢出入的商场。20世纪30年代百货商店的发展达到高峰，成为都市商业中心的核心。百货公司经营范围几乎涉及所有的消费品，尤其是服装、家庭用品、美容化妆品等，其最大特点是商品种类齐全，客流量大，资金雄厚，人才齐全。许多百货商店采用集中管理和分散经营相结合的经营模式，对商品和卖场进行统一管理，卖场中的各个专柜的经营权则交给承租者。承租者需要定期向百货商店缴纳一定的租金。但近年来，随着市场竞争日益加剧，来自大卖场、超市、便利店、折扣店等的竞争非常激烈，加之电子商务的高度发达，百货商店面临的挑战也越来越大，发展状况并不尽人意。

2. 专卖店

专卖店包括服装专卖店和品牌专卖店两种。服装专卖店专门经营一类或几类服装，产品

图8-4 不同时期的乐蓬马歇（Le Bon Marché）百货商店
（图片来源：搜狐网）

线路较窄，但规格品种十分齐全（图8-5）。一般有良好的购物环境，定位明确，迎合了某一类顾客的需求，通常采用连锁形式实行统一品牌管理、统一装修形象、统一经营模式、统一产品配送等。

图8-5 服装专卖店
（图片来源：Bernard柏纳德设计官网）

品牌专卖店一般只经营某一品牌的服装，它们拥有自己特定的客户群，店铺装修风格统一，购物环境舒适（图8-6）。品牌专卖店既有企业自己开的店，也有特许经营和独家经销的店铺。实行品牌专卖店可以严格控制销售渠道，抵制市场上的假冒伪劣商品，稳定品牌商品的价格，保持商品利润，并提供专业化的服务，包括提供购买建议、实施概念营销、售后服务等。

图8-6 品牌专卖店
（图片来源：搜狐网）

3. **超级市场**

超级市场是大规模、低成本、低毛利、消费者自我服务的零售经营方式，主要经营食品、洗涤用品及家庭其他日常用品。超级市场中一般商品品种齐全，特别适合购买频繁、使用量大的易耗类消费品，实行敞开式售货，商品包装规格化、条码化；实行自我服务和一次集中结算的售货方式；实行商品经营管理制度、按部门陈列商品，薄利多销，商品周转快，销售额较大；实行高度部门化管理，以商品充足、方便消费、提高效率、一次性购齐为宗旨，如图8-7所示。

图8-7　超级市场
（图片来源：左图：实地拍摄，右图：百度网）

4. 折扣店

折扣店是以低价格销售为基本特征的一种零售商店，主要面向中低收入人群（图8-8）。折扣店的低价格是建立在低的经营成本基础之上，并不是经营产品的质量不好。其低成本一般是通过减少服务、选择租金较低的销售地点、节省装潢费用等实现的。折扣店的服装大多以价格较低的基本服装为主，如T恤、内衣以及鞋袜等。与百货商场和专卖店的服装相比，折扣店的服装的流行性和时尚性稍差。

图8-8　折扣店
（图片来源：搜狐网）

5. 便利店

便利店是以设立在居民区附近的、经营规模小、营业时间长的一种零售店（图8-9）。一般经营周转快的日常用品，包括内衣裤、袜子等，因其营业时间长而更好地满足人们便捷的需求。

图8-9　便利店

（图片来源：左图：世界服装鞋帽网，右图：实地拍摄）

6. 购物中心

购物中心是一种集购物、休闲、娱乐于一体的零售商店，其布局采取统一规划、店铺相当独立的经营形式（图8-10）。内部结构以百货商店、超市为核心店，同时附有各类服装的品牌专卖店、娱乐中心和快餐店等。

图8-10　购物中心

（图片来源：百度网）

7. 仓储商场

仓储商场又称为仓库商店、货仓式商场、超级购物中心等，是一种集商品销售与商品储存于一个空间的零售形式（图8-11）。这种商场规模大、投入少、价格低，大多利用闲置的仓库、厂房运行。服装是其经营的品种之一，采取开架式陈列，由顾客自选购物，商品品种多，场内工作人员少，应用现代电脑技术进行管理，即通过商品上的条形码实行快捷收款结算和对商品进、销、存采取科学合理的控制，既方便了人们购物，又极大提高了商场的销售管理水平。一般设有大型的停车场，多在城乡结合的交通要道。

图8-11　仓储商场

（图片来源：实地拍摄）

8. 服装零售集市

服装零售集市主要为个体摊位，经销的大多是中低档服装及不知名的品牌服装（图8-12）。主要以低廉的价格和丰富的款式吸引中低收入的城市工薪阶层、学生、外来务工人员以及流动人口。目前，服装零售集市正由以前的"大棚式"向"商厦式"转变，购物环境得到很大程度改善，也吸引了更多的消费者前往，但存在的问题使品质和售后难以保证。

图8-12　服装零售集市
（图片来源：左图：全景网，右图：百度网）

9. 连锁经营店铺

连锁经营作为一种现代化商业组织形式和经营制度，是指经营同类商品或服务的若干个企业，以一定的形式组成一个联合体，在整体规划下进行专业化分工，并在分工基础上实施集中化管理，把独立的经营活动组合成整体的规模经营，从而实现规模效益。也就是说，它是由一系列（两个或两个以上）的商店组成，采取统一采购、统一经营、统一配货、各店经营品种和服务基本相同的策略。目前许多的百货商店、超市等都采取连锁经营的方式。其主要优势在于：通过集中采购可以降低成本，实现规模效益。例如，西班牙的ZARA、日本的优衣库（图8-13）、美国的H&M等。

严格来说，连锁店并不是一种零售经营形态，而是一种零售组织形式。服装连锁店可以分为以下几种类型：

（1）直营连锁RC（Regular Chain）。是指总公司直接经营的连锁店，即由公司本部直接经营投资管理各个零售点的经营形态。总部直接下令掌管所有的零售点，在管理制度上实行

图8-13　服装连锁店
（图片来源：新浪网）

统一化和标准化。各个连锁店的定价、宣传及销售方法都是由总部决定。直接连锁主要是通过经营渠道的拓展从消费者手中获取利润，此连锁形态并无加盟店的存在。

（2）自由连锁店VC（Voluntary Chain）。即自愿加入连锁体系的商店。总部和分店的关系是协商服务关系，是一种既独立又相互联系的连锁形式。自由连锁店中，商品所有权是属于分店店主所有，而运作技术及商店品牌则归总部持有。各个分店定期要向总部缴纳一定的费用，总部的利润也会部分返还分店。各个分店自负盈亏。

（3）特许连锁店。又称为特许加盟店FC（Franchise Chain），即由拥有技术和管理经验的总部，指导传授加盟店各项经营的技术经验，被特许者需要向特许者缴纳一定的费用，此种契约关系即为特许加盟。它是连锁化经营的一种高级形式。通常情况下，特许者以特许经营合同形式授予加盟者，让其在授权者的经营模式下规范操作，被特许者按照合同约定在统一经营体系下从事经营活动，并定期向特许者支付相应费用的商业模式，双方共担风险、分享利润。同时，特许加盟总部必须拥有一套完整的、被认为成功的经营模式，从而可以对特许加盟店进行专业指导，使之能快速启动并从中获取利益。对有一定实力的服装企业来说，特许经营是迅速扩大经营规模的手段。

服装连锁经营具有以下优点：

（1）服装连锁经营把分散的经营主体组织起来，以经营同一品牌的服装，具有规模优势，货品由总部统一进货，可以享受较高的价格折扣，降低了成本，实现了规模收益。

（2）服装连锁经营要建立统一的配送中心，使商品与货币之间转化可以尽快进行，既缩短时间，又减少费用。另外，连锁店分布广泛，在服装市场上容易形成服装随季节流动的可能性。

（3）分工明确。总部负责采购，大规模的采购可以享受较高的折扣，连锁店负责销售。明确的分工必然可以促进经营效率的提升。

（4）信息优势。连锁店分布非常广泛，各分店与总部之间没有中间环节，每个店都能够将从顾客那里搜集到的信息迅速而准确地反馈给总部，总部可以很好地了解消费者的需求和市场的动向，为下一步的决策打好基础。

二、服装无店铺零售

无店铺销售（None-store Retailing）又称为"无固定地点的批发和零售行为"。世界直销联盟、美国直销协会和美国直销教育基金会对"无店铺销售"的共同定义是："不通过零售商的固定店面而从事销售商品及服务给最终消费者的商业活动"。其包括直销、电话销售、网上销售、邮购、电视营销和自动售货机等。

最古老的无店铺销售方式是走街串巷的小商贩。到了17世纪，大规模生产让许多企业也加入到了无店铺销售的行列。从此，送货上门的销售方式不再仅限于个人或家庭行为而发展成组织行为。19世纪末的通信革命和20世纪的信息技术革命使商家信息传递的方式由口头表达或打手势发展为多种媒介，这些都推动了无店铺销售的萌芽和发展。无店铺销售是在20世纪60~70年代发展于欧美、日本等先进发达国家的，在20世纪90年代中期才被引入国内。

"无店铺销售"在拓展市场、方便购买、提高分销效率、节约流动成本方面有很大优势，已成为各国企业分销和市场流通的主要方式之一。无店铺销售的优势是厂家直销、现款交易，资金回笼快，费用省，风险系数低，属于稳健型经营，消费者可获得多方面的好处，销售通过媒体促成，主动将商品推荐给消费者，扩大了销售产品的途径和方式，能够突破顾客购买的时空限制，方便消费者购买，有利于提高企业和客户的沟通效果，从而更好地满足消费者的个性化需求。

1. 无店铺销售的特征

相比传统的店铺销售来说，无店铺销售的经营方式更多，成本更小，操作更简便，是在百货商店、超级市场之后出现的一种新型的零售方式。无店铺销售主要有以下几个主要特征：

（1）多种营销方式相互结合。目前，我国的无店铺经营企业在发展过程中都十分重视电子交易网络的运用，逐渐从传统的店铺销售转向网络销售。

（2）依托传统商业起步，赋予无店铺销售以旺盛的生命力。从各地情况看，凡是经营比较成功的无店铺销售企业，多为有一定传统商业基础的企业，和一些新兴的企业相比占据了很大的优势。

（3）经营商品和服务对象相对集中，利于拓展业务领域。无店铺销售的商品与传统店铺商业模式相比，针对性和个性化的特点更为突出。由于服务对象集中，企业可以在满足消费者商品需求的同时，进一步拓展服务领域，利用网络开展各个方面的信息咨询服务。

（4）投资主体以跨国公司和国内大企业为主。无店铺销售作为一种新兴的商业营销方式，具有经营理念新、投资大、技术含量高的特点，因此，一般的中小企业由于资金、技术、资源等原因难以单独涉足。所以，当前的无店铺销售的投资主体多为资金雄厚、技术先进、服务体系完善的跨国公司和国内大企业为主。

（5）经营商品定位准确，针对性强。传统的经营方式令很多消费者消费方向不明确且经营品种繁多，而无店铺销售经营商品和服务对象相对集中，主要针对某一特定领域营销。

（6）技术含量高。无店铺销售是伴随着互联网、电子商务、现代物流等新兴高科技技术的产生而产生，是新时代的营销方式，发展潜力巨大。

2. 无店铺销售的优劣势

与普通实体店铺相比，无店铺销售模式具有以下优势：

（1）无店铺销售中，网络购物、电视购物、电话购物等方式的发展使消费者可以不受时间和空间的限制有更多的渠道与销售方进行沟通，完成购物。

（2）无店铺销售模式是由销售人员主动接触顾客，进入到顾客所在的场所，向消费者介绍及推销商品。与实体店铺相比，无店铺销售需要更多的渠道去接触顾客，如网络、播放设备等渠道。

（3）商品更具针对性。无店铺销售是让产品去适应顾客，更为主动、高效。

（4）节约成本，减少渠道冲突。无店铺销售减少了流通环节，降低了渠道成本，能够将挤压出的利润回馈给消费者。同时，因流通环节的减少，能提高货物流通效率，使货物更具市场渗透力，将产销更好地结合。

与普通实体店铺相比，无店铺销售模式的劣势如下：

（1）无店铺销售模式的概念注定了销售人员可展示的产品数量较少，不利于顾客建立对产品的直观印象。并且网络消费中存在一些不安全因素，产品质量得不到保证，消费者也经常由于对产品质量的不信任而放弃购买。

（2）无店铺是其利亦是其弊。传统店铺销售模式具备地域的固定性，便于潜在消费者找寻，在这一点上无店铺销售模式就不具有优势。很多商品在街头能迅速地流行起来，而在无店铺销售模式中，有时候很难实现。

（3）就我国而言，无店铺销售的条件还不是非常成熟。尤其是国内客户往往因为物流或售后保障等环节的不通畅而排斥无店铺购物模式。可以说我国目前还没有实现真正意义上的物流、资金流和信息流的统一，这在很大程度上限制了无店铺销售模式在我国国内的发展。

3. 无店铺销售的类型

可以划分为三种基本类型：直销、直复营销和自动售货机销售。

（1）直销。直销（Direct Selling），是指直接于消费者家中或他人家中、工作地点或零售商店以外的地方进行消费品的推销，通常是由直销人员现场作详细说明或示范。这一销售模式最早诞生在19世纪中叶的美国，直销方法有上门零售、家庭聚会零售、展示零售等，是当今世界最先进、快捷、方便的促销工具。直接营销在美国、日本、西欧等国家和地区发展十分迅速。通常适于直销的产品需要具备无差异性、需要示范说明和必须重复购买三个特点。国际上以直销闻名的有安利、雅芳等近十家企业。直销在我国发展的主要阶段如图8-14所示。

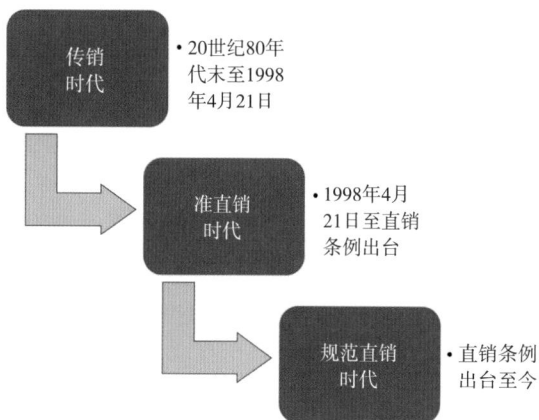

图8-14 直销在我国发展的主要阶段

常见的服装直销方式有门店服务，例如裁缝店将做好的服装放在店内直接销售；或者前店后厂，例如裁缝店从缝纫间到柜台裁缝师傅直接把服装提供给消费者；或者销售人员直接深入到顾客生活小区，进行面对面的直接推销。这种方法由于要支付雇佣、培训以及激励销售人员，因而成本较高，经常采用兼职的操作方式。通常情况下，销售员有固定的销售区域，按照销售额的多少提取佣金。

（2）直复营销。美国直复营销协会认为，直复营销是一种不受空间限制，利用一种或多种媒体手段来得到消费者可测定的回复和达成交易的一种互动式的市场营销体系。最早的直复营销本质是从商品广告、订货、配送到收款都利用邮政通信来完成。

直复营销的特点可以总结为"直"和"复"两个字。其中"直"是指它不受空间限制，相对于等待顾客上门的销售方式而言更加直接；"复"则指出了直复营销的基本精神，它是一种双向沟通式的营销体系，强调双向交流信息。直复营销人员能确切地知道何种信息交流方式使顾客产生了反应行为和反应的具体内容是什么。传统的市场营销和直复营销的主要区别见表8-2。

表8-2　传统的市场营销和直复营销的主要区别

项目	直复营销	传统的市场营销
目标顾客	单个顾客	目标顾客群
市场细分基础	顾客的姓名、住址及购买习惯	人口心理等因素
信息传递方式	与顾客是双向的信息交流	与顾客是单向的信息传递
信息传递媒介	主要利用针对性很强的媒体	相对来说范围广的大众媒体
针对消费者的决策	相对精确	相对来说有误差
销售方式	通过各种媒介手段进行销售	通过零售店进行销售
附加服务价值	服务有送货上门的附加价值	服务中没有送货上门的优势

直复营销和直销的区别在于，直销是推销员以个人方式面向消费者；直复营销则是以非个人方式向消费者推销商品，买者和卖者之间没有推销员的介入。

如图8-15所示，直复营销具有以下特点：

①营销个性化，有很强的目标指向性，即针对顾客个人的需要提出特殊的产品营销方案。

②营销对象明确，即具体的个人、家庭或企业，因此可以衡量、掌握和预测其规模和可能获得的利润。

③直复营销没有中间环节，要求对企业发盘做出及时的回应，企业根据回应信息进行营销。

④媒体选择具有弹性，付费媒体选择更具针对性。

⑤直复营销以"一对一"为基础，在竞争对手不知晓的情况下进行，具有一定的隐蔽性。

⑥直复营销具有广泛的适用性，对于实力雄厚的大企业，直复营销是其增加竞争优势的利器；对于资源有限的小企业，则是使其达到目标市场，实现销售的良好渠道，使信息收集、促销与销售合而为一。

直复营销主要有以下几种类型：

①直接邮购营销。直接邮购营销是指营销者自身或委托广告公司制作宣传信函，分发给目标顾客，引起顾客对商品的兴趣，再通过信函或其他媒体进行订货和发货，最终完成销售行为的营销过程（图8-16）。这是最古老的直复营销形

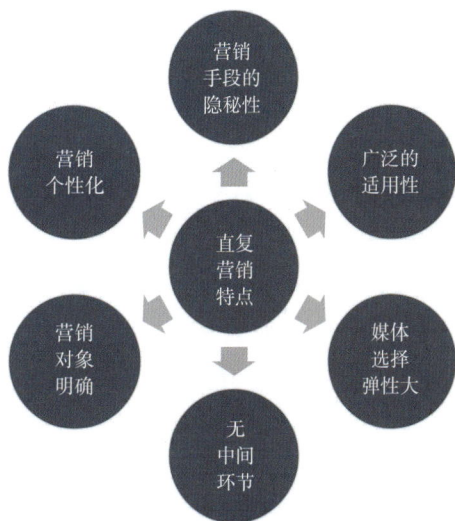

图8-15　直复营销的特点

图8-16　直达信函
（图片来源：百度网）

式，也是当今应用最广泛的形式。早在1982年，美国的邮购总额就已达400多亿美元，占整个零售总额的8%。

直接邮购营销的优点在于：设计、印刷和发送费用较低，辐射面广，可以按商品类别或顾客类别设计和分发不同的信函，目标顾客的选择更有针对性，较易掌握营销效果，信函能给人亲近感，使顾客容易接受。但由于信函的容量有限，使之只能适合某一种或某一类商品的销售，而不能用于综合性商品的售卖，信函很可能会被顾客随手扔掉，不会有意保存，因此其缺点也很明显。

直接邮购营销的主要媒体工具是直达信函，能否在同类信函中脱颖而出，是此种营销方式的关键。为此，直达信函必须具备以下要素：字体易读、对比清晰、字体一致、栏距合适、段落短小、主题突出、巧排版面、回函或优惠券容易剪下等。同时，为了吸引顾客的注意，设计一份清晰而又富有吸引力的直达信函非常重要。从外观上看：信封必须符合标准；文字和色彩必须具有诱惑力；在信封背面可考虑印制名人名言、生活常识或祝福语言，以吸引顾客保留。从内容上看：标题应开门见山，提纲挈领，不能故弄玄虚；正文应简洁明了，重点突出，不能夸大其词；结尾应画龙点睛，唤醒需求，如可进行重点提示"再次提醒：优惠日期仅有7天"等。

②目录营销。目录营销是指营销者编制商品目录，并通过一定的途径分发到顾客手中，由此接受订货并发货的销售行为。目录营销实际上是从邮购营销演化而来的，两者的最大区别就在于目录营销适用于经营一条或多条完整产品线的企业。如图8-17所示为英国成功的电商品牌Argos的目录营销。

目录营销的优点是：内含容量大，信息丰富完整；图文并茂，易于吸引顾客；便于顾客作为资料长期保存，反复使用。其不足之处在于设计与印制的成本费用高昂；只能具有平面效果，视觉刺激较为平淡。

在目录营销中，必须重点关注商品目录的设计和分发。与直达信函不同，商品目录所提供的是一系列商品的信息。因此，除了前面所讨论的基本要求之外，商品目录在设计时还

图8-17 英国电商品牌Argos的目录营销

（图片来源：中国网络空间第一智库）

应考虑商品的介绍顺序、目录的艺术性与生活性，以及翔实的邮购指南。比如，在安排顺序时，企业既要考虑吸引顾客，又要考虑商品在企业中的不同地位。如日用消费品的目录顺序一般为女士服装、儿童服装、男士服装、美容清洁用品、运动用品、家居用品和玩具。在艺术性方面，一般都要选用精美的图示或照片，使顾客有美的享受。同时，目录还要生活化，不能给人以可望而不可即的感觉。商品目录还应包括详尽的邮购指南，如邮购方法、付款方式、服务保证、到货日期、缺货处理等内容。有些目录还需有相关的信息帮助。如服装类目录常备有一个身高、三围换算或标准号的表格，以供顾客参考。由于目录一般都印刷精美，成本较高，所以它的分发方式与"遍地撒网"的直达信函有很大的区别。常见的分发方式有登广告征求索要者，可免费或收成本费；向老顾客或潜在顾客免费邮送；在报摊或书店进行成本价售卖；雇佣专人选择目标顾客进行分发；在所设立的邮购点免费赠送或出售。

　　③电视营销。电视营销即电视购物，是指营销者购买一定时段的电视时间，播放某些产品的录像，介绍功能，告示价格，从而使顾客产生购买意向并最终达成交易的行为。其实质是电视广告的延伸，优点在于通过画面与声音的结合，使商品由静态转为动态，直观效果强烈；通过商品演示，使顾客注意力集中；接受信息的人数相对较多。但其制作成本高，播放费用昂贵；顾客很难将其与一般的电视广告相区分；播放时间和次数有限，稍纵即逝。

　　为了克服上述弊端，有些营销者创造了一种新的电视营销方式——家庭购物频道。这种方式主要是通过闭路电视或地方电视台播放一套完整的节目，专门销售各色俱全的套装产品。观众只需将频道锁定，即可全天24小时收看，并能随时通过免费电话与该公司联系。如图8-18所示为韩国电气研究院利用在线电视购物实现技术转让。

　　在电视营销的实施过程中要注意以下几点：首先，确定目标顾客。由于企业经营品种的不同，目标顾客也会有一定的差异。其次，确定合适的商品。电视营销的费用较大，导致企业必须尽快收回成本，产生效益。因此，电视营销最适合的商品应是价值较大的日常生活用品。电视营销的目的就是为了取得订货。所以，节目内容的侧重点是商品功能、特征、顾客

图8-18　韩国电气研究院另辟蹊径——利用在线电视购物实现技术转让

（图片来源：新浪网）

利益、价格和购买方法等信息，以便顾客马上能方便地进行订货。电视营销节目制作的基本原则是主题清晰、贴近生活和值得信赖。

④网络营销。网络营销是指营销者借助电脑、联网网络、通信和数字交互式媒体而进行的营销活动。网络营销是直复营销中出现最晚的一种，但也是发展最为迅猛、生命力最强的一种。目前，已发展为无店铺销售的主要形式。与传统商业相比，无店铺销售是充分利用数字技术、通信技术、视频技术、物流技术等先进科学技术现代化的产物。随着社会经济发展水平提高、社区信息化水平的提高，人们的信息化程度更高，无店铺销售的前景必将无可限量。

服装零售品牌GAP在世界各地分别有超过2600家专售店，通过互联网（图8-19），顾客可以非常方便地预览商品，然后进行在线订购，之后再去实体商店中取货。同时，GAP公司也在实体商店中向顾客宣传GAP网络。在GAP店铺中，随处可见GAP的网络名，在收银台前，收银员也会向顾客建议光顾他们的网上商店。并且，如果顾客愿意留下自己的信箱名，他还会享受到一定的折扣。所有这些得到的信箱名，都用来建立顾客的数据库。此外，顾客在网上购买的货物，也可以到实体商店中退换。所有这一切，都使GAP的业绩迅速攀升。

图8-19　GAP官方网站
（图片来源：GAP中国官方网站）

网络营销具有无可比拟的优势。首先，营销开支大为节省。在电脑网络营销中，所有的营销材料诸如公司介绍、产品目录、说明书等经过电子化之后，无须印刷、包装或运输即可直接上网发布，并可随时修改和更新。这就大大降低了企业的营销费用。据统计，整个网上营销的成本只相当于直接邮购营销的30%。其次，真正体现以顾客为核心的现代营销思想。利用电脑网络的互动性和定制化功能，企业能及时获得顾客对某产品的特定要求，使其能准确地以顾客为中心处理产品信息，从而进行个体的跟踪服务，让顾客最大限度地满意。再次，可以增加企业竞争力。与一般直复营销方式相比，电脑网络营销可以更好地将产品本身、促销手段、顾客意见调查、广告、公共关系、顾客服务等诸多营销内容结合在一起，通过文字、声音、图像及视讯等手段与顾客进行一对一的沟通交流，真正达到营销组合所追求的综合效果。最后，便于企业最大限度地拓展国际市场。通过互联网、网络营销可以帮助企业抛开时空的限制，以最低的费用、最快捷的方式进入国际市场，将自身的营销活动伸向每一个角落。

同时，网络营销由于技术等方面的原因，也存在安全支付等方面的问题，有待于进一步完善。

⑤电话购物（图8-20）。是指通过电话完成销售或购买活动的一种零售业态。电话营销是指经营者通过电话向顾客提供商品与服务信息，顾客再借助电话提出交易要求的营销行为。电话营销的优势在于能与顾客直接沟通，可及时收集反馈意见并回答提问；可随时掌握顾客态度，使更多的潜在顾客转化为现实顾客。但是，这种营销方式的营销范围受到限制，在电话普及率低的地区难以开展。同时，由于顾客既看不到实物，也读不到说明文字，易使顾客产生不信任感等。

图8-20　电话购物
（图片来源：百度网）

（3）自动售货机销售。这是第二次世界大战之后出现的一种零售方式，销售包括香烟、饮料、报纸、T恤、袜子等在内的商品（图8-21）。自动销售机的运营和管理由商品生产者或零售商负责，销售机生产厂家将机器以转让、出租或转卖的形式交付运营商，运营商再与机器设置地所有者签订协议，按照一定比例缴纳场地占用费；运营商工作人员以携带式电脑与销售机和总部终端连接，及时接收信息指令，并兼做配送员，负责补充商品、取走货币、清洁卫生和信息管理等日常工作。

自动售货机的特点和优势在于24小时连续营业，给消费者带来极大的便利，而且由于实现了无人销售，可以大量节约劳动力，降低流通成本（图8-22）。自动售货机的局限在于仅

图8-21　饮料自动售货机
（图片来源：蜂窝物流网）

图8-22　自动售货机的特点

适合销售规格统一、质量保证、价格一定、及时性消费的商品和服务。

总体来看，无店铺销售是一种能体现时代发展潮流和趋势的重要销售模式，是商业经济发展到一定阶段的必然产物，也是顺应现代消费方式需求和技术进步的必然趋势。虽然目前在我国的迅速发展还存在一些制约因素，但只要有目的地针对这些不利因素，有意识地对之进行管理，这种新兴营销方式最终必将为人们所接受。

PART 2　项目实操

一、项目目标
掌握服装分销渠道的构成及分销渠道的设计方法。

二、项目任务
选择某一知名的服装企业，分析其分销渠道的现状及存在问题。在此基础上，对其分销渠道进行优化方案设计。

三、项目要求
班内同学自由组合，3~4人为一组进行方案设计。选定合适的调研对象展开调研，需有过程记录，最终以原始资料为基础数据，完成项目优化方案。

四、开展时间及形式
课后实践环节，以二手资料收集、现场实地调研以及访谈为主要形式。

五、项目汇报
以PPT及视频形式以小组为单位进行调研结果和优化方案汇报。注意提供过程记录。

PART 3　项目指导

一、项目策划准备工作

1. 确定分组
班级内的同学自由组合，3~4人为一组进行调研。

2. 选定目标企业

二、项目实施指导

1. 确定分析对象
通过查阅相关资料，确定一个合适的服装企业作为实训对象。

2. 分析分销渠道
说明该服装企业分销渠道的基本模式，并分析该企业分销渠道设计的优劣势。

3. 案例分析借鉴
选择并对比2~3家企业的分销渠道，并说明该服装企业分销渠道区别于其他企业的原因。

4. 渠道访谈
选择该品牌专卖店所在的商场对该服装品牌负责人进行访谈，了解该品牌服装在购物商场销售时的操作程序以及需要注意的问题，总结采取服装专卖店形式销售的特点。

5. 优化分销渠道

基于以上分销渠道的问题探析，可以通过SWOT分析法进一步对当前品牌电子商务的环境下的营销渠道的优势、劣势、机会、威胁进行结构化和系统性分析，实现对渠道现状全面、客观的认识，优化设计该品牌的营销渠道整合方案。

PART 4　案例学习

电子商务环境下波司登营销渠道管理

波司登股份有限公司是亚洲规模最大、技术最先进，集科研、设计、制造、销售于一体的羽绒服装企业（图8-23）。多年来，波司登积极实施名牌发展战略，拥有"波司登""雪中飞""康博"三个中国驰名商标，现有常熟波司登、高邮波司登、江苏雪中飞、山东康博、徐州波司登、泗洪波司登六大生产基地。

图8-23　波司登品牌官方网站
（图片来源：波司登品牌官方网站）

波司登于2008年开始以淘宝平台为主的电子商务活动，并于2009年4月成立波司登电子商务部门。如图8-24所示为波司登的网络营销渠道结构图，波司登的网络营销渠道主要有波司登公司开发的自主式B2C官方网站、平台式B2C的网络分销商如天猫商城、京东商城等，还有以淘宝网、拍拍网为主的C2C网络分销商。

由于不同分销渠道容易造成价格、促销、顾客资源等冲突，所以波司登在管理营销渠道时，需要均衡各个渠道成员之间的利益。波司登之所以能在电子商务业务取得巨大的销售增长，与其高效的营销渠道运作以及渠道管理办法密不可分。

第一，加强与网络分销商的沟通。波司登的网络分销商拥有自己的网络营销

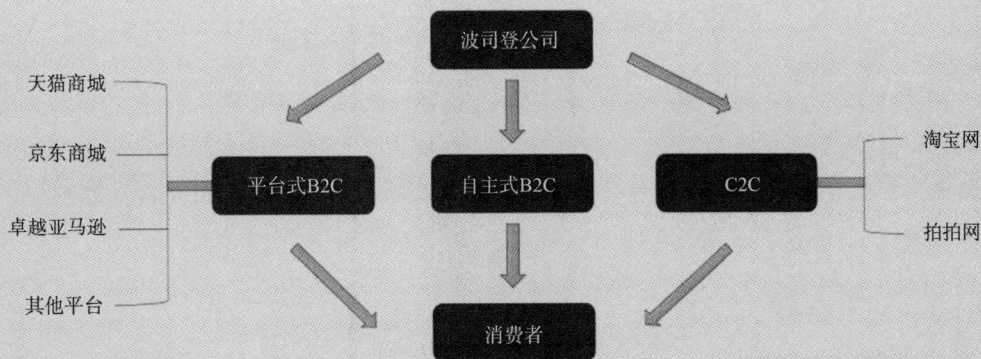

图8-24　波司登的网络营销渠道结构

渠道建立分销群，网络分销商可以通过分销群和公司进行沟通，参与波司登网络分销渠道的建设和渠道政策的制定，并在群中及时地反馈问题，如某款羽绒服在多数消费者购买后反馈的质量问题、传统分销商未经授权在网络上低价倾销等问题。同时，公司也会不定期的与网络分销商就渠道管理中出现的一些普遍问题进行沟通。与网络分销商的沟通有助于公司更好地发现问题，管理渠道。

第二，召开波司登网络分销论坛。每年的9月中下旬，波司登公司会举行网络分销论坛。在分销会上，公司会就新款羽绒服、市场政策等对各分销商进行培训，以帮助分销商通过网络销售渠道开展销售活动；当然，网络分销商也可以在会上提出建议和意见，以利于公司及时发现问题，实施相应的渠道管理措施。同时，借助网络分析论坛，网络分销商之间可以加强沟通交流，增进彼此了解。

第三，应用电子商务ERP系统。波司登公司于2009年正式运行独立开发的电子商务ERP系统，其功能包括：

①基础数据，主要包括波司登线上产品的货号、颜色、尺码以及第三方快递费方面的信息。

②商品订单，主要是供网络分销商输入订单信息、审核订单。公司根据网络分销商录入的订单信息统一发货。

③库存明细，库存会随着网络分销商的订单录入而即时更新，极大地提高了库存管理效率。

④退换货管理，满足网购客户因质量、尺码、色差等问题而产生的退换货要求。

⑤资金管理。分销商可以随时查看线上产品整体或者单品的销售金额、预存款以及奖罚金额，通过资金管理精确把握线上产品的销售情况。通过ERP系统，可以实现网络营销渠道和传统营销渠道之间的关系调节，极大地提高了波司登公司的渠道效率，实现了线上线下共同发展。

第四，合理的价格策略。针对不同的网络营销渠道成员，波司登采取差别定价的策略，以规避不同渠道成员之间的渠道冲突。例如，公司官方旗舰店的定价要比京东、亚马逊等平台式B2C平台定价高5～10元，B2C电子商务平台又比C2C店铺高5元左右。这样使得每个营销渠道都可以采取独立的营销策略，便于各个渠道的管理。

电子商务环境下网易考拉的渠道管理

网易考拉海购是网易旗下海外正品的购物网站，属于媒体驱动型电商，在"自营模式+微利生态圈+保姆式服务"经管理念的指导下，采取了自营+海外直邮模式（图8-25）。对于海外厂商，考拉给他们提供从跨国物流仓储、跨境支付、供应链金融、线上运营、品牌推广等一整套完整的保姆式服务。海外供货商只需要生产商品、提供商品，网易则通过自身资源将海外厂商利益最大化。

图8-25　网易考拉平台首页截图
（图片来源：网易考拉中国官方网站）

2016年1月29日，网易考拉获得由中国质量认证中心认证的"B2C商品类电子商务交易服务认证证书"，认证级别四颗星。网易考拉成为国内首家获此认证的跨境电商，也是国内获得认证级别最高的电商平台。

通过网易考拉平台，网易考拉全球工厂店会精选国际一线品牌供应商，直接为国内消费者提供去除中间差价的、高品质海外直销商品。为加强海外原产地直采和海外供货商的管理，公司在主要供货地成立了专门的海外分站，并组建了专门的海外采购团，以配合海外分部的采购工作。

网易考拉采用了最简单、直接的垂直自营模式（图8-26），即海外供货商→网易考拉→消费者，中间省去了多余的环节和费用。这种垂直自营模式具有刚性需求、频率较高、流量大的特点，比较容易

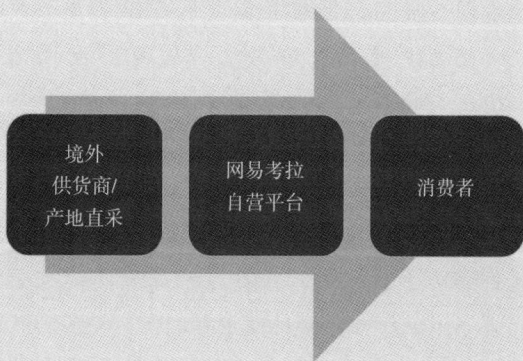

图8-26　网易考拉垂直自营渠道

切入市场，一般在某些特定领域特别受消费者欢迎，如母婴、化妆品、服装等，是消费者接触海外商品的起点，也是转化流量的必备种类。

PART 5　知识拓展

跨境电商的发展机遇

跨境电商（Cross—boarder Electronic Commerce）是指分属不同关境的交易主体，通过电子商务平台达成交易、进行支付结算，并通过跨境物流送达商品、完成交易的一种国际商业活动。目前常见的跨境电子商务模式主要有B2B（Business to Business）、B2C（Business to Customer）和C2C（Customer to Customer）三种。传统的电商形式中最常见的是B2B模式，由国外的批发商集中采购；随着大量第三方在线交易平台的建立，使跨境电商的交易门槛大幅降低，越来越多的零售商甚至消费者直接参与到网上购买和销售过程，缩短了供应链条，减少了中间环节，优势更加明显，B2C模式的使用显著增加；甚至出现了不同国家消费者之间少量商品互通有无的C2C模式。

随着互联网技术的发展，信息更加透明，跨境物流成本降低，消费者购物没有门槛限制，使消费者足不出户，就可享受购遍全球的便利。跨境电子商务正渐渐地改变消费者的消费习惯。从近年进口跨境电商的发展来看，其发展状况表现出以下特点：

1. 竞争激烈

由于日益激烈的竞争，进口跨境电商的生命周期不断缩短。越来越多的小型电商被逐步淘汰，大型自营类电商业务逐渐由垂直转向综合趋势。各电商必须要充分利用自身优势才能在残酷的竞争中存活下来，比如京东要依靠自身的流量优势，天猫国际要依靠集团和平台优势带动销售的增长。

2. 营销方式多样化，趋向移动端消费

由于科技和移动网络的不断发展，现代人类的生活已经离不开网络。当下，电商们利用网络、社交媒体等方式进行营销活动吸引顾客。许多电商通过社交媒体宣传的方式，与用户建立起较稳固的关系。许多电商都开通了移动端购物平台，方便消费者利用碎片化时间消费购物，这种不受时间、空间限制的购物方式更加灵活方便。

3. 线上线下融合

网络购物出现之后，许多消费者在购买行为发生之前，会在互联网、App和实体店进行详细考察和比较后再决定采取哪种购买方式。在消费的过程中，人们越来越多地将实体店、电商平台、社交媒体、移动App融合在一起。到目前为止，几乎所有的大型零售商都融合了直销和电商平台销售。如2018年在杭州大厦中央商城开业的网易考拉第一家线下实体店，店内所有商品基本都是跨境电商平台热卖商品。

在跨境电商迅猛发展的势头下，也给我国跨境电商带来了一定的发展机遇。跨境电商使

国际经济联系日趋紧密，中国目前在APEC、东盟、WTO等国际经济合作组织中的影响力日益增强，尤其是在"一带一路"规划下，国际商贸往来频繁，国内的生产企业可以更便利更迅速地掌握国际市场的消费需求，国际的贸易政策和信息也更加透明和公开，这都有利于国际电商的顺利开展。同时，中国政府的多项政策支持，不仅对整体跨境电商市场的发展起到了极大的推动作用，也使跨境电商企业在企业运营成本、企业业务流程、企业纳税等多方面获得有力保障。国内自贸区的设置也为跨境电商的开展创造了由点及面的突破。

第九章　一招制胜：服装促销策略

　　成功的服装市场营销活动，不仅需要向市场提供令消费者满意的服装产品，制定适当的价格策略以及选择合适的分销渠道，同时还需要采取适当的方式进行促销。也就是说，需要是消费者产生购买行为的内因，而作为外因的促销活动能够对购买行为的发生起到催化、加速、促成和激励的作用。因此，促销策略是四大营销策略之一。正确制订并合理运用促销策略是服装企业在市场竞争中获取较大经济效益的必要保证。

问题导入

　　自2016年网络直播开始以来，经过短短几年的发展，直播带货取得了飞速发展。尤其是在2020年新冠疫情期间，网络直播带货迎来了发展的最好契机。为什么直播会产生如此大的流量？有哪些服装网络直播做得比较好？其特色和亮点是什么？

PART 1　理论、方法及策略基础

第一节　服装促销的作用和特点

一、服装促销及其作用

1. 服装促销的含义

　　促销（Promotion）是促进产品销售的简称，它有广义和狭义两层含义。广义的促销是指企业应用各种信息沟通方式与手段，向消费者传递企业及其产品或服务的信息，通过信息沟通，使消费者对企业及其产品或服务产生兴趣、建立好感与信任，进而做出购买决策，产生购买行为的活动。主要方式包括人员推销、广告、营业推广和公共关系。而狭义的促销即单指营业推广，也称销售促进。

　　针对服装产品而言，服装企业或者经销商通过运用广告等手段或方法，将服装的品牌、性能、用途、特点、价格、使用方法、保管方法以及提供的服务等相关信息传递给目标顾客，进而激发消费者的购买欲望，以增加产品销售额、提高企业知名度的活动，形成了服装的促销活动。

2. **服装促销的要素**

（1）促销主体，即主动开展营销活动的组织或个人。

（2）促销客体，即促销活动的对象，是促销活动信息传递的受众。

（3）促销内容，即服装企业通过促销活动向消费者推广介绍和传递沟通的信息内容，它可以是企业的信息，也可以是产品、服务或构思的信息。

（4）促销目的，即通过信息沟通赢得信任、诱导需求、影响欲望、促进购买。促销正是针对这一特点，通过各种传播方式把产品、服务或构思的有关信息传递给消费者，以激发其购买欲望，使其产生购买行为。

（5）促销方式，是企业向消费者传播、沟通信息的媒介。促销的方式大致可分为人员促销和非人员促销两类，两种方式各有优势，企业在促销活动中通常将两者结合运用。

3. **服装促销的作用**

消费者能否产生购买行为，其"内因"是需要，促销只是"外因"。但促销能够起到催化、加速、促成和激励的作用。服装促销的作用主要表现在以下方面：

（1）传递供给信息，指导顾客消费。在现代市场营销活动中，信息流作为商业活动的前导，发挥着不可估量的作用。促销能够把企业的产品、服务、性能、价格等信息传递给目标公众，引起他们的注意。从本质上看，促销就是一种面向目标公众的消费引导。

随着竞争的加剧，那种"酒香不怕巷子深"的传统营销观念已经没有市场。促销能够及时地收集和汇总顾客的需求和意见，迅速反馈给企业管理层。通过促销，企业可以及时得到消费者对产品的外观、价格、使用过程中发现的问题以及额外需求等反馈信息。促销所获得的信息准确率高，可靠性强，对企业经营决策具有较大的参考价值。毫无疑问，通过促销加深企业和顾客之间的了解，已经成为企业争取顾客的重要环节。

（2）突出产品特点，传递品牌理念。促销的目的在于通过各种有效的方式，解除目标公众对产品或服务的疑虑，说服目标公众，坚定他们购买的决心。例如，在同类产品中，许多产品往往只有细致的差别，用户难以察觉。企业通过大量的促销活动，宣传自己产品的特点，使用户认识到本企业的产品可能给他们带来的特殊效用和利益，觉察该产品与其他同类产品的不同和优势，进而乐于购买本企业的产品。

（3）强调心理促销，激发消费需求。需求是在市场经济条件下人们有能力和有意愿的消费。尽管需求会受到购买力的限制，但有效的促销活动，不仅可以引发现实顾客的购买欲望，还可以挖掘出潜在的顾客；不仅可以激发顾客的现实需求，还可以发掘顾客的潜在需求。而现代促销活动其实是"攻心为上"、强调心理战术的促销活动。也就是说，"心动"是前提，只有"心动"才可能"行动"。无论哪一种促销方式，从本质上来说，都是一种"打动人心"的活动。针对顾客购买服装时的从众或者盲目的心态，通过促销活动，可以提高消费者对本企业产品的知晓程度，了解产品的特点和特色，从而扩大产品销量。

（4）扩大影响，提高知名度。知名度是企业形象的重要组成部分，包括企业组织的知名度，产品知名度，企业第一管理人的知名度。企业知名度的提高能明显促进产品的销售。通过有效的促销活动，树立良好的产品形象和企业形象，往往有可能改变用户对本企业产品的认识，增强消费者对企业产品的信心。使更多的用户形成对本企业产品的偏爱，在购买时率先考虑该企业产品，从而提升销售业绩。

（5）树立企业形象，培养顾客忠诚。促销活动有时并不以立即产生购买行为为目的，它可能是通过促销活动树立企业及其产品在市场上的良好形象，给消费者留下深刻的印象，形成消费者根深蒂固的特殊偏好，与企业结下"厚意深情"的情结，一旦产生购买欲望与需求时，就会马上联想到本企业的产品。

二、服装促销的特点

服装作为一种时尚型的产品，其款式变化快，流行周期短，市场定位较为严格和细致。而且与其他产品相比，服装是一种非功能性价值含量高的产品，除了满足人们日常穿着的需求外，其中还包括社会价值、文化价值、美学价值、象征价值等。所以，服装促销具有以下特点：

1. 侧重形象或理念定位

随着社会和经济的发展，服装的穿着意义，绝不仅是保暖、遮体等功能性方面，而是个人品位和身份的象征。一般来说，消费者缺乏对服装深层次内涵的理解，因此，设计师就要利用服装产品以进行有效的引导。也就是说，设计师在进行服装设计的过程中，将品牌理念融入产品之中，并结合流行趋势，通过面料、色彩、款式、细节和档次等要素的协调搭配，准确诠释品牌形象，通过媒体给消费者传递信息，有效引导消费者的消费倾向。

如图9-1所示，"JNBY × WANDERVOGEL"是江南布衣2020年春季的联名系列，该系列服装尽可能使用可持续、可循环的材料，这和江南布衣推出的全新时尚环保品牌"REVERB"理念相同。"REVERB"以零浪费时尚为品牌哲学，秉持"Athleisure、无性别、再生和灵动"的设计理念，旨在触发关注时尚的当代青年对时装之未来的思考，设计师在传达品牌风格和理念的同时也希望通过服装转变当代男性和女性积极的生活方式，传达给消费者关注环保、关注人与自然的理念。

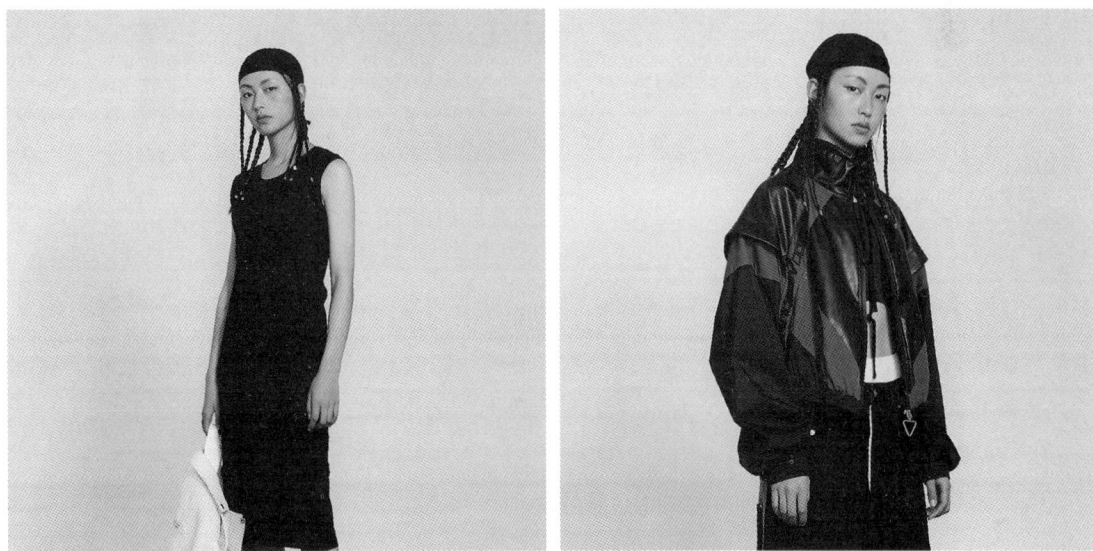

图9-1 江南布衣2020年春季联名系列JNBY × WANDERVOGEL
（图片来源：江南布衣官方旗舰店）

2. 追求品牌效应

在现代服装市场营销的过程中，品牌不仅是产品的名称和标志，还是一种重要的营销手段。通过促销活动，可以逐步塑造和培育一个知名品牌，带给生产企业不可估量的无形价值，对企业的生存和发展起到积极的作用。但要注意的是，品牌的形成，需要长期不懈的宣传和促销努力，绝不可一蹴而就。只有这样，才能形成忠诚的顾客群，进而扩大销售额。

例如，1990年，李宁刚刚踏入运动服饰市场，当时消费者的购买能力并不高，因此，价格偏高的李宁并没有得到传统国营商业主批发渠道的重视。同年8月，李宁不仅成为圣火传递指定服饰，而且成了亚运会中国国家代表队的赞助运动服。随后，李宁在亚运会、NBA、奥运会等大型体育赛事上频频亮相，品牌商业价值不断上升，逐渐从一个新兴的中国品牌而走向世界。它不仅包揽了中国奥运金牌项目代表队赞助权，而且不少国际明星也加入了李宁阵营，前NBA球星奥尼尔就是很好的例子（图9-2）。

图9-2　前NBA球星奥尼尔身穿中国品牌李宁
（图片来源：搜狐网）

随着消费者生活质量的提高，消费者对产品的需求也随即发生了质的变化。消费者更加注重品牌价值和消费体验。由李宁的案例可知，一个好的企业不单单只是拓展自己的产品业务，更需要提升自己的品牌价值，为品牌注入源源不断的生命力。

3. 注重季节变化

服装销售和流行具有明显的季节性，同样，服装的促销活动也要随着季节的变换而采用不同的促销方式。通常情况下，一年的时装季节有2~4季，针对零售商的促销常在季节前进行，促销活动的总体规划应以季节为主题，如夏季时装发布安排在1月或2月，春季时装发布则在上一年的10月或11月，而零售商的促销则稍微滞后一些。

4. 重视视觉效果

服装商品本身是一种生活艺术，具有鲜明的审美属性，并且服装的实用功能越来越让位于审美、装饰功能。服装的美学意义主要在于视觉方面，要表达这种流动的艺术，采用视觉传播媒介如出版物、电视、广告牌等是很理想的；其中杂志彩印画页、电视和时装表演最能传达服装风格和表现服装感染力。比如，2019年，米兰时装周上主题为"星空、极寒和地衰"（图9-3）的波司登新品发布会受到了时尚人士及各路明星的追捧，其超纤维压光印花面料的羽绒服充满了星光般璀璨的光泽，高级艺术纹理与星空印花面料完美融合，在灯光的照射下非常亮眼。意大利著名杂志*VOGUE*详细报道了这场大秀的内容，很多外媒也给予其高度评价，这场视觉盛宴的时装秀为波司登带来了巨大收益。

5. 针对目标群体

服装是各种价值的综合体现，而服装价值能否实现，取决于目标群体的理解和认可。所以，促销活动应切实考虑目标人群的心理需求，展开针对性的促销活动。

图9-3　2019年波司登米兰时装周
（图片来源：搜狐网）

第二节　服装促销的方式

一、人员推销

1. 人员推销的含义及优缺点

人员推销（Personal Promoting）也称为直接促销，是服装企业运用推销人员直接与消费者接触，推销商品或劳务的一种促销活动。它是促销组合中最传统、最普遍但又最基本、最富有技巧性的一种销售方式。推销员作为企业代表，是联系服装企业和消费者之间重要的桥梁和纽带，将企业的形象和文化传递给消费者，同时又从消费者那里搜集到有关产品的重要信息以及市场需求情况，并及时反馈给企业。

与非人员推销方式相比，人员推销的最大优点是推销人员与潜在顾客直接接触，因而信息沟通过程是即时的、双向的，推销人员可以立即获得信息反馈并据此做出反应。其核心是说服用户，使其接受所推销的产品或劳务。推销的实质是推销品在推销人员和推销对象之间的"转移"过程。

人员推销具有以下优点：

（1）方式灵活多样。人员促销主要是由推销员和顾客保持直接的联系，依靠推销员的个人沟通技巧和魅力，在销售过程中随机应变，及时发现顾客的潜在需求以及所期望的最大利益，察觉阻碍购买的障碍因素，调整推销策略。对于服装产品，人员推销不仅可以直接向消费者介绍服装的质量、面料性能、洗涤和保管方法；还可以示范给消费者，消除消费者的各种疑虑，促成购买。

（2）具有较强的针对性。促销人员在工作之前需要做大量的工作，比如了解顾客的情况、觉察顾客喜好，在推销过程中能够灵活根据顾客的实际情况有的放矢地进行工作。

（3）易于建立信任关系。一个成功的推销者首先必须熟悉产品的性能、质量、工艺流程、保养和维护等方面的知识，并让消费者认知产品和产生浓厚的兴趣，进而产生强烈的购买欲望，最终采取购买行动。在这个过程中，促销人员和顾客之间要建立相互信任的友谊，而不再是纯粹的商品交易关系。

（4）信息反馈即时。促销人员将顾客所需的商品信息告知他们，顾客也将他们对产品的意见及时告知促销人员，促销人员在进一步了解顾客后，将所有收集到的信息反馈给企业的决策机构，以便企业对下一阶段的销售计划做出新的调整。

但是，人员促销也有不足之处。主要表现在：推销人员所接触的顾客有限，且随着消费者数量的增加而使成本上升，所以该种方式适用于消费者数量少的情况；推销人员不仅是企业文化和形象的代表，而且会从顾客那里了解到许多重要的市场消息，因此，推销人员素质的高低对推销活动的成败起着非常重要的作用。推销员不仅要有强烈的责任心、良好的语言表达能力和实际应变能力，还要谙熟产品各个方面的知识，并随时洞察消费者的心理，因此，培养高素质的推销人员并非易事。

2. 人员推销的基本形式

一般来说，人员推销有以下四种基本形式：

（1）上门推销。上门推销是最常见的人员推销形式。它是由推销人员携带产品样品、说明书和订单等走访顾客，推销产品。这种推销形式可以针对顾客的需要提供有效的服务，方便顾客，故为顾客广泛认可和接受。此种形式是一种积极主动的、名副其实的"正宗"推销形式。

（2）柜台推销。又称门市推销，是指企业在适当地点设置固定的门市，由营业员接待进入门市的顾客，推销产品。门市的营业员是广义的推销人员。柜台推销与上门推销正好相反，它是等客上门式的推销方式。由于门市里的产品种类齐全，能满足顾客多方面的购买要求，为顾客提供较多的购买方便，并且可以保证商品安全无损，因此，顾客比较乐于接受这种方式。柜台推销适合于零星小商品、贵重商品和容易损坏的商品。

（3）会议推销。它指的是利用各种会议向与会人员宣传和介绍产品，开展推销活动。例如，在订货会、交易会、展览会、物资交流会等会议上推销产品均属会议推销。这种推销形式接触面广，推销集中，可以同时向多个推销对象推销产品，成交额较大，推销效果较好。

（4）网络直播带货。直播带货是通过互联网平台，使用直播技术而进行的近距离商品展示、咨询答复、导购的新型服务方式。直播带货可以带来非常好的产品销售收益。据报道，2019年的"双十一"网络营销活动中，开场仅1小时03分，淘宝直播引导的成交量就超过了上一年"双十一"全天的成交量。以薇娅直播数据为例，2018年"双十一"引导成交销售额3.3亿元，全年引导成交销售额达27亿元。

目前，主要直播平台有抖音、快手、花椒、斗鱼、虎牙、淘宝直播等。直播带货的主播群体包括两种类型：一种是创业者、商家、品牌方自己开设直播间，推广自家产品，这是店铺销售服务的一种延伸；另一种是职业主播，在互联网平台开设直播间，通过专业知识或影响力积累粉丝，给粉丝推荐某种商品并帮助解决售后问题。当然，目前的网络直播中还存在一些问题，比如夸大和虚假宣传、产品质量不合格情况时有发生，相关的法律法规还不完善，监管基本还处于空白阶段，亟须建立相应的规范制度。

3. 人员推销的基本策略

在人员推销活动中，一般采用以下四种基本策略：

（1）试探性策略，也称为"刺激—反应"策略。这种策略是在不了解顾客的情况下，推销人员运用刺激性手段引发顾客产生购买行为的策略。推销人员事先设计好能引起顾客兴趣、能刺激顾客购买欲望的推销语言，通过渗透性交谈进行刺激，在交谈中观察顾客的反应，然后根据其反应采取相应的对策，并选用得体的语言，再对顾客进行刺激，进一步观察顾客的反应，以了解顾客的真实需要，诱发购买动机，引导产生购买行为。

（2）针对性策略。这种策略是指推销人员在基本了解顾客某些情况的前提下，有针对性地对顾客进行宣传、介绍，以引起顾客的兴趣和好感，从而达到成交的目的。因推销人员常常在事前已根据顾客的有关情况设计好推销语言，这与医生对患者诊断后开处方类似，故又称针对性策略为"配方—成交"策略。

（3）诱导性策略。这种策略是指推销人员运用能激起顾客某种需求的说服方法，诱发引导顾客产生购买行为。这种策略是一种创造性推销策略，它对推销人员要求较高，要求推销人员能因势利导，诱发、唤起顾客的需求，并能不失时机地宣传介绍和推荐所推销的产品，以满足顾客对产品的需求。因此，从这个意义上说，诱导性策略也可称"诱发—满足"策略。

（4）公式化推销策略。推销人员采用这种推销策略的前提是：设想顾客在购买产品之前要经过注意、兴趣、产生购买动机和决定购买等几个阶段。如果具备了这个前提，推销人员便可以针对不同的推销阶段，精心设计一套公式化的语言，引导顾客逐一越过这些阶段，最后完成产品的购买。一般来说，这种公式化的产品介绍，比起随意性的介绍更准确，也比较有权威性。

4. 人员推销的步骤

人员推销的步骤主要分为七步，如图9-4所示。

| 发掘潜在顾客 | • 通过观察、访问等方法直接寻找潜在顾客
• 通过广告开拓、朋友介绍等方法间接寻找潜在顾客 |

| 事前准备 | • 产品知识，关于本企业、产品特点及用途等
• 顾客知识，顾客的个人情况、所在企业的情况等
• 竞争者知识，竞争对手的产品特点、竞争能力等 |

| 接近 | • 验证在预备阶段得到的情况，为后面的淡话做好准备
• 选择最佳的接近方式和访问时间 |

| 介绍 | • 可以用图标、小册子等形式对介绍加以说明
• 可以通过顾客的多种感官进行介绍
• 介绍产品时要着重说明该产品可给顾客带来什么好处 |

| 应对异议 | • 推销人员应随时准备应付不同意见
• 应当具有与持不同意见的买方洽谈的技巧 |

| 成交 | • 洽谈过程中，推销人员要随时给予对方以成交的机会
• 推销人员还可提供一些优惠条件，促成交易 |

| 事后跟踪 | • 推销人员应认真执行订单中所保证的条件
• 了解买主是否对自己的选择感到满意，发掘问题
• 促使顾客作出对企业有利的购后行为 |

图9-4　人员推销的步骤

二、服装广告

广告是指企业消耗一定的资金，通过一定形式的媒体，公开而广泛地向消费者传递企业服装商品或服务的信息。广告是丰富生活的艺术，优秀的广告不但具有实用性，而且还具有艺术欣赏价值，使消费者在了解产品的同时，精神上也得到了很大的享受。如今广告已成为使用频率最高的促销手段之一。

服装广告是由企业通过付费的方式，对服装穿着搭配理念、服装产品本身或服务进行非人员的展示或促销，是服装业促销的主要手段。它可以及时向消费者介绍产品或知识，指导购买、引导消费者改变原有的穿着方式而接受新的流行。强有力的宣传对顾客的品牌认知和购买行为有着深刻的影响，服装企业广告预算通常占销售额的1%～3%。

服装广告可分为广义和狭义两种。广义的服装广告不以获取利润为目的，而是以宣传公益性活动为主的广告，例如，企业环境保护、关爱残疾人、促进公共福利事业都属于这个范畴。狭义的广告是以增加服装销售获取利润为目的的，一般有明确的广告主，用来传播服装的产品和服务信息。

1. 服装广告的分类

（1）按促销目的分为形象广告和商品促销广告。

①形象广告：主要通过吸引消费者关注品牌或企业，产生好感，并不具体针对某一款服装。服装广告中传递的大量咨询信息以及多渠道的宣传有助于企业树立全方位的竞争观念。由此，服装企业获得了相对良好的信誉和产品形象，在众多品牌中脱颖而出。如图9-5所示的圣罗兰2020年品牌形象广告，选择了近几年广受大众欢迎的韩国女团成员朴彩英作为品牌合作艺人，朴彩英除了拥有独特的音乐风格和舞蹈之外，强烈的个性魅力和态度也广受大众喜爱，这与圣罗兰品牌想要传达的女性力量相吻合，倡导女性应当解放自我、大胆展示自我、拥有属于自己的力量。

图9-5　朴彩英Saint Laurent FALL 2020年形象广告

（图片来源：百度网）

图9-6　森马嗨购直播促销广告
（图片来源：森马官方微博）

②商品促销广告：其目标是促进特定产品的销售。服装广告计划一般在服装销售季节之前开始。企业通过对经验或数据的分析制订计划，根据目标市场和季节特点确定主题，选择恰当的媒介，并做出预算。如森马集团2020年5月1日嗨购直播促销海报（图9-6），通过海报促销的方式吸引消费者进入直播间购买商品。

（2）根据服装广告的内容和目的可分为产品广告、品牌广告、招商广告和公益广告四类。

①产品广告：提供商品和服务的信息，最终为了说服消费者购买服装产品的广告，目的是打开销路、提高市场占有率，使企业在现有基础上进一步扩大，为企业的发展提供更大的发展空间。比如，李宁2020年的新产品"敦煌·拓"系列（图9-7），深度挖掘了丝绸之路的故事和设计元素，每件产品都注入了不同的中国传统文化元素，让更多的消费者在了解李宁新品的同时感受到中国传统文化的魅力。

图9-7　2020年李宁"敦煌·拓"系列产品广告
（图片来源：环球网）

②品牌广告：是为了传播品牌信息，最大可能地提升品牌知名度，并加强品牌在消费者心目中的偏好度。它以树立产品品牌形象，提高品牌的市场占有率为直接目的，因为一个鲜为人知的品牌不可能成为人们争相购买的对象。对服装来说，就是要不断地推陈出新，促销不可能专注于一款服装，设计师需要努力将自己的理念融入不同的服装中形成品牌。如何

能够成为家喻户晓的品牌，正是品牌广告不断为之努力的。例如，李宁2020年"溯"系列的品牌广告（图9-8），以探索宇宙文明的探测登录器为设计灵感，以"征途不止"的探索精神为设计理念，并以此作为该系列产品的设计理念，系列产品每处设计都有源可溯、有典可追，体现了对传统精神的开拓与传承，这正是李宁想传达给消费者的"中国李宁"精神。

图9-8　2020年李宁"溯"系列品牌广告
（图片来源：百度网）

③招商广告：是以吸引经销商加盟为目的广告。招商是企业在确定一个新产品、新项目后，需要更广泛的市场拓展和充分利用有效的市场现成资源而做的一项重要策划工作。而招商广告则是大多数连锁企业招商的一个常规动作，是一个双向选择的机会。如图9-9所示，商家通过招商海报、手册等方式吸引经销商加盟。

图9-9　招商广告
（图片来源：昵图网）

④公益广告：是指不以营利为目的而为社会公众切身利益和社会风尚服务，以为公众谋利益和提高福利待遇为目的的广告。企业通过公益广告向消费者阐明它对社会的功能和责任，为自己树立一个负责、积极的社会公民形象。公益广告是提升企业品牌形象和品牌价值的主要途径，具有社会的效益性、主题的现实性和表现的号召性三大特点。如图9-10所示的公筷公益广告，通过平面海报的形式，号召人人争做文明餐桌的先行者和示范者，提倡文明新风，拒绝传染，呵护健康。

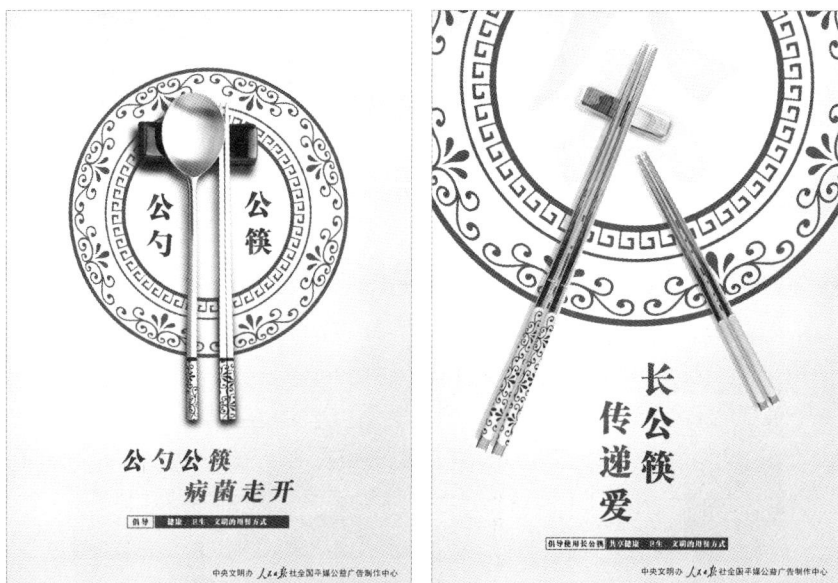

图9-10　公筷公益广告
（图片来源：《人民日报》）

（3）根据广告的最终目标不同，可分为告知性广告、说服性广告和提示性广告。

①告知性广告：一般用于服装新产品上市时，以向目标受众提供信息为目标的广告。当新产品面世时，告知性广告可以传递新产品的信息，介绍产品的用途、性能、使用方法等，使顾客知晓并产生兴趣，市场随之产生对这类产品的需求，其主要目的首先是介绍产品性能，其次才是传播品牌。如图9-11所示的阿迪达斯广告，告知消费者该品牌的新系列跑鞋具有酷爽透气的特点。

②说服性广告：主要应用在产品竞争阶段，突出介绍产品特色，强调企业产品能带给使用者更多的利益。如今许多说服性广告已经逐渐变成比较性广告。比较性广告的即时效果很好，帮助消费者理解自己产品与其他产品的差异，通过比较，突显自己产品的优势和不可替代性。如图9-11所示劲霸男装的说服性广告，介绍了每一款夹克都有一处独创设计的产品特色；七匹狼的风衣广告重点突出了面料保暖的特点。

③提示性广告：主要用于产品成熟阶段和衰退阶段，是指加强消费者对已购买和使用的"老产品"的了解和印象，提示他们不要忘记该产品，刺激消费者重复购买，巩固原有客户群，维持原有或继续扩张其市场占有率，引导消费者形成稳固的、长期的习惯需求的广告。

提示性广告有以下几个主要内容：

图9-11 告知性广告、说服性广告举例
（图片来源：昵图网）

第一，品牌形象提示。品牌形象提示广告主要是提醒人们认准产品名称及品牌形象定位。比如，可口可乐的广告语："武汉，你的可口可乐来了"，就是向人们提示品牌名称，引起人们的兴趣。

第二，品牌个性提示。品牌个性特征、功能特点通过一句简短的语言，一种独特的声音传播出来，让人们一眼便了解产品的属性。如"孝敬爸妈脑白金"，通俗易懂的广告语提示消费者注意，送爸妈礼物就送脑白金。

第三，目标市场提示。所谓目标市场提示，就是广告所透露的信息与本产品的目标消费者类型有关。如海澜之家"男人的衣柜"（图9-12）。

2. 服装广告媒体的选择

随着经济的发展和社会的进步，媒体日益向多样化方向发展。而服装作为一种特殊的商品，集艺术性和实用性于一体，要求服装广告能够充分展示其内涵、风格、情趣和格调，以增强服装的视觉美感，从而引起消费者的购买欲望，达到刺激购买的目的。目前，在服装广

图9-12　提示性广告
（图片来源：搜狐网）

告中广泛应用的媒体很多，按传统媒体划分有报纸、杂志、广播、电视，按新媒体划分有电子杂志、网络等。各类媒体各具特色，但也存在一些缺陷。所以，根据广告的要求，考虑经济的因素，选择适当的媒体就成为服装行业广告传播者最为关心的问题之一。

（1）报纸。与杂志、电视或者网络相比较而言，由于多数报纸的纸张和印刷质量较差，因而报纸上的广告视觉表现力并不强，不能完整地表现出广告效果，对于宣传品牌来说，其作用并不明显。特别是对于服装广告而言，要求具有较强的视觉美感和冲击力，而一些全国性报纸和地方性报纸，纸张和印刷都不足以表现服装的视觉感，较高的品牌服装也不适于选择报纸，这样有可能降低品牌在消费者心里的形象。也有些服装类报纸的纸张和印刷质量相对较好，能够表现出服装的色彩和创意。比如，《中国服饰报》《服装时报》都有刊登大量的服装类广告，对于宣传服装品牌起到一定的作用（图9-13）。但是，由于报纸媒体

图9-13　《服装时报》广告
（图片来源：《服装时报》官方微博）

的受众相对有限，以服装从业人员和专业人士为主，这种广告宣传大多意在经销商，只有有意投资服装业，有意选择某个服装品牌进行代理的人才会关注这些行业媒体。服装品牌广告在初期可以选择在这类报纸上进行广告刊登，提升在服装界的声誉以及发展扩大市场。但是品牌要发展壮大，这类报纸媒体显然不足以让大众认识和了解该品牌。

（2）杂志。与报纸相比，杂志的纸质、印刷和装订都比较精致，彩页印刷具有较强的视觉表现力，多数服装品牌都会在各大流行杂志、时尚杂志上刊登服装产品的广告。因为杂志能把广告信息比较完整地传达给受众，包括服装的形象美和品牌的内涵等。

但是，由于不同杂志的定位和目标群体存在差异，因此服装广告应根据这种差异性来选择适合的服装类杂志进行投放，以利于服装品牌的树立和发展。例如，《上海服饰》《时尚》《时尚芭莎》《世界时装之苑》《花儿中外服饰》等杂志，都是全彩页印刷，内容以介绍最新服装流行趋势、时尚信息、服装搭配等为主要内容，其面对的是有一定文化层次和消费能力，对服装有一定个人见解的中高收入的读者群（图9-14）。但这些杂志也有明显的区别。比如，《上海服饰》和《时尚》相比较，其介绍的内容以及服装的档次上会有较大的区别，前者的定位较低，属于中等服装的介绍，而后者则大多数是高档时装的介绍，包括很多的世界级服装品牌，与《世界时装之苑》的定位比较相近。

图9-14 《时尚芭莎》广告
（图片来源：百度网）

杂志作为服装广告媒体具有一定的优势，广告制作费用较低，能够全色彩地表现服装的特点，较完整地传达出品牌的思想，而且杂志种类繁多，可以根据服装的定位，选择多种杂志同时宣传，有效地提高广告的受众范围以及增加接触率，提高品牌的认知度。但值得注意的是，杂志在投放广告时，要考虑杂志的时效性，避免错过宣传的最佳时机。综合各种因素，可以看出杂志在作为服装产品的广告媒体时，能够表现其特点和品牌内容。

（3）电视媒体。仅仅从视觉上去感知服装的艺术性显然不够，视听结合才是最有效的表现形式，它通过对人的视觉和听觉器官的双重信息刺激，激发人的心理感知过程，容易使人感知到服装所展现的美，也可以使品牌在人们心中留下深刻的印象。目前，电视是服装广告采用的视听两用媒体之一，而且除了能表现服装产品特点及其对于广告媒体的要求外，电视媒体所具有的特点也使其能有效地达到宣传和树立品牌的目的。

近年来国内迅速成长起来的服装品牌，大多是采用电视为广告媒体的。比如，海澜之家能一跃发展成为男装届的一匹黑马，和其成功的品牌商业运作是分不开的。当然，这也离不开在宣传服装理念和树立品牌时电视广告的播放。海澜之家每年的广告支出占销售额的很大一部分，其青春、健康的"海澜之家"男装形象广告在中央电视台晚间新闻、对话节目、名牌时间、幸运52、足球之夜、天下足球等黄金档节目中热播，使得"高品质、低价位"的海澜之家品牌为大众消费者所接受和喜爱。由此可见，要想充分发挥电视媒体的作用，具有创意的广告是必不可少的。在目前看来，电视广告媒体是最有效地传达服装特色、宣传品牌形象的媒体，对于品牌的树立、发展和巩固都起了重要的作用。

（4）广播。与电视相比，广播媒介的费用会低很多。它有制作简便、传播快、覆盖面广、通俗易懂，灵活多样等优点。但它给人印象不深，转瞬即逝，难以把握重点信息，同时难以记忆和存查。对于强调视觉效果的服装，这种广告效果并不理想。

（5）网络媒体。网络广告可以做到集文字、动态影像、声音、全真图像、表格、动画、三维空间、虚拟现实等多种表现形式为一体，根据广告创意进行任意的组合创作，创造出更好的广告效果。服装广告可以做成动画或游戏形式，更具互动性。网络传播信息的形式很多，比如电子邮件。服装品牌在销售时，为了巩固老顾客实行会员制，可以通过填写档案得知顾客的电子邮箱。在促销或新款上市时向顾客发送服装广告的电子邮件，而且在节日时也可通过邮件送去祝福，亦可通过邮件和顾客进行互动，收集反馈信息。这样不仅使顾客得知最新信息，也能传递该品牌对于每一位顾客的关心，无形中提升了品牌在消费者心中的形象，也使企业得到重要的产品反馈信息。同样，移动通信也可作为企业与顾客进行交流的平台。

（6）电子杂志。当杂志和网络相结合，便形成了一种新的杂志形式——电子杂志。电子杂志尚处于发展阶段，但这类杂志形式多样，可以承载各种服装视听广告。电子杂志的订阅者大多也是有一定文化以及消费能力的读者，也是喜欢了解时尚潮流的年轻人，因此，电子杂志传播服装信息具针对性，而且费用相对于传统杂志要低。另外，具有较强针对性的新兴电梯平面广告媒体也具有视听结合传播的特点，其发展的空间也较大。

（7）户外广告。户外广告具有极强的地方色彩，通常极具视觉冲击力，可以实现较高的暴露频次。如图9-15所示为麦当劳的创意交互式户外广告牌，这其实是一个拼图游戏，将

图9-15　麦当劳的创意交互式户外广告牌

（图片来源：百度网）

其矗立在公交车站边，会吸引不少候车的人来过把瘾。这种交互式游戏广告牌和触摸屏广告一样吸引人，并且这种广告牌的造价成本要比触摸屏低很多，是一种高效而成本低廉的广告形式。

通过以上分析可以看出，各种媒体特性各异，单一的媒体很难达到树立品牌的目的。尤其是需要被各类人等所感知、记忆的服饰品牌，就更需要调用多种广告媒体来共同发布，把各种有利的因素结合起来为一个品牌进行宣传。这样就可以更有效地树立品牌的形象，增加广告在大众心目中的印象，而且全面的广告传播，更具震撼力。在服装媒体的选择上要根据该品牌的定位人群以及定位人群的心理来进行媒体选择的细分和投放，加强广告宣传的效果，提高广告资金的利用率。在资金许可的情况下，以能表现服装视觉效果的媒体为主。当然，在具体运用媒体时，要根据实际情况进行分析，选择性价比最高的广告媒体和组合。只有这样，才能做到既节约资金又实现品牌的有力推广。

3. 服装广告的策划程序

广告策划是遵照一定的步骤和程序进行运作的系统工程，处于运动状态，具体程序如图9-16所示。

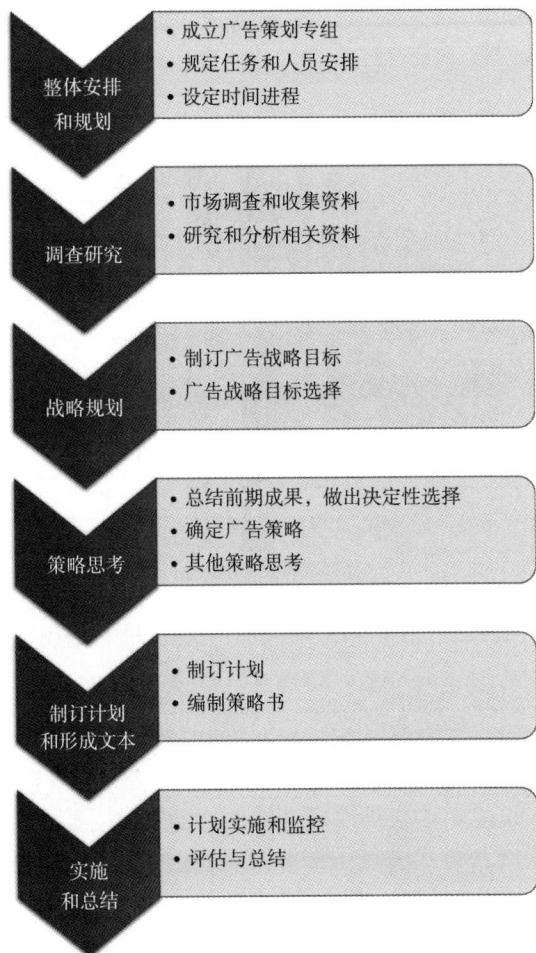

图9-16　服装广告的策划程序

三、营业推广

营业推广又称销售促进，是指服装企业运用各种短期诱因鼓励消费者和中间商购买、经销或代理企业产品或服务的促销活动。换季前服装打折、服装卖场陈列、时装表演、服装展销会都属于销售促进。它能有效地加速品牌及产品进入市场的进程，被消费者认知和接受。营业推广的最大特征在于，它提供的是短期刺激，会导致消费者的直接购买消费行为，效果显著。

营业推广的对象通常有三类，针对不同的促销对象，促销活动应该遵循不同的操作和实施方法。以下将分别介绍。

1. 针对消费者的促销

消费者作为服装产品的最终购买者和使用者，是服装企业密切关注的对象。针对消费者促销通常可采用以下几种方法和手段：

（1）价格折扣。是指服装企业或商家通过降低产品售价，以吸引消费者，促进产品的销售，也叫折扣销售、打折、让利酬宾等（图9-17）。通常可采取直接折扣或者附加赠送（外在捆扎式、内置增量式、套餐式折扣）等形式进行。其优点是过程简单、易操作，而且因为是直接给顾客以实惠，容易取得经销商和终端零售商的配合，所以促销效果明显。企业如果运用好的话，可以成为打击竞争对手的有力武器。

图9-17　服装折扣示例
（图片来源：作者拍摄）

但是，这种方式也存在一定的缺点，比如：直接损失企业利润；易引起价格战，破坏市场环境；经常打折销售有损企业形象；价格下去容易上去难，操作不当，易影响企业长期发展。

（2）凭证优惠。就是指消费者只要持有某种依据（凭证）就可以在消费时享受到商家或企业某种程度的价格优惠或某些额外的服务。其主要形式是通过直接派送、邮寄、登门、报纸广告、报纸夹页、本产品包装内或包装上等方式向消费者派送优惠券、交易凭证、以旧换新等。这种方式的优点是能够吸引消费者重复购买、培养忠诚客户，并利于知名品牌推广新产品。但对于新品牌的新产品促销作用不大，而且经费预算、效果预估较难定案。假若频繁使用或者不成功的优惠券设计会伤害品牌形象，且不易取得零售商的配合。因此，该方法要注意在销售旺季或者旺季来临前使用。当商品铺货率低于50%时一定慎用，并且要做好成本费用的预算，比如优惠额度让利（10%～30%）、优惠券的发放、广告宣传、渠道配合补贴、人员费用等。

（3）附送赠品。即在消费者购买某件商品时，附加赠送其他礼品，可以同包赠送、捆扎赠送、购买赠送或部分支付赠送。其优点是能够创造产品特色，培养忠诚顾客；借助赠品传达产品信息，达到细分市场的目的；吸引消费者试用弱势品牌；提高零售商的销售积极性。但零售商接受赠品促销的意愿较低，需借助广告宣传才能产生理想效果，推广代价高。而且赠品的发送难以有效管理，同时若赠品品质欠佳，会导致促销失败。因此，在操作中要注重赠品的选择、把握赠品促销的时间、做好成本预算、加强赠品的管理。

（4）退费优待。是指消费者在购买商家或企业一定数量的产品后，有条件或无条件地获得商家或企业部分或全部购物金额的退还。此方法适用于购买单价高的单一产品的退费，或多次购买价值低、消费速度快、短时间内需多次购买同一产品或者买够一定数量的同类商品，或购买同一厂家多种产品等形式。退费可以通过现金退费，也可以通过折扣券退费，或者兼而有之。但现金退费是一种最常见、吸引力最强的退费办法。其中比较普遍的做法是：顾客购物时按原价付款，但收银员会给顾客一个收据，这个收据中附带购买凭证的退费申请卡，顾客填卡后，寄给或送给厂家或商家，就可以在规定的时间里得到退费。折价券退费是指厂家或商家退给顾客的不是现金，而是折价券。例如，某商场推出"节省20元"的退费优待活动，顾客在该店购物达到100元，就可得到一张面值20元的折价券，用以换取该店价值20元的商品。这种办法通常在零售店使用，优点是省钱，缺点是对顾客的吸引力赶不上现金退费。

退费优待的优点是负面影响小，无损产品和品牌形象，而且实际成本低于预算成本，利于收集消费者信息，刺激消费者重复购买。但高额退费是一柄双刃剑，对消费者的即刻行动刺激强度不大，且增加了额外的管理成本。

（5）抽奖。指商家利用丰厚的奖品吸引消费者，引诱消费者购物和消费。这种活动带有博彩性质，故受到国家严厉限制。政策规定，每次活动的单个奖品或金额最高不得超过5000元，可以采取回寄式、即开即中式或连环式的形式进行。抽奖活动的优点是能直接提升销量、适用面广、提升消费者对产品和品牌的关注等。但其费用较高，尤其是宣传推广费用。

（6）集点换物。又称积分优待，是先消费后获赠的形式。消费者需收集产品的购买凭证，达到活动规定的数量后即可换取不同的礼品。集点的目的在于鼓励消费者重复购买，培养忠诚消费者。其形式可以是购物积分换物，或商品包装的一部分换物，如商标、包装袋等，或放入商品的其他凭证，如刮刮卡等。该种方法的优点是利于提高产品的竞争力和消费者的品牌忠诚度，而且活动成本较低。但其仅适用于购买频率高、消耗量大的产品，对于一些使用周期长、不经常购买的产品作用不大。同时，兑换物的吸引力大小、兑换的难易都会影响参与者的热情。因此，在操作过程中，首先要注意以方便参与者为原则，比如兑换凭证的收集、兑换的时间、地点都要方便参与者；其次，兑换物有吸引力，且保证兑换物的充足供应。活动持续时间一般为6个月至1年。

（7）联合促销。是两个或两个以上的企业在市场资源共享、互惠互利的基础上，共同运用某一种或几种促销手段进行促销活动，以达到在激烈的市场竞争中优势互补、调节冲突、降低消耗，最大限度地利用销售资源为企业赢得更高利益的目的而设计的促销形式。联合企业可以是同行业之间横向联合，也可以是不同行业之间横向联合。以太平鸟为例，自从迪士尼真人版电影《花木兰》官宣刘亦菲为主演之后，国内外一直保持高度关注，2020年3月，太平鸟选择与迪士尼联手，推出全新联名时装系列：花木兰的新衣（图9-18）。该系列以《木兰辞》中的诗句为灵感，将现代与古典元素相融合。同时，太平鸟官方释出的宣传文案更加精妙，"我要成为谁，不是嫁给谁，我是花木兰"，宣扬女性独立，敢于做自己的价值观，正是花木兰的精神所在，也是现代女性追求的个性特点。太平鸟和迪士尼的此次联合促销，不但为双方带来了一定程度上的资源共享，而且也塑造了品牌形象，切中了用户的痛点，引起女性消费者的情感共鸣。

图9-18　PEACEBIRD WOMEN × MULAN创作系列
（图片来源：太平鸟时尚女装微博）

这种方法的优点是能够快速接近目标消费者，增加对消费者的吸引力，并降低促销成本，但在寻找合适的伙伴、合作多方寻找利益平衡点以及时间、地点上的契合等方面都比较困难。所以，企业在寻找联合伙伴时，要遵循目标市场相同或相近、互惠互利和形象一致等原则。而且联合各方必须拟定详细的计划，并签订具有法律意义的协议，各方严格按照协议履行，同时监督必须到位。

（8）有奖竞赛。是利用人们的好胜心、竞争性，通过展现自身的聪明才智赢得丰厚的奖励，以吸引消费者参加活动的一种方式。其可以是简单问题竞赛法或者有奖征集广告语、产品包装设计、商标设计等与产品有关的作品，或者答卷奖励等形式。有奖竞赛的优点是利于建立或强化品牌形象和对特定目标消费群进行广告宣传和产品促销，但其难度较大，参与者较少。所以，活动前要详细制定参与规则，比如，产品背景资料介绍、活动目的与评选标准、参与办法、评选及公布办法、奖励内容、公证事项说明等。同时，奖品的设置要具有吸引力，比如奖品能迎合时尚、别具一格等。

（9）赞助促销。指企业通过对体育运动和一些具重大影响的社会活动的赞助，提升企业品牌，树立良好形象，促进产品销售的方式。比如，采用媒体栏目式、运动队赞助、赛事赞助等体育赞助形式，或者公益赞助、文化赞助等。其优点是有助于提高品牌知名度，提升品牌形象；有助于企业与政府或社团建立良好关系；有利于促进产品销售，鼓舞员工士气。但其对活动组织者要求高、费用较高，而且需要特定的时机，所以，操作中首先要选好赞助对象，在效果转化上多下功夫，并且做到有始有终。

（10）会员制促销。是企业与消费者建立一种长期互相信任的关系后，利用会员卡提供各种优惠和特别服务的一种促销方式。比如，一次消费额赠卡、累计消费额赠卡、缴纳入会费赠卡或者特定时期消费赠卡。该种方法能够增强营销竞争力、建立长期稳定的市场，并且有利于提升品牌的附加值，培养消费者的品牌忠诚度，同时，规避直接竞争，且直接收入可观。但其对组织者要求高，市场回报时间长且费用较高，而且有一定的风险，操作中要收集足够的会员资料，并确保会员能够真正获得好处。

（11）售点展售促销。指企业在终端利用市场设备、展陈架、展柜、产品的包装盒、产品的集中陈列等众多形式进行引导，激发消费者购买欲望的促销方式。售点展售可以引起消费者更多注意，费用投资较低，集中刺激冲动型购买，但易于被竞争对手模仿，抵消展售效果。因此，实际操作中要注意以下事项：争取最好的陈列区；服装的陈列展示要与品牌、商店的整体定位相吻合；服装陈列应该保持服装独立美感；展售商品应放在消费者方便取得的位置，儿童商品要照顾儿童身高；服装的各种说明资料，如价格、货号、面料、品牌、产地等，应该全面、真实；展售商品数量充足，与其他商品分割清楚，现场POP设计独特新颖；在醒目位置摆放价格标牌，直接写出特价价格；顾及整体布局美观和陈列架的稳固性等。

（12）时装表演。时装表演是服装流行传播的手段之一，也是服装企业和服装设计师推广品牌或展示设计作品的主要形式。消费者通过观赏时装表演，能够对将要流行的服装趋势和特征有直观的了解，使服装流行的文化内涵与消费者的审美观产生共鸣。服装企业可以定期举办时装表演，以宣传本企业形象、推销时装为目的，吸引众多观众的注意力。

（13）内购群。内购群是近几年依托社交媒体（如微信、QQ等）而兴起的一种促销方式，常见的有"内部优惠券群"或者"高级会员群"等。在内购群中经常会有优惠券发放，即商品原价不变，用户可以用优惠券、红包、代金券等形式获得自己的专属减免。这种促销方式不但不会降低用户对产品的价值认知，而且还会让用户产生"人无我有"的优越感。

（14）预购、秒杀和团购。这三种方式主要是采取"价格差塑造"的形式而进行促销。比如，京东商城经常进行的限时秒杀活动："39元限时抢购，3天后恢复原价99元"。这类促销活动能够加强消费者对于促销价格的感知，"价格差"增强了消费者直观的价格对比感受，提高了消费者的购买欲望。

（15）样品试用。当前许多企业会将自己的产品制成样品、小样供消费者无偿试用，比如超市的试吃、买化妆品经常会收到商家赠送的另外一款产品的小样试用装、服装样品使用等。这种赠送样品的方法能够提升消费者的满意度，增加消费者的购买率。

（16）商品组合促销。目前商品组合促销在淘宝、天猫等购物平台较为常见。常见的商品组合促销主要分为两种，一种是同类产品的多个组合，另外一种是非同类产品搭配销售，这两种不同的组合促销类型可以达到不同的促销效果。

2. 针对经销商的促销

实际工作中，服装产品大多是经过经销商而销售给消费者的，而经销商操作渠道促销的水平参差不齐，直接影响到产品的销售。所以，针对连接服装生产企业和消费者之间的桥梁的经销商来说，进行适当程度的促销是非常必要和重要的。对经销商的促销可采用以下几种方式：

（1）资助。资助主要是指通过各种渠道协助经销商，更好地销售本企业的服装产品，获取赢利并建立长期合作关系。资助包括与经销商合作适时推出广告、提供详细的产品技术宣传资料、帮助经销商培训销售人员和技术人员、协助经销商建立有效的管理制度、考核制度以及店面设计、卖场陈列等问题。特别是在新品刚上市的时候。

（2）交易推广。交易推广是指服装生产者通过折扣或赠品形式促进服装销售和与经销商的合作。

（3）现场展示。现场展示是指根据消费者的需求，服装生产者要求经销商在销售卖场对企业产品进行现场演示或咨询服务的活动。

（4）销售竞赛。销售竞赛是指把经销商分成不同的层级或阵营，针对不同层级设置不同的奖励方式。比如，对季度或年度销售业绩优良者、对滞销货品销售业绩良好的，或在考核期较早完成销售任务的经销商，可以给予现金或实物返利。特别是对表现出色的经销商要加大奖励力度，同时宣传成功经销商的业绩和推广模式，以刺激其他经销商的效仿。

（5）福利促销。福利促销与任务完成率或销售增长率挂钩，优胜者参与企业组织的培训、旅游、出国等福利。

（6）贸易博览会。我国每年都会召开很多个贸易博览会，把潜在的买主、生产商和供应商聚集在一起，促使顾客了解产品，并当场或会后订货。这对任何一家服装企业来说都是宣传自己、扩大市场的绝佳机会。世界上最具影响力的服装展览会主要是在法国的巴黎，意大利的米兰，英国的伦敦和德国的杜塞尔多夫、科隆和莱比锡。其中巴黎和米兰最为著名，经常举办各种时装活动。每年在北京定期举办的CHIC服装博览会已经成为我国目前最具影响力的服装展览会。

（7）云展会。现如今，线上云展会越来越受到商家的青睐。云展会既能给企业、展商以及观众提供商务社交的场合，也能够帮助线下展会提升效率，为展览公司拓展新的发展空间。相比于线下展会单一的收费模式，云展会的盈利模式更加多元化，且具备更深的延展性。通过线上渠道可以提前为展会预热、带动线下展会的效率；观众可以在线选品，也可以根据定位直接找到展商，提高参展体验和效率；线上展会不受空间限制，能够容纳的受众更多，盈利空间更大；打造产业互联网生态圈，以平台为依托，整合产业上下游所需的各项服务，能够打造营销推广、大数据、供应链金融等更多盈利模式。

3. 针对销售员的促销

以上两种都是针对企业外部而进行的促销活动，从服装企业内部来讲，促销主要是针对推销员而言的，其目的是建立员工的销售意识。针对推销员的促销主要包括对销售员的培训和奖励等。

（1）销售员培训。培训的目的在于增强推销员对本企业产品的了解和认识，特别是和顾客在购买和使用过程中密切相关的一些问题，比如，服装产品的特点、面料的构成及组织结构、洗涤的注意事项和保养知识等。培训通常可以采用课堂讲授、集体讨论、个案研究或者角色扮演的方式进行。

（2）销售员奖励。针对销售员需制订合理的销售目标和相应的奖惩制度，既不能轻松易得，更不能高不可攀，奖惩一定要落实到位。业绩考核包括销售业绩、培养客户数量以及利润等方面。考核可从单批次或者总量采取逐月或逐年的方式进行。但注意要充分调动销售员的积极性，忌因奖励个人而削弱销售团队的整体战斗力。

值得注意的是，营业推广并不是一剂灵丹妙药，能解决所有问题，单靠营业推广并不能建立品牌忠诚度，也不能挽回衰退的销售趋势。同样，如果产品不能被市场和消费者接受或不能提供给消费者所期望的价值或口味，营业推广不但不能增加销售，反而可能导致该产品的失败。

4. 营业推广方案的制订

服装企业在制订营业推广决策时，不仅要确定营业推广的目标，选择适当的推广形式，还要制订具体的推广方案，主要内容包括奖励规模、奖励范围、发奖途径、奖励期限以及营业推广的总预算。

（1）奖励规模。营业推广的实质就是对消费者、中间商和推销员予以奖励，所以服装企业在制定具体营业推广方案时应首先决定奖励的规模。在确定奖励规模时，最重要的是进行成本—效益分析。假定奖励规模为1万元，如果因销售额扩大而带来的利润大大超过1万元，那么奖励规模还可扩大；如果利润增加额少于1万元，则这种奖励是得不偿失的。营业推广的这种成本—效益分析，可为制订有关奖励规模的决策提供必要的数据。

（2）奖励范围。服装企业应决定奖励哪些顾客才能最有效地扩大销售。一般来讲，应奖励那些现实的或可能的长期顾客。

（3）发奖途径。服装企业还应决定通过哪些途径来发奖。例如，代价券可放在商品包装里分发，也可通过广告媒介分发或直接邮寄。在选择分发途径时，既要考虑各种途径的传播范围，又要考虑成本。

（4）奖励期限。如果奖励的期限太短，许多消费者可能由于恰好在这一期限内没有购买而得不到奖励，从而影响营业推广的效果；反之，如果奖励的期限太长，又不利于促使消费者立即做出购买决策。

（5）总预算。确定营业推广预算的方法有两种：一是先确定营业推广的方式，然后再预计其总费用；二是在一定时期的促销总预算中拨出一定比例用于营业推广。后者较为常用。

5. 营业推广方案的实施与评估

在具体运用各种营业推广方式之前，如果有条件，应对各种方式事先测试，以确定所选择的是否合适，并及时决定取舍。同时，还应为每一种营业推广方式确定具体的实施方案。实施方案中要明确规定准备时间（从开始准备到实施之前的时间）和实施时间。营业推广通常可收到立竿见影的效果，但是，如果运用不当，会损害服装企业或产品的长期利益。

四、公共关系

1. 公共关系的定义及作用

公共关系是指企业运用各种传播手段，通过双向的信息交流与公众建立相互理解、相互适应、相互依赖的关系，树立良好的企业形象，创造良好的市场营销环境。它是一种以长期目标为主的促销手段。公共关系的主要对象包括企业内部公众、媒介公众、顾客公众、社区公众、业务往来公众和政府公众，其作用主要体现在以下方面：

（1）及时了解环境，广泛搜集信息。

（2）沟通内部和外部的感情，树立企业良好的形象。

（3）调解纠纷并争取得到谅解，挽回不良形象。

2. 服装企业从事公共关系活动的手段

值得注意的是，公共关系不限于企业与顾客之间的关系，更不限于买卖关系，而是一种以长期目标为主的间接的促销手段，而且其意义不仅仅限于促销。过去把市场营销的公共关系称为"宣传报道"，即以非付费方式通过各种大众传播媒介来宣传企业及其产品，以达到促销的目的。公共关系除了宣传报道外，还包括许多其他活动。

对企业内部公众来说，良好的公共关系能够有效地增强企业的内部凝聚力，并能很好地调动员工的积极性，提高员工主人翁的意识，使工作效率得到提升。

对服装企业来说，时尚媒体及记者是企业公共关系必须面对的主要对象，如传统媒体中的电视、服装杂志等，部分新媒体如博客、电子杂志、网络视频等。大众媒体掌握着舆论导向，他们的评论足以影响消费者和中间商，与之建立良好的公共关系，对任何一家服装企业来说都是至关重要的。双方要尽可能地做到相互理解、相互尊重，建立长期、稳定、公开的合作关系。

与顾客公众的关系是企业最重要的公共关系。顾客对一个企业的评价，决定着企业的生存和发展，所以企业一定要本着顾客至上的原则，尽自己最大的努力去主动争取顾客，处理好与顾客公众的关系。

同时，企业还要处理好与政府之间的关系。政府是国家权力执行机关，企业要遵守并坚决执行政府的各项法律法规，争取到政府对本企业的支持和鼓励，从而解决一部分后顾之忧。

服装企业的公共关系部门一般通过以下手段从事公关活动：

（1）新闻报道。即把有新闻价值的信息传递给新闻媒介，用以吸引公众对某人、某种产品或服务的注意力。

（2）产品的宣传报道。即具体宣传报道某种产品，尤其是新产品的及时报道。

（3）信息沟通。即开展内部和外部的信息交流，以促进本企业与其他企事业单位之间的理解。

（4）游说。通过游说，处理好企业与立法者和政府官员之间的关系，以促进立法和规章方面通过对企业有利的条款，排除其中对企业不利的条款。

（5）咨询。即对企业管理提供有关公众事务及企业定位和形象等方面问题的咨询。

总之，公共关系活动主要是利用信息沟通的原理和方法，宣传企业及其产品，搞好公共关系，最终达到促销的目的。它比广告的成本少得多，而其结果往往能比广告产生更大的轰动效应。企业如果提供一个有趣的活动，几种不同的传播媒介就会争相报道，且企业还不用付费。因此，公共关系是一种重要的促销手段。

3．服装企业开展营销公关活动的主要方法

（1）创造和利用新闻。公共关系部门可编写有关企业、产品和雇员的新闻；或举行活动创造机会以吸引新闻界和公众的注意，扩大影响，提高知名度。例如，2020年8月5日中国服装网发布一则消息，法国奢侈品牌路易威登（Louis Vuitton）入驻抖音并发布短视频，截至8月5日上午十点，该账号已拥有1.5万粉丝。这条新闻并不是偶然，早在2020年7月，Louis Vuitton就宣布其2021年春夏系列将于2020年8月6日在上海举行首站实体秀。Louis Vuitton选择在此时开抖音账号，还在抖音上发起话题#LV21男装秀#，并表明将于实体秀当天进行直播，显然是利用抖音平台优势，强效曝光引流，为这场大秀预热。

（2）举办各种活动。服装企业可以通过举行服装展销会、产品发布会、时装表演、专题推广会，或者技术方面的研讨会、有奖比赛、多种纪念会和开幕式或闭幕式等吸引公众，提高企业及产品的知名度。例如，古驰（GUCCI）在2020年7月进行了一场长达12小时的时装直播秀，推出了全新"终曲"时装系列，引起了业界和消费者的广泛关注。它的直播内容同时出现在了微博生态的各个维度，仅在独家直播的微博，就达到了惊人的播放量。不仅如此，这场直播还开设了年轻人喜欢的弹幕功能，提高了直播的活跃度，为品牌沉淀了大量的粉丝，也更有利于品牌深入持久地传播。

（3）撰写书面材料。书面材料包括公司的年度报告、业务通信、期刊以及论文和小册子等。这些材料可影响目标市场，加深顾客对企业的认识。比如，服装企业可以在每个季度新品上市时，印一些宣传册，这一方面可以教授顾客一些服装搭配的基本常识，另一方面也可以达到宣传企业文化和理念的作用。

（4）录制音像材料。当前越来越多的企业编制了有关企业和产品的录音带、录像带、幻灯片或电影等宣传材料，这类材料由于声像俱全，使营销效果倍增。

（5）参与社会活动。通过参与社会活动可扩大服装企业在社会上的影响，树立良好形象。例如，2015年，真维斯携手芒果V基金、芒果TV共同举办了2015年真维斯大学生公益视频大赛。此次比赛旨在发掘公益新人，传播公益文化和社会主流价值，鼓励年轻人用镜头展示自己的梦想和创意，发现和记录身边的微公益，传播真善美。真维斯多年来始终坚持公益慈善事业，此次活动不但为在校大学生提供了一个很好的学习锻炼平台，还取得了良好的社会效益，以极低的成本在几十万大学生目标客群中获得了具有深度的、正面的品牌传播。

（6）其他。为了树立企业形象，并加深其在公众心目中的印象，还可采用以下几种方法：制订鲜明易记并具有代表性的产品名称；印制企业专用的信笺；设计企业的标志、名片；制造或装修有特色的办公楼、厂房、宿舍、员工制服；使用带有企业标志的班车及送货车等。这些方法都可起到潜移默化的宣传作用。例如，在2016年官方公布的里约热内卢奥运会全球合作伙伴、官方支持商及官方供应商中，中国体育服装品牌361° 赫然在列。361° 除了为里约奥运会及残奥会正式比赛和所有测试赛的技术官员、医疗人员、赛会服务人员、火炬传递者及其他工作人员提供整套专业运动装备之外，还将提供庆典礼仪人员服饰、裁判员执裁服、媒体辅助通行物等。同年7月25日，361° 正式发布其奥运主题产品——"热爱是金"系列综训鞋。通过赞助，361° 以合作伙伴的身份出现，在巴西境内的市场进行了宣传，赞助的品牌服装装备和场地品牌广告的密集呈现，增加了在赛场上的曝光度，加深了公众的品牌记忆。

4. 公共关系的主要决策

服装企业公共关系决策包括四个方面，即确定公关目标、选择公关内容和方法、实施公关计划和评估公关效果等。

（1）确定公关目标。服装企业的公关决策，首先要确定公关目标。例如，服装企业确立的公关目标为：宣传服装产品的绿色生产和绿色消费不仅是一种时尚，而且更有利于健康。在这个目标指引下，服装企业撰写宣传自己服装产品的文章，并设法刊登在国内的知名服装杂志和主要报纸的有关专栏中，或者通过电视的服饰专栏进行专题直播，必然会取得理想的效果，扩大市场占有率。

（2）选择公关内容和方法。确定了公关目标之后，还要选择达到这一目标的适当的公关内容和方式。可供选择的方式主要有：①提供实证或间接证明。比如，提供经过绿色消费对减轻环境污染的相关报道或专家评论。②对产品性能、成分进行科学论证。比如，提供绿色生产服装的无有害物质的检测报告等。③公关宣传。宣传产品特色或经营特色，介绍有关技术的发展过程等。④其他公关方式。如举行报告会、纪念会、发布会，赞助或组织比赛，开展义卖等。所有这些，都可提高企业知名度，引起公众兴趣和注意，达到公关目标。

（3）实施公关计划。企业公关计划付诸实施时常遇到种种困难，如报纸杂志拒绝刊登已撰写好的公关稿件等。因此，需要公关人员与这些单位的有关人员建立良好的关系，以保证及时、不断地刊登宣传报道的文章。

（4）评估公关效果。对公关效果进行评估是很困难的，因为公关往往是和其他促销方式配合使用的，很难弄清公关从中究竟起了多大作用。如果公关是单独使用的，对其效果进行评估还比较容易。评估公关效果的最简单方法，是计算宣传报道在媒体上的显露次数和时间。

五、POP促销

大众媒介上的服装广告，主要目的在于树立形象和传递产品定位，而POP促销则是直接提高服装销售额的重要工具。POP促销包括POP广告、POP零售氛围营造以及POP服装表演和展示等。

POP（Point-of-purchase）广告是许多广告形式中的一种，意为"售点广告"，简称POP

广告。凡是在商业空间、购买场所、零售商店的周围、内部以及在商品陈设的地方所设置的广告物，都属于POP广告（图9-19）。POP广告起源于美国的超级市场和自助商店里的店头广告，它们有强烈的色彩、夸张的造型、准确而生动的广告语言，具有强烈的视觉传达效果，吸引消费者的视线，刺激消费者的购买欲望，促成其购买行为。所以，大部分的POP广告都必须具备醒目、简洁、易懂的特点。

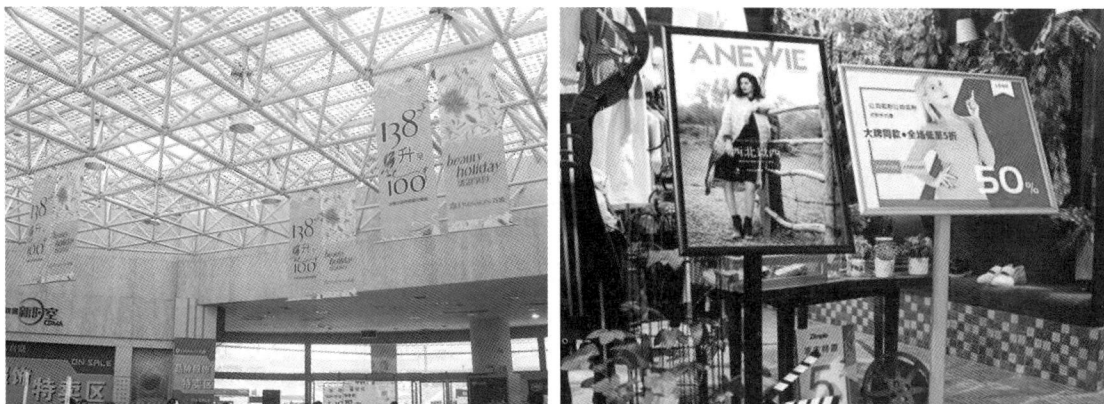

图9-19　POP广告
（图片来源：百度网）

POP广告作为一种新兴的广告媒体，虽然在我国起步较晚，但其发展最快速，普及最广泛，在激烈的商品广告竞争中脱颖而出。POP广告具有新产品告知、吸引顾客进店、取代售货员、创造销售气氛、提升企业形象以及假日促销的功能。

六、时装表演

时装表演是最接近于生活的舞台艺术。时装表演分为商业性时装表演和艺术文化性时装表演两类。商业性时装表演主要以宣传本企业形象、推销时装为目的，以实用为主，强调服用功能，接近生活，以迎合顾客的需求和愿望为出发点，在一定的时间内引导消费。而艺术文化性时装表演不仅要求产生一定的经济效益，还要求带有艺术内涵。通过模特本身的气质和表演，显示服装的风格、特征、流行趋势以及设计师的个性。时装模特在这个过程中起到的作用就是传递设计师的意图，将自己完美的形体姿态与时装融合，充分展示服装的理念。

如今"时装表演"已成为时装发布会的主要形式，经常用于服装企业和服装设计师来推广品牌或展示设计产品。因此，时装表演（Fashion Show）是由时装模特在特定场所通过走台表演，展示时装的活动（图9-20）。它是服装企业常用的促销方式之一，不仅成为服装企业普遍采用的订货方式，而且定期举办时装发布会和成衣发布会已经成为名牌企业的标志。与其他产品的显著区别是，服装的美学意义在于视觉效果，需要通过电视、杂志以及模特表演将美和价值尽可能地展示给观众。而且，时装表演是品牌创新力的表现，它不同于成衣订货会，它的基础是时装设计师的设计作品。服装作品的创意、服装设计的概念，材料和技术的突破都是创新力的体现。

图9-20　时装表演
（图片来源：西安工程大学官网）

第三节　服装促销策划

一、促销组合及其影响因素

由于各种促销方式都有其优点和缺点，在促销过程中，企业常常将多种促销方式同时并用。所谓促销组合，是指服装企业根据促销的需要，将广告、公共关系、营业推广及人员推销四种基本促销方式组合为一个系统，使企业的全部促销活动互相配合、协调一致，最大限度地发挥整体效果，从而顺利实现促销目标。在市场营销实践中，促销组合起着沟通企业内外公众的作用，有助于企业树立良好的形象，提高企业竞争力，实现产品销售的稳定增长。

服装企业在制订促销组合时应考虑以下因素：

1. 促销目标

对于不同的服装企业而言，其促销目标并不完全相同。而不同的促销目标直接决定了不同的促销组合，只有适当的促销组合才能取得良好的促销效果。对于服装企业而言，促销目标通常可分为短期目标和长期目标两种。对于短期目标，应该选择广告、营业推广等在短期内能产生效益的促销方式和手段，以激发消费者的购买欲望；而对于长期目标，则应选择人员推销、公共关系等促销手段，以树立企业和产品的良好形象。

2. 产品性质

根据产品的自身特性选择适当的促销方式。不同的产品购买者和购买目的均不相同，需要区别对待。对于服装产品而言，由于购买者较多，且分布面很广，购买频繁，可以最大量地使用广告这种方法，其次依序为营业推广、人员推销和公共关系方法。总体来说，人员推销的方式往往用于那些复杂程度高、单位价值大、风险程度高、市场上买主有限或者购买批量大的商品。

3. 产品生命周期

对于处于产品生命周期不同阶段的服装产品，应采取不同的促销方式和促销组合。当产品处于投入期时，这一时期消费者对新产品不了解，接受新产品需要一定的时间，应进行广泛的宣传，以提高知名度，因而广告和公共关系的效果最佳，营业推广也有一定作用，可鼓励顾客试用。在成长期，产品在市场上已经打开销路，销售量迅速增长，单位促销费用减少。此时广告和公共关系仍需加强，营业推广则可相对减少。到了成熟期，市场已经达到相应饱和，应增加营业推广，削弱广告，因为此时大多数人已经了解这一产品，如果产品没有什么新的特点，只保留提示性的广告即可。进入衰退期，产品在市场上被逐渐淘汰，某些营业推广措施仍可适当保持，广告仅仅是提示而已，宣传报道可完全停止。

4. 目标市场特点

目标市场不同，其对信息的接受能力和反应态度也不同。所以，根据不同的目标市场特点，应选择相应的促销方式。规模小而集中的市场以人员推销为主，大而分散的市场应以广告促销为主。

5. 促销费用

这也是一个影响促销组合的重要因素之一。企业展开促销活动，都需要支付一定的费用。促销活动要做到有效，并具有足够的竞争力，但前提是企业能够负担起一定的促销费用。超出企业促销预算的促销，不能算是好的促销。

6. 不同类型顾客的购买时间

对于早期购买者而言，应进行针对性宣传，并通过广告以最快速度将服装产品信息传递给消费者，以扩大影响，引起关注；对于晚期购买者，则要采取各种优惠措施，以吸引更多顾客加入，扩大产品销量。

总之，在充分了解各种促销方式的特点，并全面考虑影响促销方式各种因素的前提下，有计划地将各种促销方式适当搭配，形成一定的促销组合，就可取得最佳的促销效果。

二、服装促销策略选择

根据促销合力形成的总体方向，可将促销策略划分为"推式"促销与"拉式"促销两种，如图9-21所示。

1. 推式促销

推式促销主要是指上游企业直接针对下游企业或目标顾客开展的促销活动。活动过程主要是运用人员推销、营业推广等手段，把产品从制造商推向批发商，由批发商推向零售商，再由零售商将产品推向最终消费者。这种促销策略强调企业能动性，促销对象一般是中间商，它要求促销人员采取不同的促销方法和技巧，说服中间商进货，达到销售的目的。运用这一策略的企业，通常有完善的促销队伍，或者产品质量可靠、声誉较高。小企业促销经费有限时，往往也采用此方法。

常用的推式策略有以下几种类型：

（1）访问推销。访问推销是推销人员携带产品的相关资料上门推销的一种策略。在实施访问推销活动之前，推销人员必须制订周密的访问计划，并寻找合格的潜在顾客，还要对

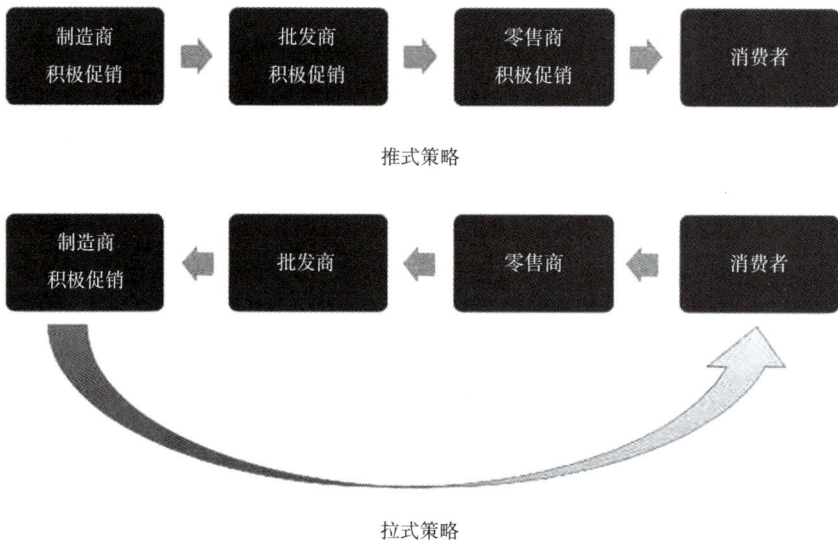

图9-21 推式策略与拉式策略的比较

产品性能用途等信息了如指掌，然后选择一定的推销模式，向顾客展示商品，用正确的语言发现顾客真正的需求。另外，一定要避免一些不礼貌的举动，并做好被拒绝的心理准备。

（2）网点推销。服装企业建立服装连锁销售网点。这种方法方便顾客购买，也在一定程度上提高了本企业的知名度，进而促进销售，增加营业额。

（3）演示推销。演示推销分为动态演示和静态演示。动态演示就是服装公司请来一些模特来展示服装。时装表演是最令公众兴奋且最能激发顾客购买欲望的动态演示；出样陈列是静态演示的常见形式。人们看到漂亮的展示，就会误认为自己穿上也同样漂亮，这是一种无法抗拒的心理。

（4）服务推销。通过售前、售中、售后的一系列服务，把产品推向市场的策略。售前服务包括代客设计、研制新款服饰、提供流行色、流行款式的相关信息、教顾客一些搭配技巧、美化营业场地等；售中服务是销售过程中的全部服务。优质推销的关键是"诚实"，推销员要彬彬有礼、谈吐大方、打扮得体，这样可迅速缩短与客人之间的距离；还要充分了解客人的消费心理，体谅并关心顾客；售后服务即商品出售后的服务，包括送货上门，服装的换、退、改，要虚心聆听顾客提出的意见，以提高顾客的重复购买率。

2. 拉式促销

拉式促销主要是指制造商直接针对最终消费者而施加促销影响，以扩大产品或品牌的知名度，刺激消费者的购买欲望，进而产生购买行为。这种促销强调消费者的能动性。活动过程一般以广告促销为主要手段，通过创意新、高投入以及大规模的广告轰炸，把顾客的消费欲望刺激到足够的强度，顾客就会主动找零售商购买这些产品。购买这些产品的顾客多了，零售商就会寻找批发商，批发商觉得有利可图，就会寻找生产企业订货。运用这种策略的企业一般具有较强的经济实力，能够花费昂贵的广告和公关费用。

常用的拉式策略有：广告宣传、邀请推销、代销或试销、信誉等。

总之，推式策略和拉式策略都包含了企业与消费者双方的能动作用。许多企业在促销实践中，结合具体情况采取"推""拉"组合的方式，既各有侧重，又相互配合。

三、服装促销费用预算

在进行服装的促销之前，必须进行促销费用预算。促销费用预算合理与否将直接影响到服装企业促销的成败。确定促销预算的总原则是：因促销而增加的利润应当大于促销费用的支出。常用的预算方法有以下几种：

（1）营业额百分比法。该类预算是根据年度营业目标的一定比例来确定促销预算，再按各月的营业目标分配至各月。比如，服装企业预测2020年的营业额为1000万元，故决定将营业额的10%作为促销费用，也就是说，2020年的促销费用为100万元。这种预算方法简单、明确、易控制，但缺乏弹性，未考虑促销活动的实际需求，可能影响促销效果。

（2）量入为出法。该预算是根据企业或者零售店的财力来确定促销预算，因而能确保企业的最低利润水平，不至于因促销费用开支过大而影响利润水平。但是，由此确定的促销预算可能低于最优预算支出水平，也可能高于最优水平，从长期来看，不利于服装市场的开拓。

（3）竞争对等法。该预算是指按照竞争对手的大致费用来决定企业或零售店自己的促销预算。此类预算方法能借助他人的预算经验，有助于维持本零售店的市场份额，但是情报未必确实，而且每个企业或零售店的资源、形象、人员等情况不同，因此同样具有局限性。

（4）目标任务法。该预算即根据促销目的和任务确定促销预算。该方法注重促销效果，使预算较能满足实际需求，但促销费用的确定带有主观性，且不易控制。

四、服装促销时机的选择

为了使促销活动取得良好效果，经营者最先要考虑的就是如何选择促销的时机。因为不加选择的在任意时间进行促销将可能使消费者变得麻木，未必能提高产品的销售额。关于促销时机的选择可以参考以下几方面：

1. 根据产品生命周期选择促销时机

当新产品上市时，重点是促进尝试性购买。如果没有一个恰当的促销时机，新产品销售可能很难跨过上市门槛，即新品上市失败。促销的最佳时机一般在新产品上市一个月后，即铺货率能达到50%左右的时候进行促销活动；而当新产品成功上市进入快速成长期后，应在观察和访问顾客的基础上，把握该阶段的促销时机，将消费者的尝试性购买化为重复性购买；当产品进入成熟期后，应继续巩固既有的重度消费群，同时，利用促销的附加利益，吸引随机性消费、边缘性消费，以弥补非重度消费群流失带来的损失，保证产品能在较高的销售平台上稳定运行；而在产品的衰退期，宜采取"软退出"的方法，旨在消化库存、回收边际利润。

2. 根据企业目标与顾客动态选择促销时机

当目标顾客的忠诚度下降时，应采取适当的促销手段，提高其购买频率；当企业意欲扩大目标群体时，也应采取适当的促销手段，使企业目标顺利实现。

3. 根据竞争者的动向选择促销时机

当竞争者采取促销策略时，为了维持自己产品的市场占有率，应开展具有竞争力的促销策略；当企业开拓新的市场领域时，为了争得市场份额，应开展一定的促销活动。

4. 与分销商有关的促销时机

当分销商经营的产品种类较多，或者经营同种产品而从不同供应商处进货且比例不同，或者分销商对本企业产品的关注程度下降时，企业应采取一定的促销策略，以充分保证分销商的利益，提高其经营本企业的信心。

5. 与节日有关的促销时机

目前，"节假日经济"营造的消费高潮是企业和卖场销售的黄金时期，尤其是在国家实行的小长假、黄金周，加上越演越热的洋节日：情人节、万圣节、圣诞节，还有各个卖场挖空心思制造的开业庆、周年庆、嘉年华等，形形色色的节日让人目不暇接。一般来讲，节假日的销售业绩是平日的2~3倍以上，有时甚至有数十倍的增长。所以，企业和卖场要抓住节假日促销。

6. 与事件有关的促销时机

所谓事件，是指能够引起社会关注的焦点、大众关心的话题、议题。所谓事件营销，即是企业利用这些事件的社会关注度，把自己和事件进行某种关联和捆绑，从而在媒体报道与消费者参与事件的时候，达到提升企业形象以及销售产品的目的，比如明星效应、赛事赞助、公益事业、社会焦点等。例如，贝纳通服装时常通过广告，对现在人们所关注的战争、环保、种族以及艾滋病进行诠释，使得广告内容屡屡成为公众热议的话题，公益广告本身成为具有公众影响的事件，这为该品牌树立了良好的社会声誉，并且在人们的潜意识中形成一种观念，其关注的议题代表着该品牌的高度，如图9-22所示。

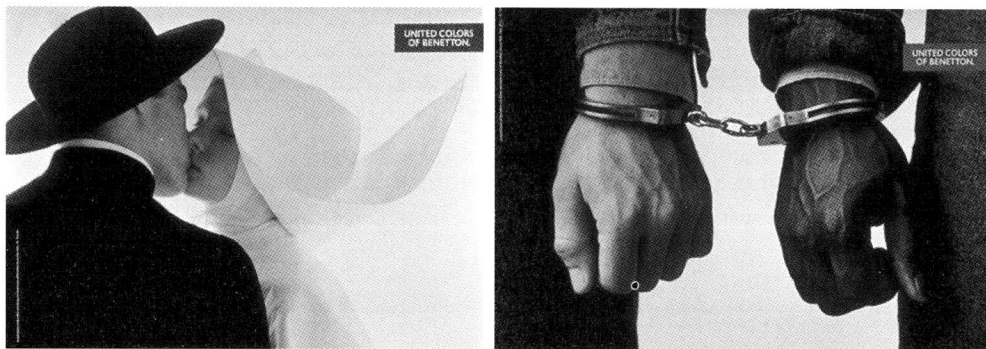

图9-22 贝纳通广告示例
（图片来源：搜狐网）

PART 2 项目实操

一、项目目标

掌握服装营销推广的作用和方式，培养营销推广的策划实操能力。

二、项目任务

实地调研一家服装品牌零售门店（比如，"老字号"服装品牌），分析该店铺近期的促销推广活动，基于该品牌的定位、商圈及门店特征、消费者需求等多方面因素，为该品牌分别策划一次常规促销、节假日促销、主题促销等三种营销推广方案。

三、项目要求

班内同学自由组合，5~6人为一组。选定策划对象展开调研和分析，需有过程记录，最终以原始资料为基础数据，完成营销推广方案。

四、开展时间及形式

课后实践环节，以现场走访、观察、访谈调研为主，二手资料调研为辅而展开。

五、项目汇报

采用PPT及视频形式进行项目策划汇报。若条件允许，项目汇报环节可以与目标店铺合作，实地演练。注意提供过程记录。

PART 3 项目指导

一、项目策划准备工作

1. 确定分组
班内同学自由组合，5~6人为一组进行调研。

2. 选定目标品牌
关于服装品牌的信息搜集与筛选，确定目标品牌。

二、项目实施指导

1. 确定目标对象
确定是只针对某一消费群还是所有消费者举办的服装促销活动，以便拟订最适合的服装促销手法。

2. 确定活动主题
主题的设定必须具有创意性、话题性，若能创造出口语或标语，则可兼具广告效果。

3. 确定促销诱因
诱因是指消费者获得的部分，如赠品、折扣等，诱因的大小要同时考虑消费者的接受度，以及企业成本的负担。

4. 参加条件
参加条件是界定哪些消费者可以参加，以及如何参加此服装促销活动，例如，购买金额满300元可参加抽奖。

5. 活动期间

活动期间指服装促销期间的设定，依过去经验及消费行为特性，决定长短合适的活动期间。

6. 媒体运用

利用媒体组合策略将服装促销的讯息传达给消费者。由于讯息准确性不确定且不能即时地传达给消费者，对于服装促销期间的来客数会产生影响，因此必须谨慎地根据广告制作费用和成本评估选择媒体。

PART 4　案例学习

揭秘网络主播直播带货

随着"网络直播带货"日渐风行，各大平台涌现出众多直播带货的网络红人。在2020年的"618全民电商大促"活动中，明星网红、超级主播等成绩显著：娱乐明星张庭、刘涛直播带货超2亿元，带货网红一姐薇娅17场直播累计收获1.2亿元销售额。值得一提的是，格力电器董事长董明珠女士在此期间连续5场亲自上阵为格力直播带货（图9-23），直播累计销售额超过178亿元，相当于2019年全年营收的9%，仅"618"当天直播4小时带货便高达102.7亿元。

直播这种形式天然"接地气"，能够使品牌和消费者直接面对面沟通，提升了用户的参与度，粉丝效应明显。通过比较不同人员的促销方式可以发现，网络主播具有以下特征：

图9-23　格力电器2020年6月19日官方微博
（图片来源：格力电器官方微博）

一、鲜明的人设

鲜明的人设是制胜直播带货的先决条件。比如口红一哥李佳琦，对美妆产品的专业性让用户信服，主播时的小傲娇深得年轻女用户的喜爱；主播薇娅一直是邻家大姐姐的人设形象，带货同时与粉丝聊家常，亲和力强，给用户很强的信任感。

二、一定的粉丝积累

在直播带货前，主播已经通过人设和内容积累了一定的粉丝量。比如，快手说车达人"二哥评车"于2019年5月通过快手直播汽车团购活动中，一次性卖出288辆新车。事实上，在直播卖车之前他已经在快手上积累了200多万的粉丝，其中不乏购车意愿的准车主。再比如，娱乐明星王祖蓝通过持续更新的短视频内容一跃成为快手粉丝量最多的明星，粉丝数量超2700万。这些粉丝助其在2019年快手双十一达人带货榜中排名第十。

三、专业过硬

主播带货的专业能力尤为重要。淘宝直播带货一姐薇娅的专业积累，一方面来自早期经营线下服装店和淘宝店的经验；另一方面则是其每天坚持提前对所有直播商品进行熟悉和学习。一个好的主播不但要讲解专业，而且还要了解产品卖点，洞察用户心理。

四、强大的带货团队

主播直播带货时，商品选择至关重要。这就要求带货团队成员细化分工、职责明确，全程把控售前、售中、售后等各个环节，具备筛选商品的能力，保障商品的品质以及售卖价格的"高福利"，只有这样才能激发用户购买数量。

五、口播能力强

一般而言，主播独特的、"标签化"的语言风格能够使其脱颖而出，加深用户印象，加速主播在用户群体、媒体间的传播，提高主播的影响力。比如：口红一哥李佳琦的"所有女生""我的妈呀""买它买它""Oh my god"等有特色的语言，使他的直播极具特色，广受消费者喜爱。

六、深耕社交

主播需要在多平台"圈粉"，持续提升影响力。比如，主播薇娅通过在微信公众号"薇娅惊喜社"每日直播预报，为直播间吸引大量流量。

七、主播传承，流量复利

比如李佳琦的小助理在抖音有500多万的粉丝，未来也有望成为电商主播的新生力量。快手"卖货王"辛有志协助自己的徒弟蛋蛋，曾经仅开播80分钟，就突破了1亿元销售额，整场总带货破3亿元，同时在线人气突破60万元。超级主播有大量的粉丝基础和影响力通过"帮传带"培养主播带货家族，壮大的家族式主播团队聚集粉丝效应更强，是带货价值持续增长的保障。

PART 5 知识拓展

如何处理危机公关

危机是企业经营发展中特别需要重视的一个问题，企业在面临危机时，如果处理不当会损害企业效益，严重的甚至伤及企业根本。面对危机，企业需要采取相应的危机处理策略来解决危机，降低损失。危机公关的定义，有广义和狭义两种解释。狭义的危机公关是指当企业遇到形象危机、信任危机或人员失误时，需要经过一系列策略来获得消费者信任，从而维护企业形象的工作。广义的危机公关指的是一种管理能力，能够借用一系列的公关措施来实现企业目标的系统活动。

危机公关通常有以下策略：

一、及时反应，第一时间与危机关涉者对话

当危机来临时，需要第一时间收集一切相关事实，充分利用各种媒介与危机交涉方进行交流，并在第一时间公布信息，解答公众的各种疑问，让公众得到及时、透明、准确的信息。第一时间应对不但能尽早赢得消费者的理解，更能为自身赢得主动权。比如，2016年11月2日，易建联在CBA联赛中不愿穿赞助商赞助的李宁球鞋，当场脱鞋，被禁赛一场。李宁作为赞助商，投资约20亿元，参赛球员当场脱掉赞助商指定品牌球鞋，势必要在公众中间造成巨大的负面影响。由于李宁并未及时做出公关回应，使得事件在舆论中发酵，闹得沸沸扬扬。

二、积极行动，切实寻找危机原因并挖掘本质

企业处理危机要用积极的行动来打动人。新媒体时代信息庞杂，有效信息极其容易淹没，企业发生危机后，需要通过提高自身危机判断能力和信息处理能力，抽丝剥茧找出危机爆发的直接原因并挖掘出危机的本质，才能有的放矢，采取准确有效的危机公关措施。企业因媒体不实的报道和网络谣言等外界原因触发企业危机事件时，也需要找出危机始发地以及危机得以传播的根本原因，积极行动起来采取相关措施消除负面消息，还企业一个清白，以免一场无中生有的不实消息酿成企业的巨大损失。

三、真相至上，真诚地告知危机事实真相

在危机事件发生后，企业变成了公众和媒介的焦点，一举一动都将会受到质疑。此时在与媒体和公众沟通时，需要做到诚意、诚恳、诚实三点。首先，公司应当向公众说明情况，并致以歉意，从而体现出企业勇于承担责任的态度，赢得消费者的同情和理解。其次，一切要以消费者的权益为重，不能回避问题和错误，重拾消费者的信任和尊重。最后，要做到诚实告知。比如，2018年11月17日，杜嘉班纳（Dolce & Gabbana）在官方微博发布"起筷吃饭"系列视频，有网友指出视频中亚裔模特姿态不雅、对筷子及事物奇怪的描述存在歧视华人的嫌疑，随后，品牌创始人兼设计师班纳（Gabbana）一句嘲讽中国的言论，把民族情绪点燃到爆炸。迫于国内舆论压力，D&G官方不得不出面回应，声明中表达了时装秀取消的遗憾，却仍然不见对这一事件的歉意，而是声称设计师和D&G的官方账号被盗，引发了国内消费者的一致抵制。整个过程D&G都表现出一种拒不悔改、敷衍塞责的态度，在所有中国消费者等待一个道歉和处理时，D&G错上加错，最终被中国消费者所唾弃。

第十章 总有新玩法：新媒体营销

随着经济的发展和科技的进步，信息化已成为时代发展的主流和要求，快速发展的互联网、大数据以及智能移动设备的普及使得新媒体的传播和发展成为必然，人们的生活方式正在悄然发生改变。相比于传统媒体，新媒体更能满足用户个性化和多样化需求和喜好，适应用户的碎片时间，且无时间地点能等外界条件的限制，可以随时随地向大众传递信息。

如今，主力消费群体接触新媒体的时间已远超传统媒体时间，新媒体营销因其影响力度大、传播范围广、速度快、成本低等诸多优点，在人们的日常生活中随处可见，故逐渐被人们所认可。因此，随着新媒体时代潮流的推动和新媒体营销方式的丰富，新媒体营销是企业发展壮大的必备"技能"之一。

问题导入

您是否通过新媒体平台"种草"过时尚产品？是否在这些平台上购买过时尚产品？您认为目前最热门的新媒体营销平台有哪些？

PART 1 理论、方法及策略基础

第一节 新媒体营销

一、新媒体的兴起及其发展

1. 新媒体的兴起

新媒体是相对于传统媒体而言的，是在报刊、广播、电视等传统媒体之后发展起来的新的媒体形态，利用数字技术、网络技术、移动技术，通过互联网、无线通信网、卫星等渠道以及电脑、手机、数字电视机等终端，向用户提供信息和娱乐服务的传播形态和媒体形态。确切来讲，新媒体应称为"互动式数字化复合媒体"，且随着科技的发展得以不断更新和变化。它既包括数字化的传统媒体、网络媒体、移动媒体、数字电视、数字报纸杂志等，也包括时下流行的数字电影、数字电视、数字杂志等，如图10-1~图10-3所示。

2. 新媒体的发展历程

1969年美国阿帕网（ARPANET）的建成，标志着互联网的诞生。1994年4月20日，中国

实现与国际互联网的第一条TCP/IP全功能链接，成为互联网大家庭中一员。至此，依托互联网的传播，新媒体应运而生，并在其后的20多年里取得了迅速发展。

新媒体的发展经历了PC互联网和移动互联网时代两个阶段。其中，以搜狐、新浪、网易和腾讯四大门户网站为代表，开启了中国互联网时代的第一阶段。在此期间，仅有为数不多的群体有机会接触新媒体，并使用新媒体传播信息。这部分人多数是媒介领域的专业人士，具有较高的文化素质和社会阶层身份，其媒介传播意识超前，掌握着先进、丰富的媒介资源，是新媒体的第一批受益人群。之后，社交、电商、搜索、游戏等逐渐发展并成为中国互联网的核心，随之而来衍生出KOL运营、微博运营以及微信公众号运营。在移动互联网时代，以手机等移动媒体为主的新媒体得到大范围的普及，移动App的蓬勃发展为用户的生活、工作提供了极大的便利，同时也逐渐改变了企业的运营方式以及人们的生活方式。"互联网+"带来了直播、短视频等新形式的出现，并产生了稳定的商业变现。图10-4反映了新媒体发展历程中的部分典型代表。

二、新媒体营销的内涵及其特点

1. 新媒体营销的内涵及其本质

新媒体营销是利用新媒体的平台和手段，基于特定产品的概念诉求与问题分析，对消费者进行针对性心理引导的一种营销模式，其重在沟通性、差异性、创造性、关联性和体验性。从本质上来说，新媒体营销是以消费者为核心、以新的媒介为传播载体的企业软性渗透商业策略在新媒体形式上的实现，通常借助媒体表达与舆论传播使消费者认同某种概念、观点和分析思路，从而达到企业品牌宣传、产品销售的目的。

图10-1　数字电影技术
（图片来源：新浪博客）

图10-2　数字电视界面
（图片来源：站酷网站）

把芭莎放进手机
Mini BAZAAR Big WORLD

图10-3　时尚芭莎电子刊
（图片来源：时尚芭莎官方微博）

图10-4 新媒体发展历程中的部分典型代表

2. 新媒体营销的特点（图10-5）

（1）分众化。分众化本质上是对消费者的细分，即根据消费者特征而分成不同的组群，并向这些组群有针对性、有区别地传递不同的信息。

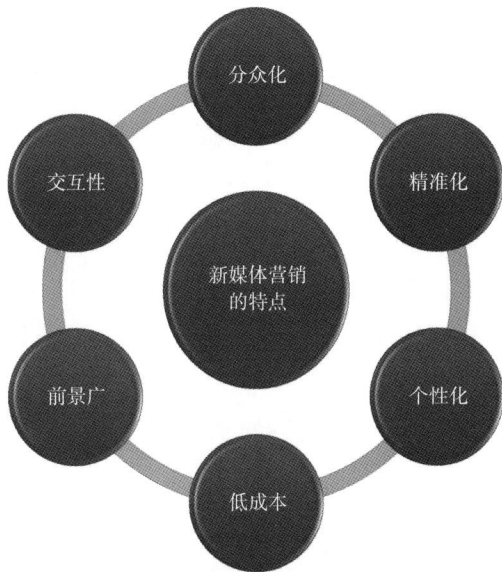

图10-5 新媒体营销特点

（2）精准化。对于消费者而言，"精准"意味着让消费者得到精准性的服务；对于营销者而言，旨在用低成本获得营销和传播的实效，提高投资回报率。

（3）个性化。个性化是指为了符合当前崇尚自由、追求个性的多元化时代特点，新媒体营销的创意和表现形式要具有个性化。

（4）交互性。交互性是Web2.0时代造就的新媒体最为关键的特点之一，将曾经单向的"点对面"的传播模式转换为"点对点"的互动式传播。

（5）低成本。借助先进的多媒体技术手段，以文字、图片、视频等为产品和服务的表现形式，不仅降低了新媒体营销前期的固定资金投入和技术成本，而且降低了运营成本和时间成本。

（6）前景广。随着新媒体的不断演化和发展，新技术和新思维层出不穷，新媒体营销的传播渠道和应用领域日益广泛，如较早的社交平台、问答平台到现在的短视频平台、直播平台等。

三、新媒体的营销思维

为保证整个营销过程的顺利进行，新媒体营销之前需要制订相应的营销计划和策略，并利用营销框架以组织营销计划的内容。

营销框架是营销思维的具体表现方式，是营销者如何为服装企业或客户做营销所运用的方法论。现有的营销框架包括传统市场营销的4P框架、创业过程中的PMF框架、数字营销中的营销漏斗以及增长黑客中的AARRR营销框架等，如图10-6所示。无论何种营销框架，都必须具备了解产品、了解用户和了解市场等核心元素，即What（何物）、Who（何人）、When（何时）、Why（为何人）、How（如何）、Where（何处），并通过监测不断优化和完善整个营销流程，故称为6W营销框架，如图10-7所示。

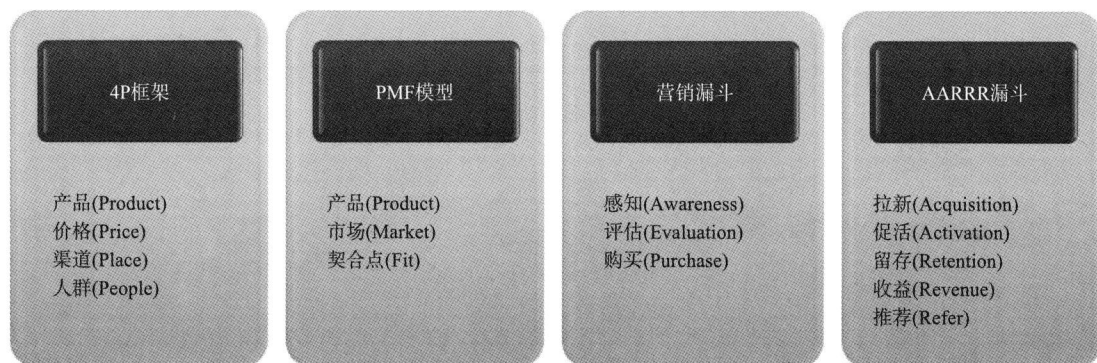

图10-6　常见营销框架

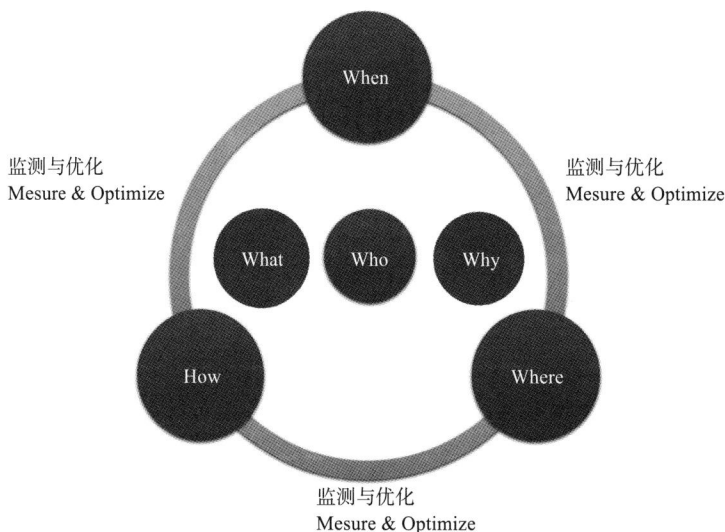

图10-7　6W营销框架

1. What

What指产品和服务。在制定营销计划之前，首先需要明确企业的性质、盈利方式、能提供什么样的产品和服务、产品和服务有什么差异化的卖点等。

2. Who

Who指目标客户。在竞争激烈的今天，面向所有人的产品是不存在的，所以需要找到产品的定位和营销的目标客户群体。寻找目标客户可从市场细分和用户画像两方面切入。

3. When

When指营销时机。从消费者感知某些问题到开始寻求解决方案，以及购买产品的过程中，消费者都会通过不同的关键词和渠道搜索信息，而这些不同的阶段，便对应了不同的营销时机。营销者只有了解这些关键词和渠道，才能在相应的时间去推广对应的内容，如图10-8所示。

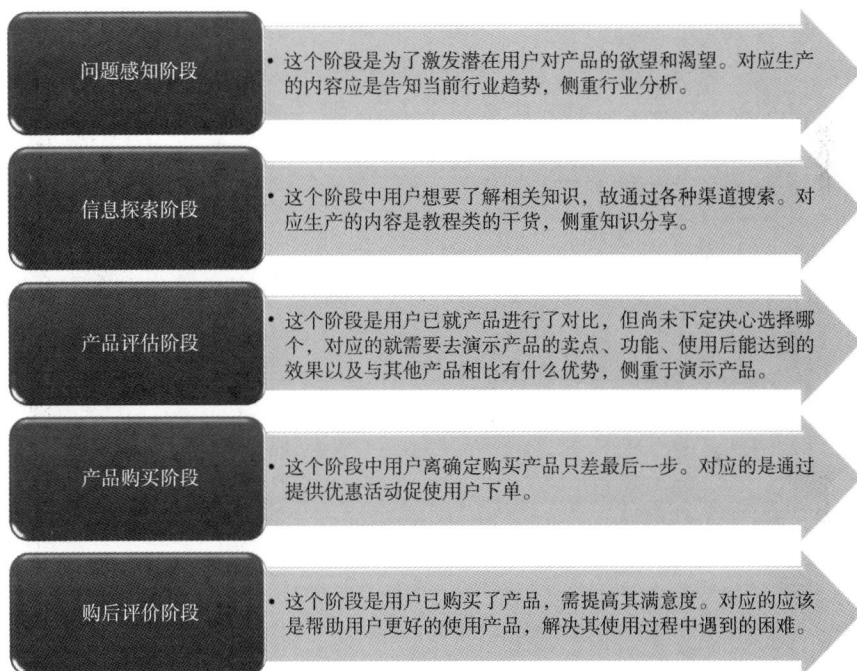

问题感知阶段	这个阶段是为了激发潜在用户对产品的欲望和渴望。对应生产的内容应是告知当前行业趋势，侧重行业分析。
信息探索阶段	这个阶段中用户想要了解相关知识，故通过各种渠道搜索。对应生产的内容是教程类的干货，侧重知识分享。
产品评估阶段	这个阶段是用户已就产品进行了对比，但尚未下定决心选择哪个，对应的就需要去演示产品的卖点、功能、使用后能达到的效果以及与其他产品相比有什么优势，侧重于演示产品。
产品购买阶段	这个阶段中用户离确定购买产品只差最后一步。对应的是通过提供优惠活动促使用户下单。
购后评价阶段	这个阶段是用户已购买了产品，需提高其满意度。对应的应该是帮助用户更好的使用产品，解决其使用过程中遇到的困难。

图10-8　营销时机流程图

4. Why

Why指营销目标。营销目标是指通过营销要达到的结果。营销目标可根据SMART原则来制定，即具体性（Specific）：要有一个具体的目标，指标不能笼统；可衡量性（Measurable）：目标要能衡量，有一个明确的数据作为衡量是不是达到目标的依据；可实现性（Attainable）：目标是能实现的，不能超过实际能力范围；相关性（Relevant）：需要实现的目标跟其他目标的关联；时限性（Time-bound）：具体目标必须有一个明确的完成期限。

5. How

How指营销方法。营销方法是指通过各种指定的营销计划和规划去实现营销目标。按照不同的营销手段可分为：文章策划、视频策划、活动策划、广告策划等。不同的营销方法有不同的表现方式，但其最终目的都是为了更好地实现营销目标。

6. Where

Where指营销渠道。营销渠道是指接触用户的通道。传统的营销渠道是相对单向的。例如，企业通过广播、报纸或电视发布的产品信息，并不能得到实时反馈，更做不到了解用户的真实需求；而新媒体渠道是双向的，营销者可根据不同渠道的特点，针对性地选择并影响目标客户，并及时了解消费者对营销者所发布内容的反馈。

四、新媒体营销的流程

新媒体营销是企业以品牌或某产品为核心而进行的一系列综合性策划工作，要求企业或者品牌通过"接触—认知—认识—认可"的流程逐渐渗透用户，即找到产品的有趣点，做好策划后进行推广宣传。通常情况下，新媒体营销具备如图10-9所示的工作流程。

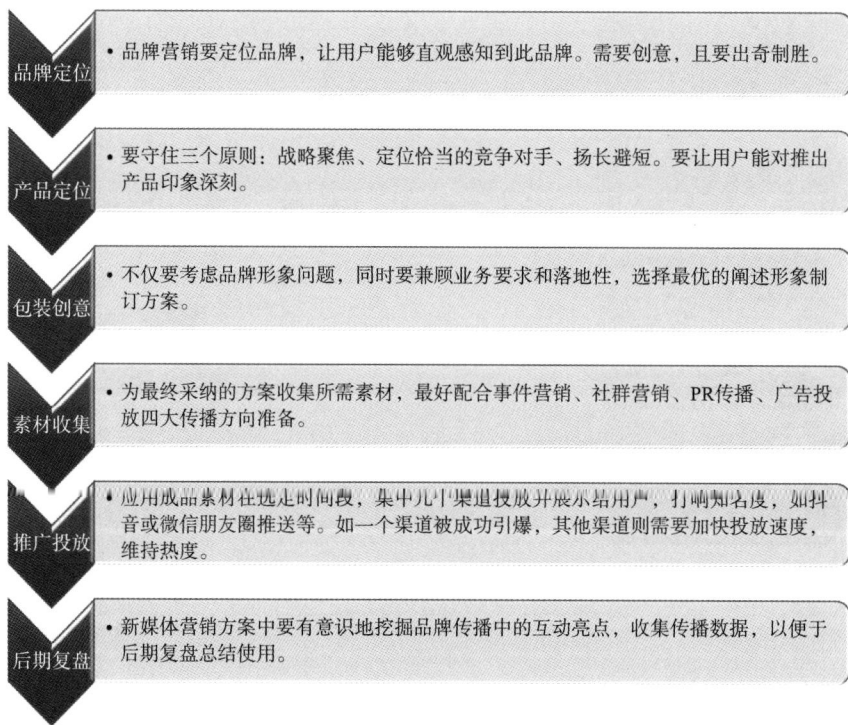

品牌定位 · 品牌营销要定位品牌，让用户能够直观感知到此品牌。需要创意，且要出奇制胜。

产品定位 · 要守住三个原则：战略聚焦、定位恰当的竞争对手、扬长避短。要让用户能对推出产品印象深刻。

包装创意 · 不仅要考虑品牌形象问题，同时要兼顾业务要求和落地性，选择最优的阐述形象制订方案。

素材收集 · 为最终采纳的方案收集所需素材，最好配合事件营销、社群营销、PR传播、广告投放四大传播方向准备。

推广投放 · 应用成品素材在选定时间段，集中几个渠道投放并展示给用户，打响知名度，如抖音或微信朋友圈推送等。如一个渠道被成功引爆，其他渠道则需要加快投放速度，维持热度。

后期复盘 · 新媒体营销方案中要有意识地挖掘品牌传播中的互动亮点，收集传播数据，以便于后期复盘总结使用。

图10-9 新媒体的营销流程

第二节　服装新媒体营销的主要平台

运营平台是推动服装新媒体营销实施重要的外部动力，选择正确的平台，是新媒体营销取得成功的关键一环。总体来说，新媒体的运营平台包括如图10-10所示的主要类别。

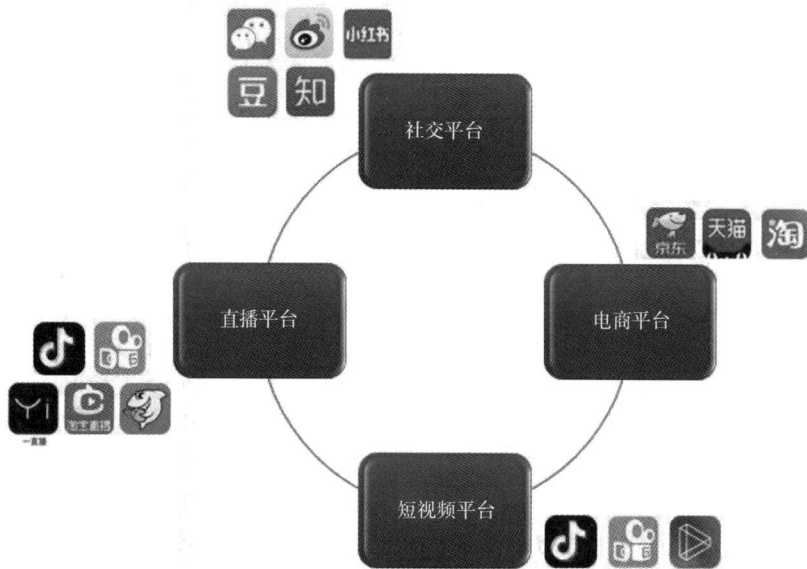

图10-10　新媒体营销渠道分布

一、天猫、京东等电商平台

随着电子商务的迅猛发展，天猫、京东等各大电商平台的年交易额、重大活动交易额不断飙升，屡创新高。2020年11月11日，天猫"双十一购物狂欢节"在24小时里交易额达4982亿元，再创历史新高。这个庞大数字的背后，反映出人们生活水平的提升和消费方式的转变。

随着移动网络的不断发展，移动智能终端设备被广泛使用，尤其是电商App作为一种新的营销方式，已开始崭露头角，大放异彩。电商App与其他新媒体类型一样成本低、传播速度快，再加上它的随身性和互动性，更容易使消费者产生对产品的关注及分享。一旦消费者安装了App（图10-11、图10-12），且对其内容和营销方式认可，便会产生极高的黏性，且忠诚度会得到很快提升。当然，服装品牌若要经营好自己的移动App，除了进行线上的营销活动，还要对应用进行维护、后继开发以及日常运营。在当今互联网背景下，移动应用的营销推广加上多方位经营，必然会为企业带来很大的效应。

二、微信、微博等社交平台

基于互联网的社会化媒体，使人们可以相互分享或者评论，从而实现彼此的交流。与传统媒体相比，社会化媒体相对公开透明，很多内容来自用户，语言较为灵活，用户主动参与

图10-11　天猫LOGO
（图片来源：天猫官网）

图10-12　京东LOGO
（图片来源：京东官网）

性强。通过社交媒体平台，用户不仅可以对内容进行创造或者评论，而且能够通过信息传播与他人进行交流，并强化社交关系。微信（图10-13）、微博（图10-14）是社交媒体的典型表现形式，具有普及性高、门槛低、成本低的特点，是目前服装行业采用较多的两个平台。

1. 微信公众号

微信营销是在互联网经济快速发展的背景下，企业对原有营销模式的发展和创新。根据腾讯控股有限公司2020年8月12日发布的最新数据，截至2020年6月，微信及WeChat的合并月活跃账户数已达到12.061亿，为服装企业营销提供了强有力的基础和条件。首先，通过微信平台，服装企业可以向用户推送相关信息，实现点对点的精准营销；其次，服装企业可以利用直观的产品图片给予用户直观的视觉冲击，从而激发其购买欲；再次，利用互动性的特点，服装企业通过文字、图片、语音等实现与用户之间不受时间、地点限制的即时沟通和交流。最后，微信营销形式多样，且十分灵活。服装企业在微信营销的过程中，可通过多种方式进行广告宣传，并建立与特定群体之间全面的沟通交流。

图10-13　微信LOGO
（图片来源：微信官网）

图10-14　微博LOGO
（图片来源：微博官网）

2. 微博平台

微博营销是指通过微博平台为商家、个人等创造价值而执行的一种营销方式。服装企业可以借助微博作为渠道平台，通过引进爆款内容，吸引更多观众与用户参与，利用流量导流进而实现用户付费的转化。企业利用微博进行营销，并不仅仅局限于在平台上直接销售商品，而更多地表现为传递品牌价值、维护客户关系。微博所具备的Anyone、Anytime、Anywhere、Anything四个特性，使得用户可以在微博上随心所欲地输出自己的观点、随时随地分享有趣的事情、甚至发布任何自己想表达的信息。

作为服装品牌的推广平台，微信、微博等在配合线上、线下营销活动开展的同时，能够通过消费者的公开信息精确定位目标消费者，并利用移动互联网的地理定位特性，进行精准消费人群定向和地理位置定向，提高营销传播效率。因此，服装品牌的微信或微博公众号更像是一个客户关系管理系统，通过这个系统，企业可以及时得到消费者反馈并迅速做出反应，互动性强且持续性高。比如服装尺码问题、产品质量问题以及其他售后服务问题，都可以在官方账号与品牌工作人员进行直接沟通，既提升了消费者体验，又有助于树立良好的品牌形象。

三、短视频平台

短视频是指在互联网新媒体上进行传播的视频内容，时长通常在几十秒到几分钟之间。自短视频出现至今，其以碎片化的时间、丰富的内容迅速在各大用户心中占领了一席之地。短视频营销是指在互联网新媒体上，将要传播的视频内容以文字、图片、语音和视频相融合的方式，生动形象地传递给用户的一种模式。短视频营销是新媒体时代服装企业进行营销宣传的一种新的工具，其宣传性价比高、方式新颖、成本低廉、互动性强，不仅可以连接消费者与企业品牌，实现企业信息的传播，也易于让消费者接受并进行二次传播。

在移动智能终端及5G网络的合力推动下，我国移动短视频用户呈"井喷式"增长。根据CNNIC第46次《中国互联网络发展状况统计报告》，截至2020年6月，我国短视频用户规模为8.17亿人次，占网民整体数量的86.91%。目前，国内比较热门的两大短视频App分别为快手（图10-15）和抖音（图10-16）。

短视频营销具有以下特点：

1. **目标精准**

短视频平台可以利用大数据把恰当的内容和商品推荐给用户，同时可以帮助企业从海量用户中筛选潜在客户，并精准投放。

2. **互动性强**

用户可通过点赞、评论、关注、转发等方式在平台上与信息发布者或其他用户进行互动。

3. **传播度极高**

短视频平台上的每一位用户都是一个传播点，可以随时

图10-15 快手短视频
（图片来源：快手App截图）

图10-16 抖音短视频
（图片来源：抖音App截图）

随地观看并分享给他人，所以某些爆款视频能够在短时间内被大量转发，创造热度，传播速度快，范围广。

4. 传播效果好

短视频拍摄可使用美颜、视觉特效、小游戏等技术，使得视频更有吸引力，也更容易引发用户情感共鸣，而这是传统的文字、图片等宣传手段所无法比拟的。

四、直播平台

直播从诞生初期的饱受质疑，到现在几乎已成为互联网产品标配，期间经历了非常大的变化。直播起源于秀场模式，但随着行业发展，目前已演变为一种兼具即时性和强互动性的内容、产品传播渠道，是引流和吸粉最强劲的渠道之一。目前主要的直播平台有抖音（图10-17）、淘宝（图10-18）、快手以及B站等。直播具有以下特点：

1. 强互动性

弹幕功能是主播和观众之间的交流通道，其双向互动性更能吸引一部分热爱互动的用户人群。

2. 粉丝维系

直播不仅能把路人观众转化为粉丝，更能通过主播的直播表演与互动，提高粉丝黏性，将泛粉升级为死忠粉，为变现打好基础。

3. 双重效益

对于主播来说，直播效益首先体现在直播所带来的即时收益，其次体现在直播后的个人曝光以及粉丝黏性的提升。后者虽不能快速见效，但在长期的精耕后却能带来不菲的收益。

图10-17　抖音直播

（图片来源：抖音直播截图）

图10-18　淘宝直播

（图片来源：淘宝直播截图）

第三节　服装新媒体的营销特点

2020年4月28日，中国互联网络信息中心（CNNIC）发布的第46次《中国互联网络发展状况统计报告》显示，截至2020年6月，我国网民规模为9.40亿人，互联网普及率达67.0%，庞大的网民构成了中国蓬勃发展的消费市场，也为数字经济发展打下了坚实的用户基础。相较于传统媒体而言，新媒体营销的用户局限性更小、范围更广阔，尤其是在服装行业的线上营销中，服装类别占比较大。

一、新媒体的用户

与传统媒体对信息的垄断和"封闭"的环境不同，新媒体的传播模式赋予了用户信息消费方面更多的主动性，用户可以在四通八达网络中的海量信息里自主选择所需的、感兴趣的平台和信息，认识志趣相投的朋友，查看他人的评论，从而建立对某事件的认知框架和结构。尤其是随着网络技术的发达和功能各异的新媒体平台App的推出，使得用户拥有了时间和空间上更多的自主性，用户无须再依赖电视机、电台、广播的播出时间来规划自己的使用行为，也不一定局限在某个空间里，而是可以更加灵活地在其他网络平台上自主选择观看时间，并且随时随地对感兴趣的内容进行重复观看和收藏。

二、新媒体营销中用户角色的变化

新媒体营销中用户的角色变化主要体现在以下方面：

1. 由单一的接受者转变为受传合一者

在传统媒体环境下，用户总是被动地接受大众传媒的信息，只能在媒体为之设置好的议程中进行有限挑选。而随着微博、微信等新媒体的出现，用户开始尝试主动地与媒介进行互动，即主动发布信息、回复信息或是将信息转发至自己的微博、微信中以表明观点。在这个过程中，用户的角色发生巨大变化，即由单一的接受者转变为受传合一的综合体。

2. 用户线下真实身份与线上虚拟身份由分离到同一

在早期网络媒体时代，用户的线下身份与线上身份往往是分离的，随着电子商务及社交新媒体的兴起，用户线下真实身份与线上虚拟身份呈现出同一性。用户开始在一定的新媒体平台上寻求一个相对真实的自我，并以真实身份实现与他人的交流和沟通。比如，微博上"实名"的一呼百应、一帖百评、一帖千转等，微信中以手机号码注册、交友以及LBS（基于位置的社交）等，均使得现实的人际关系在虚拟世界中得以展开，信息传播得到裂变式的发展。

3. 用户由追随精英到草根狂欢

随着新媒体的普及，以往社会"精英"们才有的话语权，正在被众多草根受众所拥有。用户在表达意愿的同时，其身份由普通"受众"而转变为具有社会意识的"公众"角色。他们不仅将自身的隐私、个人观点鲜明地暴露在新媒体上，还行使着监督他人、评议社会的权利；他们紧跟时代脉搏，成为舆论领袖，话语权得到了前所未有的提升。这些"草根公众"也许并不是位高权重的政治领域的精英，也非社会上的知名人士，他们是各行各业的普通人，他们用自己的一举一动、一言一行，牵动着社会舆论。

三、新媒体营销的特点

新媒体中用户角色的变化使得新媒体的营销具有以下特点（图10-19）：

1. 信息精准化传递与用户碎片化信息接收并存

新媒体传播的及时性、粉丝的忠诚性及社交特性使其信息传递更为精准。比如，微博的公共账号往往是用户根据兴趣而订阅的，其针对所有粉丝的信息推送必然是精准的；微信的信息推送主要存在于公众账号及好友一对一的沟通之中，而且，以标题式展现的文章推送，

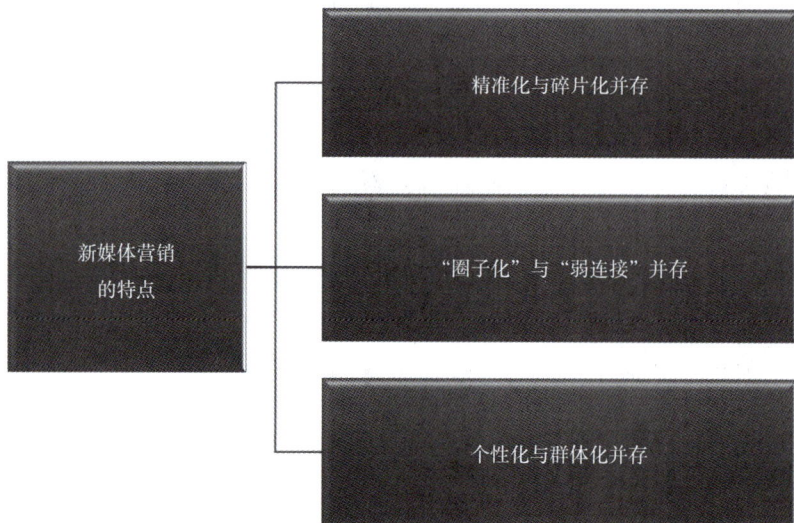

图10-19　新媒体营销特点

往往需要用户点击才能继续阅读，进而选择是否分享，其实这又是一个用户对信息的选择和精准过程。同时，在信息精准化传递的同时，微博140字的限制，使表达变得简洁、凝练，在实现信息传播便捷、快速的同时，随之而来的是信息的碎片化现象。如对同一事件反映的非连续性和多版本呈现，使用户产生信息判断的不准确性。碎片化信息的随意性也让用户养成了处理信息的惰性，用户迅速地接收大量的信息，却来不及整理信息，从而形成了缺乏逻辑思维的定式和梳理碎片化信息的习惯。

2. 用户"圈子化"与"弱连接"并存

新媒体的用户属性呈现"圈子化"的特点，大多数的微博、微信好友关系发生在"熟人"之间，诸如亲朋好友、同事、同学等。因此，微博粉丝和微信朋友圈不仅能使用户维持原有的社会关系，通过互动和交叉，形成"先分享再聚集"的基本特性，还可以通过照片或内容的分享来发现彼此，使人们在"准实名"的基础上扩展关系网络，从而拥有了更广泛的信息来源、支持资源、兴趣和利益，形成更大的社交"圈子"。这种圈子使用户通过"线上"沟通，整合"线下"的社会资源，使得属于某个"圈子"的社会成员找到身份定位，形成归属感和认同感。在紧密连接的圈子里，成员间共享的信息、观点和其他特征的相似程度很高，共同的朋友互相可见，这种高度的共享性和互惠性使得"圈子"成为一个较为私密的组织，若非征得同意，陌生人很难进入这个"圈子"，从而保证了这一群体的组织严密性和感情牢固性。

新媒体用户在"圈子化"的同时，又呈现着"弱连接"的特点。在新媒体的圈子中，除了亲人、同学、朋友、同事等这种稳定而传播范围有限的"强连接"外，还有更广泛的"弱连接"现象存在。"弱连接"虽不如"强连接"那样坚固，但却有着速度快、低成本和高效能的传播特点。因此，"弱连接"在用户与外界交流的过程中往往发挥着关键作用。所以说，微信等新媒体用户所呈现出的表征，既有成员间的高度信任、忠诚、团结、互惠和自利为纽带的"圈子"关系，也有"弱连接"关系的存在。

3. 用户个性化与群体化并存

相对于传统媒体，用户在新媒体环境下，对新事物的猎奇心理或对自我个性的标榜更为明显，通过一个人的微博或微信内容，很容易获悉这个人的喜好、性格。但同时，新媒体环境下用户个性化的属性往往隐藏着对群体的"屈从"。用户更倾向于通过使用同种物品或采用同种方式交流，以期获得"圈子"的认可，获得身份认同。随着分享的深入以及转发量的增加，用户的传播行为越来越体现出从属性，微信朋友圈集"赞"等行为正是这种从属性最突出的体现。而这种从属行为容易使新媒体用户形成一个更为亲密的群体。因此，新媒体用户具有比一般用户群更强烈的群体归属感，也更容易在交流中形成一致性意见，从而产生群体倾向，这种倾向性能够改变群体中个别人的不同意见。

第四节　服装新媒体营销的方式

一、事件营销

事件营销在服装行业中应用广泛，各个品牌通常采用策划活动、聘请代言人、借助热点事件进行事件营销，其中不乏成功案例。当然，也存在事件营销的失败案例。

例如，耐克品牌是成功运用事件营销的一个典型案例。早在2002年，耐克公司就看中了极具有潜力的刘翔，花费30万元与其签约。在刘翔雅典奥运会夺冠的前一天，耐克开始播放刘翔代言的产品广告，成功运用了刘翔夺冠这一件事的热点效应，提高了自己品牌的知名度。2008年，刘翔退出北京奥运会的消息令全世界震惊。许多提前与刘翔签约的广告商虽然已准备好夺冠和未夺冠两种结果的广告，但这出乎意料的情况令他们措手不及。迫于舆论的压力，大多数企业纷纷撤下了与刘翔有关的广告，有些企业甚至直接终止了和刘翔的广告签约。在紧急情况下，与刘翔合作的最大服装商——耐克，不仅没有为了企业的效益与刘翔终止合作，而是推出了一版新广告来回应此事。广告中对刘翔退赛决定的理解和对刘翔未来的支持令广大中国网友感动不已。耐克通过对此事的合理分析以及对大众心理的揣测，成功地提高了品牌的信誉。

波司登同样借助事件营销扩大了品牌知名度和美誉度。1997年10月，在人类首登珠穆朗玛峰45周年之际，正逢中国与捷克斯洛伐克建交5周年，两国登山队员在政府的支持下准备携手冲击珠穆朗玛峰。借助这一热点事件，波司登赞助中国登山协会，解决了登山队员的登山服问题。在"波司登：登上世界最高峰"的方案出来后，其品牌的防寒服销售量大幅度增加，品牌知名度和美誉度得到大幅提高。再如，李宁品牌针对"90后"逐渐占据市场的主体地位的现象，提出"'90后'李宁"的新宣言。在2018年2月1日的纽约时装周上，推出与传统运动服不同的"中国李宁""悟道"系列，使得李宁这个传统的运动品牌重新走进大众视野，引发"国潮"盛行，加上网络知名博主的推广，更使得李宁品牌知名度进一步上升。

服装企业在运用事件营销时，要注意明确事件营销的目标，注意事件热点与企业形象、品牌形象的契合，注意保障产品质量；在整个过程中企业要重视风险控制，提高对风险和热点事件的预估能力。服装企业具体可以从以下几方面着手（图10-20）：

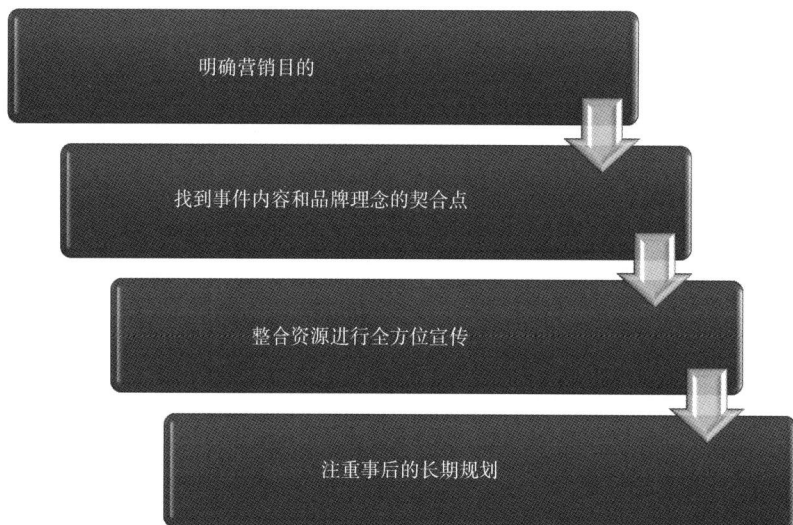

图10-20　服装新媒体营销事件运作流程

1. 明确营销目的

有明确的目标才能制订正确的营销方案。事件营销往往不以直接销售产品为目的，而是以提升品牌形象为目的。因此，事件营销不能仅仅依靠事件的热度，还要按照自己营销的目的，来制定出合理的营销策略。

2. 找到事件内容和品牌理念的契合点

抓住事件的核心热点和大众消费者的关注点，将其与品牌理念相结合，与消费者的心理产生共鸣，从而提高企业品牌的知名度，扩大自己的消费市场。

3. 整合资源进行全方位宣传

要想让事件营销的效果最大化，全方面宣传是必不可少的。这就需要整合各项资源进行宣传造势，利用事件的热度，发挥媒体传播势能，扩大传播范围，进行全方面地宣传，使各种资源有效的互补，从而使效果更显著。

4. 注重事后的长期规划

一个成功的事件营销不仅要在事情发生时产生作用，还要在事件发生后给消费者留下深刻印象。因此，企业应制订好长期的发展战略，在通过有效借势之后，利用事件的余热，乘胜追击，制造出与品牌和事件相关的活动，有效造势并扩大影响，从而提高企业的知名度。

二、联名营销

近年来，最初由奢侈品牌发起的联名营销逐渐运用到更多大众品牌，各种联名系列、联名方式在时尚行业层出不穷。联名已成为品牌建设、品牌营销的一种策略。品牌联名不仅可以提高品牌知名度和吸引力，丰富品牌形象和产品风格，而且可以增加品牌的附加值，在一定程度上带动其他产品的销售。

纵观众多时尚品牌的联名案例，其中不乏成功案例，但也有收效甚微、无人问津的情况。因此，联名并不是公式化的商业行为，品牌不应该把联名当作一种跟风，联名的同时还要注意方式方法，挖掘联名背后的本质与意义。只有这样，才能让联名营销为品牌添光添彩，获得双赢。成功的联名合作对品牌建设有很大帮助，其中通过营销提升品牌曝光度是最重要的，成功的联名营销甚至可以让品牌一举成名。品牌联名要有长远眼光，合理选择合作品牌，科学制定联名合作策略。同时，在努力制造话题焦点的同时要保证联名系列的设计水准和服装质量，才能得到消费者的喜爱，并在联名中最大限度获得利益。

在时尚行业常被提起的"品牌联名""联名款"等，在学术界则被称为"品牌联合"。根据众多学者的研究与解释，品牌联名与品牌联合有相似之处，但两者侧重点不同。品牌联合是由两个或多个品牌进行组合成立新的品牌，侧重于某方面的合作。其合作有多种形式，包含的范围更广；而时尚界的品牌联名则侧重于"名"，是两个及两个以上在消费者心目中具有高认可度的品牌之间的商业合作模式，更注重合作品牌的自身特点和品牌形象传播，擅长通过广告效应来获得消费者的关注，通常以"某某品牌×某某品牌"展示给大众。

图10-21　优衣库×KAWS联名款
（图片来源：优衣库官网）

服装行业的品牌联名主要是指两个或两个以上的品牌共同推出的共同冠名、设计、开发的联名款服装、饰品等，两个品牌通常是服装品牌与其他行业的知名品牌进行联名，即跨界。这其中会涉及宣传、公关、销售等多个方面的合作，但归根到底是围绕联名系列服装产品展开的，此种营销模式可以使联名品牌获得共赢。如优衣库和KAWS的联名营销（图10-21）以及Air Jordan1和DIOR的联名营销（图10-22）。

图10-22　Air Jordan 1 × DIOR合作款
（图片来源：耐克官网）

三、口碑营销

"口碑"一词源于传播学，因被市场营销广泛应用，故产生了口碑营销。传统的口碑营销是指通过身边的朋友、同学间的相互交流将各自的产品信息或者品牌传播开来。在如今新媒体营销广泛运用的时代，消费者对广告、推销，甚至是新闻都有很强的免疫力和排斥感，努力制造新颖的口碑传播内容则是口碑营销中的关键。

口碑营销是基于企业和消费者双向平等互动的基础上，企业为迎合消费者本身需求而采取的营销方式。这就要求企业事先调查消费者的需求，在以消费者需求为重点的基础上，为消费者有针对性地提供所需要的服务或产品，并通过消费者的自发评价和积极传播，引导消费者认识和购买产品。口碑营销具有传播质量高和传播途径多元化的特点。在口碑营销中，企业宣传的根本目标是口碑，主要途径是营销。口碑营销有各种各样的宣传途径，服装企业需结合自身实际情况，合理采取相应的宣传方法。

新媒体营销的成功，离不开口碑的形成和建立，想要做好口碑营销模式，需要重点关注以下几个环节：

1. "制造"谈论者

无论如何，要有人开始谈论产品和品牌，才会有口碑模式。比如，微信、微博中的初始顾客就是谈论者，他们会因为个人兴趣爱好而传播产品信息。谈论者属于市场中的普通消费群体，但他们通常应具备更强的影响力，能够在短期内向广泛人群宣传品牌，并形成口碑传播的中心。挑选并制造这些谈论者，应该到目标客户群体所生活的不同圈群中，找到意见领袖，并设法引导他们接受信息。

2. 出奇制胜的话题感

电商时代需要耐心打磨和产品有关的初始信息。如图10-23所示，初始信息要奇特、诱人，如特价销售、出其不意的服务、独特的吸引点、不一样的使用方法、搞笑的产品名称或者漂亮的外形等。另外，话题应该容易被复述，只需要几句话就能讲清楚。

为了引发"谈论者"对话题的关注，在推广内容中应预先埋藏以下和产品有关的亮点：

（1）新奇感。能让谈论者感到奇特而有趣的信息，当他谈论时，可以引发别人的关注，更能让自己表现得知识渊博。

（2）愉悦感。让谈论者自己感到愉悦的信息，他们也会为了分享快乐给别人而

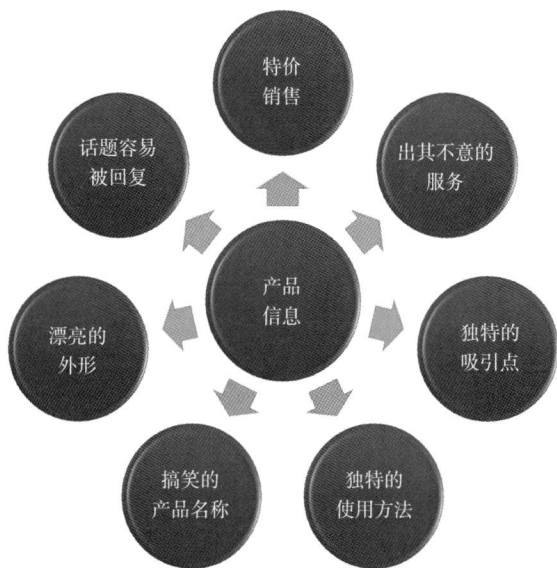

图10-23 产品信息话题感要素

主动传播。

（3）情节感。情节动人的故事本身就是优秀而持久的话题，即便故事不是很经典，但只要能让谈论者关注，就也会凭借情节去打动其他人。

（4）关怀感。让谈论者感受到企业通过产品传递的关怀，随后他们也会用关怀身边人来回报品牌。

（5）互惠感。不但可以帮助谈论者有效解决其问题，而且他们也会为了帮助别人而传播品牌。如某营销产品是能促进血液循环、有瘦腿效果的长筒袜，该企业在网站和其他宣传渠道，向核心用户（有瘦腿意象的消费者）提供了瘦腿健身的常识，且这些文章写得简单易懂，用户出于互惠动机进行宣传，因而产生更多倍数的转发浏览量。

（6）共鸣感。通过和最初的谈论者产生内心情感共鸣，迅速拉近距离，并使他们继续

影响身边人的力量。

3. 恰当的传播载体

谈论者和话题再好，其传播过程也需要准确的载体进行推动。如一家汽车用品电商在其App产品页面上设置了"转发到朋友圈"和"转发到QQ"的链接之后，其产品销量明显得到提升。除此之外，电商还可以提供给顾客转赠用的优惠券，当他们送给朋友时，也会同时传递口碑链。

4. 建立口碑传播链

口碑传播链一旦形成，企业营销团队不仅要促进口碑链的建立和延伸，还要设法加入链条，对口碑传播进行鼓励。例如，某电商在推广品牌之后，专门组织团队回复电子邮件、对博客评论内容和论坛发帖内容进行管理与回应、在微信群中组织各种讨论与互动等。在类似的参与口碑活动中，企业主要应表现出对顾客的感激之情，同时也要传递出友善态度。另外，企业还可以通过"隐身"方式，在消费者群体内部进行观察，重点在于了解和掌握消费者对品牌、营销和产品的真实想法。这种对口碑传播过程的实际观察，无论在效率还是可信度上都高于传统分析。

四、互动营销

互动是新媒体营销中的特点，其最大好处在于可拉近企业与消费者之间的距离。借助互动营销，可以使消费者对企业及品牌产生良好印象，并促进消费者的重复购买。随着新媒体平台的不断发展，互动营销出现了更多的新颖方式，已经更深层次地渗透到服装企业及消费者之间。

微博营销属于典型的互动营销。近年来，随着微博平台用户及话题量的高速增长，微博营销受到服装企业营销者的关注和重视。微博互动营销注重价值传递、内容互动、系统布局以及准确定位，其涉及的范围包括认证、有效粉丝、话题、名博、开放平台、整体运营等。

互动营销中必须关注以下方面：

1. 传播环境的泛娱乐化

在当下娱乐大爆炸的时代，无论是微博、微信等社交媒体，还是网络视频和电视，娱乐化信息和节目基本拥有最广泛的用户。因此，抓住泛娱乐用户的心理诉求，使品牌和用户发生联系，这样用户才能从心底真正接受品牌，从而达到精准化的品牌传播目的。如美特斯·邦威（图10-24）、海澜之家（图10-25）等服装品牌之所以纷纷与《奇葩说》等网络综艺节目进行合作，显然是看准了传播环境泛娱乐化的特点。

2. 传播渠道的立体化

以往，通过大肆投放品牌广告的方式虽然能够打响品牌，但却没法真正传递品牌的价值和内涵，更无法真正让消费者对产品有近距离的体验。随着媒体传播渠道的不断发展，特别是网络综艺的大行其道，微博、微信等社交媒体的广泛影响，传统的营销渠道效果被分散，在加强品牌广告"高空轰炸"的同时，需要苦心经营社交媒体的口碑传播。品牌通过与综艺类节目合作，一方面可以用相对软性的植入，让品牌于无声处渗透到用户的心中；另一方面则可以通过电视与社交媒体互动的方式，让用户边看节目边参与品牌的互动场景式营销方式，加深用户记忆，从而达到品牌思想和产品亮点的精准传达。

图10-24　美特斯·邦威冠名赞助《奇葩说》第一季
（图片来源：爱奇艺综艺《奇葩说》截图）

图10-25　海澜之家赞助《奇葩说》第六季
（图片来源：爱奇艺综艺《奇葩说》截图）

3. 传播方式的多元化

传播渠道的变化间接地带来了传播方式的改变，移动互联网普及和社交网络的高度发达，使得传播方式越来越多元化，企业不仅可以投放电视广告、植入电视剧和综艺节目，还可以在微博、微信上与用户进行直接抽奖互动，甚至通过网络视频上的弹幕与用户问答互动，等等。海澜之家一方面牵手高品质辩论综艺节目《奇葩说》做软硬植入和品牌曝光，另一方面借势节目大做社交媒体的话题互动传播，不仅拉近了与用户的距离，而且使传播效果最大化，真正带来了销售的转化。

五、网络社群营销

物以类聚，人以群分，基于相同或相似兴趣的人会组成不同的社群，这些群体有着一些共同的特征或价值观，并有着共同的需求、兴趣、爱好。社群从最开始的社交时代，已发展到现在的圈层时代。社群是营销渠道的推动力，以小带大，进行裂变，最后带动大众消费潮流。移动互联网时代，加速了社会结构的社群化。因此，社群营销是在网络社区营销及社会化媒体营销基础上发展起来的用户连接及交流更为紧密的网络营销方式，是新媒体营销不可或缺的重要部分，也是营销人必须掌握的营销手段。如何经营好自己的社群、打造属于自己的私域流量圈，则成为下一个风口来临时制胜的关键。

网络社群营销的方式，主要通过连接、沟通等方式以实现用户价值。社群营销具有以下优势：

1. 帮助用户感受品牌温度

不论是学习型社群，还是福利型社群，聚集起来的用户肯定是对于这一类产品有兴趣的用户，通过每天社群活动的渲染，能够激发人们的购买欲望，从而推进产品销售。

2. 社群让分享更便捷

顺应消费者的情感需求，抓住那些具有强烈的表达愿望且愿意在社交网络上分享自己的购物体验和产品使用心得的消费者，就能够取得营销的成功。现在的消费者不仅需要好的产品，更需要良好的服务和感情寄托。

3. 社群传播速度快

互联网技术的高速发展，使得信息传播突破了时间和空间的双重限制，变得速度更快，成本更低。在社群营销中，企业和消费者都同样关注传播速度，通过社群，企业能够快速宣传自己的产品，消费者能够迅速获得产品信息。

4. 刺激产品销售

从品牌、质量、口碑等能被消费者直接感观的基础要素入手，这些要素不仅是构成一款产品的基础，也是消费者认知和购买产品的前提。

5. 维护并激发用户对产品的黏性

在传统的营销步骤里，很多都是一次性交易，之后对于用户的维系就没有更进一步的动作。而社群可以更好地服务用户，圈住用户，把用户当成家人，从而产生口碑效应。

正如湖畔大学的营销导师所言，"要影响一个人的购买决策，最好的方式不是冲上去推销，而是通过影响他的2~3位好友来影响他。在人人都是低头族的今天，手机成为肌体的延伸，人来人往，群起群灭，建立一个社群，影响其他人，加入一个社群，被其他人影响，人人被席卷，概莫能外。认识社群就是认识市场。"

PART 2 项目实操

一、项目目标

掌握新媒体营销的意义和作用，了解企业如何开展新媒体的营销活动。

二、项目任务

选择当前某一潮牌服饰，分析该品牌的市场营销现状和存在问题，并尝试以H5形式制订相应的营销策划方案。

三、项目要求

班内同学自由组合，2~3人为一组。选定合适的品牌展开调研，完成项目策划方案。

四、开展时间及形式

课后实践环节，以二手资料收集、现场走访为主，人员访谈为辅。

五、项目汇报

采用 PPT 或 H5 形式以小组为单位进行项目汇报，提供过程记录。

PART 3 项目指导

一、准备工作

1. 确定分组

班级内的同学自由组合，2~3人为一组展开调研。

2. 选定目标品牌

关于潮牌服装品牌的信息搜集与筛选，确定目标品牌。

二、实施指导

1. 确定计划概要

小组成员讨论确定策划方案的计划、主要内容、关键点以及调研活动的组织和安排情况。

2. 分析调研结果

通过对目标品牌的产品、市场占有率、竞争状况、分销状况以及宏观环境因素等的调研，运用SWOT分析方法探讨该品牌所面临的机遇、挑战以及可能的新媒体营销思路。

3. 策划方案拟订

为了实现业务目标而计划采取的新媒体营销行动，包括：要做什么？什么时候做？谁来做？成本怎样等。

PART 4 案例学习

优衣库的新媒体品牌营销策略

新媒体时代，产品已不再是品牌宣传的主角，取而代之的是品牌的理念与文化。只有消费者认可品牌的精神内涵，才可能对其产品认可。否则，产品仅仅只是一件产品，消费者只是使用它们带来的功能性，而不会有丝毫情感。也就是说，消费者对某一品牌的理念或文化的认可，代表了消费者能够在这一品牌中找到认同点，能够与该品牌产生联系与共鸣。

优衣库（UNIQLO）为日本迅销公司的核心品牌，始建于1984年，经过30多年的快速发展，已由当年的一家西服小店成为国际知名的快时尚服装品牌。但随着人们对资源和环境问题的日益关注，快时尚引发了人们越来越多的思考。在此背景下，优衣库试图重塑品牌理念与价值，由过去的强调产品功能性转而开始关注服装与生活方式、生活态度的关联。2013年优衣库启用了全新品牌宣传语"Life Wear（服适人生）"，并推出Life Wear系列服装，以优良品质、匠心细节与创新技术，不断制造简约、高品质、追求细节完美且具有美学合理性的服装，演绎"LifeWear服适人生"持续进化的艺术与科学，以及融入品牌经营和生产的可持续发展理念。优衣库通过打造线上线下购物体验的创新升级商业模式，加强社交媒体与优衣库掌上旗舰店的高效整合，为消费者提供了更便利快捷的购物体验，满足人们对无界购物、获取资讯、社交的多样化需求。由此不难看出，优衣库的品牌营销策略充分运用了新媒体的营销手段和技术，且取得了良好效果。

一、UNIQLOCK优衣库时钟插件

UNIQLOCK为优衣库的一个博客时间插件，首推时恰逢博客最受欢迎的2007年。其集结了音乐、舞蹈和时钟元素，每五秒钟进行一次报时，同时让身着优衣库服装的舞者跟着轻快的节奏舞动，展现出优衣库轻松、自在和舒适的品牌形象，使品牌文化潜移默化地植入用户的生活当中，建立了用户与品牌之间的连接通道，取得了良好的品牌传播和营销效果，如图10-26所示。

UNIQLOCK作为博客插件，体现了互动营销的体验性。它能够根据用户所在国家的位置自动调整时区，且每位用户都可以将其放置在自己的博客中，形成该活

图10-26 优衣库时钟插件博客界面
（图片来源：商产网）

动的传播渠道之一。此外，用户还能通过这个插件跳转到主题网站制作自己的插件，查看全世界共有多少人参与这个活动。同时，通过UNIQLOCK网页及移动应用，用户在使用的同时还可以将使用情况分享到Facebook等社交软件，实现品牌形象的二次传播。UNIQLOCK的创意使得优衣库品牌传播产生了最大效应的影响力，在2008年6月法国坎城举行的金狮广告节中获得"整合营销广告奖"，成为2007年广告产业的最大赢家。

二、UNIQLE RECIPE优衣库美食

和UNIQLOCK一样，UNIQLE RECIPE是一款能够传播优衣库品牌理念的生活类移动应用（图10-27）。UNIQLE RECIPE的菜谱、计时器、服装分别结合了美食、音乐和时尚三种元素，不仅展示了生活的便利，还传递了一种闲适的生活理念。其中收录的六位来自美国的新秀厨师创作的24

道原创菜品，均基于优衣库"Life Wear"的时尚哲学为灵感来源。菜品不仅健康，且食材常见，还有考究的摆盘供用户参考。计时器的背景音乐为专业歌手所创作，可以让用户在轻快的节奏中享受烹饪的每个过程。在制作美食的空闲时间，用户还可以发现厨师着装均为优衣库当季的服装新品，消费者可以通过客户端轻松方便地下单购买。同时，用户还可以将自己喜欢的内容分享到各类社交媒体，让更多人参与其中，体验互动，从而带动优衣库的品牌传播。这种源于生活的宣传策略更容易让消费者接受，同时能够改善他们的生活品质，让消费者对优衣库品牌的好感度大幅提升。

三、UNIQLO LUCKY LINE优衣库虚拟排队体验

2010年12月，优衣库与风靡一时的社交网站人人网合作推出了LUCKY LINE活

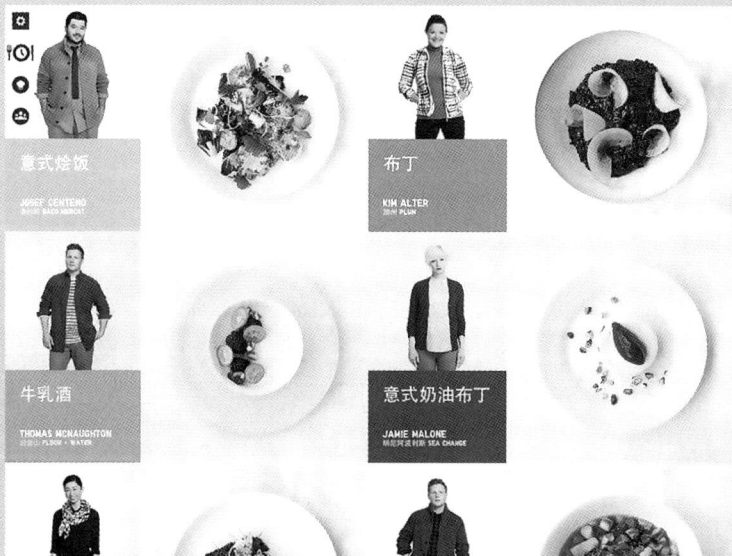

图10-27　UNIQLE RECIPE界面示意图
（图片来源：优衣库官网）

动，这是一个线上虚拟店面排队的活动（图10-28）。只要是人人网的用户，就可以登录活动界面参与其中。活动的界面很

有设计感，也很有趣，用户可以帮助正在排队的自己挑选喜欢的服装款式与颜色，将虚拟的自己设计得更像用户本人，让用

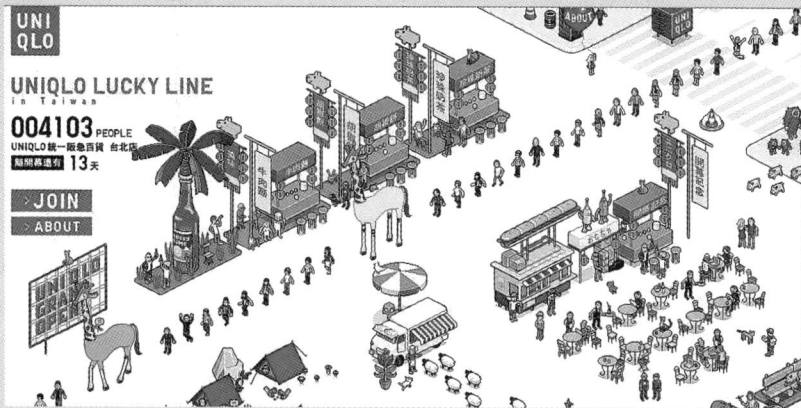

图10-28　优衣库虚拟排队体验示意图
（图片来源：KEEDAN起点站）

户感受到更强烈的参与感，也增加个性化程度。在页面上将鼠标移动至排队前后的人物身上，还能够显示他们在人人网的账号，所有一切设计都在精心打造一个仿真的排队氛围，让用户感受到突破网络限制的真实感和期待感。

活动每天会随机赠送一部iPhone或者iPad，而如果你排队的顺序恰好排到幸运数字，还会有其他奖品。就算没有得到礼品，还会有人人有份的优衣库九折购物券，让参与者不会空手而归。这种营销方式让参与者在互动的同时充满期待感，同时发放频率最高的九折购物券有效促进了优衣库实体店的销售业绩。仅在一周的时间，就有超过93万人次参与了这次虚拟排队的活动，人人网用户在参与活动的同时，其人人网主页上还会生成一条新鲜事动态，并分享给好友，在一定程度上，又为优衣库做了一次免费的品牌传播。

四、优衣库典型营销案例的启发

通过以上案例不难看出，优衣库通过使用新媒体营销，有效地扩大了品牌的知名度和影响力，拉近了与消费者之间的距离。总结起来，成功之处无外乎以下两点：

1.充分利用新媒体渠道

无论是UNIQLOCK、UNIQLE RECIPE还是UNIQLO LUCKY LINE，都是借助新媒体渠道进行的互动营销体验。UNIQLOCK在自媒体博客中安装插件，装扮用户自己的主页，在上网浏览的同时感受优衣库的"休闲音乐"；UNIQLE RECIPE可以无任何时间地点限制在手机或平板等移动终端上使用，同时也能够与其他用户相互分享，让用户在烹饪与享受生活的同时也能够购买喜欢的服装产品，发现优衣库自由、舒适的生活理念；UNIQLO LUCKY LINE将人们在生活中无聊的事情移至网络中，让用户在排队

的同时还能在人人网聊天室中说话，变无聊为有趣。优衣库在这些活动中充分利用了新媒体时代的社交网络，在与用户产生互动的同时，也让用户与用户之间产生交流，分享体验。任何一个活动都没有优衣库产品的硬性营销和文字宣传，却让参与者自发产生对其品牌的好感度，从而加大了品牌的传播力度。

2.活动充满趣味性和交互性

优衣库的任何一项活动，无论从活动页面设计、参与活动方式，还是活动过程中的体验感等，都充满了趣味性和交流的互动性。在UNIQLO LUCKY LINE活动中，用户可以在排队过程中对自己的虚拟形象进行设计，使其更像现实中的自己，这不仅体现了活动的趣味性，也让用户更有参与感。而在排队活动中，队列里显示的人人网用户的名称，让参与者能够在排队等待时看是否有自己的朋友也参与其中，甚至可以与其打招呼、聊天，这充分调动了参与者的社交积极性，同时让UNIQLO LUCKY LINE在大家的真实社交圈中产生联动效应，让参与者口口相传，产生口碑营销的效应。

PART 5 知识拓展

新媒体时代品牌形象传播的通用法则

在传统时代，品牌形象传播只需使用空中广告推广和地面广告推广便足矣。而在新媒体时代，这种做法显然不够。针对移动互联时代所呈现出来的不同于单纯线下传播的诸多特征，要做好品牌形象传播需注意以下方面：

一、仔细甄别消费者需求

过去，企业在品牌形象宣传时总是以自我为主，通过甄别不同渠道的宣传效果、费用核算以及不同渠道对潜在客户的影响而设计品牌形象传播策略。而今，移动互联时代的媒介多，平台多，选择面很宽，企业反而可能会失去传播方向和传播重点。这种情况下，仔细甄别客户需求尤为重要。

企业需要为客户准确画像，描绘客户的年龄阶层、文化程度、个人生活习惯、阶层心理特性，等等。有了准确的画像，再围绕客户的消费需求、欣赏水准、活动范畴、喜好标准，企业就能准确判断出客户想要的是什么内容，以什么形式展现，然后提供相应的内容。

二、新颖的创意

在品牌形象传播中，企业既要有能力进行内容创新，同时也必须有新颖的创意，让内容变得更有内涵，使人过目不忘。

三、实话实说

在人人都是自媒体的时代，作为目标客户，最需要的就是真实、不做作。因此，在企业的品牌形象传播过程中，要做到表里如一，不矫揉造作，实话实说。

四、简单、直接

如今，企业在开展品牌形象传播时，要把握的不仅仅是使用精致化的、经过推敲的语言，而且必须通过简单、直接的方式清晰传达给目标客户。因为目标客户所接触的信息太多，且已习惯于快餐式的信息。因此，简单而直接的方式，才是符合目标客户对信息接收的方式。

五、视频优先，图文次之

人类对于事物的认知，常常以眼见为实、耳听为虚。在新媒体时代，视频形式的品牌形象表达，具有形象直观和真实的特点，深受用户喜爱。而单纯的文字、图片，其作用远远不够。因此，能让目标客户看的，尽量避免去说；能通过视频表达的，尽量避免用单调的文字去表达。轻量视频传播，将是近年来品牌宣传的主流形式。

六、以量取胜

哲学上讲量变必然引起质变，其实在品牌推广中也是如此。在信息快速迭代之际，在目标客户可能快速遗忘之际，如果再次看到品牌，那么就会对品牌产生印象。品牌形象想要在当今的移动互联时代获得最佳传播效果，除了上面所说的真实、简单、直接之外，还要以量取胜，全面追求规模效应。

七、保持与品牌传播要素的一致性

企业在形象传播过程中，既要保证以量取胜的全面落实，也要贯彻品牌传播要素的一致性。内容可以千变万化，但万变不离其宗，这里的"宗"就是品牌的传播要素。有标志、有色彩、有记忆点，这是品牌传播最重要的要素。

八、故事、活动与参与感

引发目标客户的互动感与利用目标客户的参与感。要做到这"两感"，就需要用故事为品牌增添文艺特性，用活动为品牌增加露脸场景，用特有参与培养目标客户的兴趣。

第十一章　危机或是商机：绿色营销

人口增长和经济复苏推动了全球服装消费需求的不断增长，内需扩大和消费升级形成了中国纺织服装工业发展的强大动力。但与此同时，服装生产、使用和处置对资源和环境的影响也正在加速。纺织服装业已成为浪费最大、废弃物最多的行业之一，并导致严重的环境污染问题。基于此，为了更好地解决纺织服装业关于环境污染、资源浪费以及影响人们日常生活等问题，绿色营销的概念一经提出就得到了广泛应用。

绿色营销既带来了危机和挑战，也带来了行业发展的新契机。近年来，我国政府通过制定和颁布一系列的政策、法规以及指导意见，从服装的设计、生产、流通、营销以及管理等各个环节推进绿色发展，加快建立服装绿色生产和消费的法律制度和政策导向。然而，绿色发展之路道阻且长，需要政府、企业、社会团体以及消费者共同参与，推进全社会绿色服装营销观念的形成，并建立健康绿色的生活方式。

问题导入

您是否听说过"绿色营销"？是否参与过某些品牌的绿色营销活动？您觉得消费者在日常生活中应该从哪些方面逐步培养健康、绿色的生活方式？

PART 1　理论、方法及策略基础

第一节　服装绿色营销的产生背景

一、绿色营销的兴起

20世纪中叶后，世界各国经济大都进入高速增长时期，自然资源的消耗成倍增长；生产和生活的排污量迅速增加，超过了自然生态环境的调节能力及净化能力，环境质量迅速下降；酸雨、物种消失和淡水缺乏等全球性环境问题以前所未有的速度蔓延，使本来就比较脆弱的自然生态环境受到严重冲击。

由于生态环境破坏所带来的灾难给人类的健康、生存与发展造成了极大的影响，所以越来越多的人萌生了绿色理念，开始关注环境保护。绿色消费日益兴起，与此同时，许多绿色环保组织相继成立。

1968年，在意大利成立的罗马俱乐部指出：人类社会的进步并不等于GDP的上升。1972年，联合国首次召开了斯德哥尔摩人类环境会议，通过了全球性环保行动计划和《人类环境宣言》。20世纪80年代初，欧洲出现了以销售绿色产品为特色的绿色市场营销。

我国的环境污染和生态破坏较发达国家更加严峻。总体上讲，我国以城市为中心的环境污染仍在扩展，并急剧向农村蔓延；生态破坏的范围扩大、程度加剧。近年来环境污染和生态破坏对我国经济和社会发展的影响程度越来越大。

我国的绿色工程始于绿色食品开发。1984年在广州出现了第一家无公害蔬菜生产基地；1989年农业部组织专家研究，提出绿色食品概念；1992年7月编写了关于下一世纪发展的行动纲要《中国21世纪议程》；11月国务院批准成立了中国绿色食品发展中心，制定了《绿色食品标志管理办法》；1993年5月，绿色食品发展中心加入了"有机农业运动国际联盟"。1995年初，全国已有28个绿色食品的生产与开发企业，除食品外，其他绿色产品也不断研制成功。随着绿色食品的开发，绿色商店在一些大城市相继建立。中国的绿色产业、绿色消费、绿色营销开始蓬勃发展起来。

二、服装绿色营销的产生背景

绿色营销，是企业顺应经济发展和社会发展潮流的必然结果。随着服装行业内资源浪费、环境污染的加剧，服装绿色营销越来越受到人们的关注和重视。总的来说，服装绿色营销基于以下背景而产生：

1. 资源枯竭与环境污染是服装行业绿色营销的直接推手

人口增长和经济复苏推动了全球服装消费需求的不断增长，内需扩大和消费升级形成了中国纺织服装工业发展的强大动力。中国纺织工业联合会会长孙瑞哲在《纺织工业"十三五"发展规划及科技发展纲要》解读中指出，2015年中国城乡居民衣着消费支出约为1.6万亿元，2020年预计将达到2.3万亿左右。与此同时，服装生产、使用和处置对资源和环境的影响也正在加速。据国家统计局发布的数据，2017年中国纺织服装、服饰业能源消费总量为878万吨（标准煤），约占能源消费总量的0.2%。2015年的《环境统计年报》显示，在41个重点调查工业行业废水及主要污染物排放报告中，纺织业的废水排放量（18.4亿吨）、化学需氧量排放量（20.6万吨）、氨氮排放量（1.5万吨）位居前四，分别占据全国重点工业排放量的10.1%、8.1%和7.5%。"2019年气候创新·时尚峰会"上公布：2017年全球纺织服装行业温室气体的排放量已超过国际航班及海运的总排放量，所产生的废水量约占全球总废水量的20%。中国每年约有2600万吨旧衣服被废弃，预计到2030年将达到5000万吨左右，但循环率不足1%。由此可见，纺织服装业已成为浪费最大、废弃物最多的行业之一，并导致了严重的环境污染问题（图11-1、图11-2）。

2. 服装国际贸易绿色壁垒对服装行业提出了更高要求

自我国加入世贸组织以来，服装市场在不断发展的同时，也受到了国际服装绿色贸易壁垒的影响。国外发达国家对于绿色产品的需求较高，绿色营销发展相对较早，在服装的国际市场进行贸易往来时，往往因为更严格的检验标准而产生绿色壁垒，一方面造成我国服装企业无法进入国外市场，带来经济损失；另一方面，也对我国服装行业的形象造成一定影响。

图11-1　绿色和平工作人员在新塘镇大敦村一条被污染的排水沟取泥样
（图片来源：绿色和平组织官网）

图11-2　废旧服装堆积如山
（图片来源：搜狐网）

想要突破绿色贸易壁垒的掣肘，绿色营销也是必然选择。

3. 我国政府的系列政策和指导意见为绿色营销指明了方向

中国共产党的十九大报告中明确提出要推进绿色发展，加快建立绿色生产和消费的法律制度和政策导向。在《关于促进绿色消费的指导意见》（发改环资〔2016〕353号）中，政府明确提出旧衣"零抛售"、完善居民社区再生资源的回收体系、有序推进二手服装回收再利用、抵制珍稀动物皮毛制品、鼓励包装减量化和再利用等指导性建议。在生产方面，国内学者围绕服装生产过程的噪声减少、废水及废物排放，以及各种能源和原材料消耗等问题，做了较多研究。如陈雁、孙静、李一、王来力等学者研究了服装产品生产过程的碳排放、水足迹、化学品足迹核算与评价方法，石磊等研究了工业生态系统的多样性指标，严岩研究了生态系统服务的供需关系等，这些研究对于指导服装行业的绿色生产提供了科学依据。在消费方面，已有学者指出服装绿色消费不仅取决于材料、设计和生产条件，还取决于消费者及其意愿、行为和习惯，在减少服装对环境的不利影响方面，消费者将发挥重要作用。

4. 行业竞争压力的增大形成企业绿色营销的原动力

近年来，随着服装行业的迅猛发展，规模逐渐扩大，加之在此过程中跨国集团的加入，使得服装市场细分日趋完善，市场结构不断优化，由此对产品和品牌营销提出了更高要求。因此，如何能在激烈的市场竞争中占据优势便成为众多企业家们慎重考虑的问题。随着各行各业绿色概念的不断融入，服装企业家们逐步意识到，只有绿色营销才是帮助企业提高竞争优势的强有力手段，所以，在适应绿色时代发展的浪潮中，服装企业对自身的发展之路提出了可持续发展的要求。

5. 消费观念的转变为服装绿色营销奠定了坚实的基础

从表面来看，导致服装行业环境污染的主要原因在于过度或一次性的服装消费，但究其深层原因，则在于消费者不可持续的消费行为。消费者作为绿色营销的重要参与者，对于服装的绿色发展起着至关重要的作用。随着消费水平的不断提高，在政府的大力倡导和推行下，既有政策通过制度规范、经济激励、观念教育等路径使消费者的绿色消费意识和行为得以明显提高。《中国可持续消费研究报告》（2012年、2017年和2018年）显示，中国消费者的绿色消费意识正稳步提高，由2012年的不足四成、到2017年的超过七成、至2018年超过九成，为服装绿色营销奠定了坚实的基础和条件。

第二节　服装绿色营销的内涵及其特征

一、服装绿色营销的内涵

关于绿色营销的研究，最早始于1970年。经查阅相关文献后发现，绿色营销主要涵盖以下重点内容：Winter（1988）将绿色营销视为一种策略管理程序，其目标在于满足企业相关者的需求；Charter（1992）强调绿色营销的重点在于从"原料→生产→销售→消费→废弃"的整个产品生命周期出发，将对环境冲击降到最低程度；Peattie（1993）认为绿色营销是一种能辨识、可预期及符合消费的社会需求，并且可以带来利润及永续经营的管理过程；Coddington（1993）认为绿色营销是以环境管家的态度进行营销活动，即以环境保护作为企业发展的责任和机会，形成绿色环保和营销决策相结合的绿色营销哲学；Kotler（1994）认为绿色营销是企业要开发符合生态标准的安全产品、使用易于分解和回收的包装，并做到较好的污染防治以及更高效的能源利用。绿色营销观念认为，企业在营销活动中，要顺应时代可持续发展战略的要求，注重地球生态环境保护，促进企业利益、消费者利益、社会利益及生态环境利益的协调统一发展。从这些研究中不难看出，绿色营销是以满足社会和企业的共同利益为目的的社会绿色需求管理，是以保护生态环境为宗旨的绿色市场营销模式。

关于绿色营销，有广义和狭义之分。广义的绿色营销，也称伦理营销，指企业营销活动中体现的社会价值观、伦理道德观，充分考虑社会效益，既要自觉维护生态平衡，更要自觉抵制各种有害营销。狭义的绿色营销，也称生态营销或环境营销，是指企业在营销活动中谋求消费者利益、企业利益与环境利益的协调，既要充分满足消费者的需求，实现企业利润目标，也要充分注意自然生态平衡。实施绿色营销的企业，对产品的创意、设计和生产，以及定价与促销的策划和实施，都要以保护生态环境为前提，力求减少和避免环境污染，保护和节约自然资源，维护人类社会的长远利益，实现经济与市场可持续发展。

针对绿色营销中所涉及的消费者、环境以及企业三个主体（图11-3），服装绿色营销的研究视角和侧重点主要表现在以下三方面：

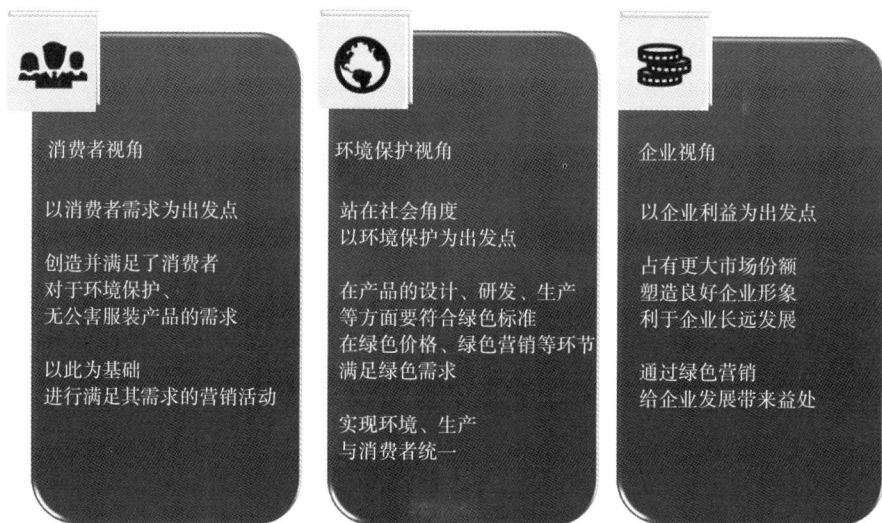

图11-3　服装绿色营销定义的三个角度

1. 基于消费者视角

基于消费者视角强调以消费者需求为出发点，认为服装绿色营销是指企业和社会不仅要发现消费者需求，更需要选择或创造消费者对于环境保护和无公害服装产品的需求，并以此为基础，进行相关满足其需求的营销活动。

2. 基于环境保护视角

基于环境保护视角强调以环境保护为出发点，站在社会总体角度审视服装的营销过程。服装企业在市场营销过程中要关注全局利益、注重环境保护，在产品的设计、研发、生产等方面要符合绿色标准，在消费方面要通过绿色价格、绿色营销策略等环节满足绿色需求，引导绿色消费，实现环境、生产和消费者的统一。

3. 基于企业利益视角

基于企业利益视角强调以企业利益为出发点，考虑服装绿色营销给企业带来的发展益处。一般认为服装企业的绿色营销要符合两方面的标准，一是从市场机会角度而言，可通过降低成本，获取差别优势，从而占领更多市场机会，占有更大的市场份额，相应获得更多的利益；二是绿色营销有利于提升企业形象，以利于企业长远发展。

综上所述，服装绿色营销是以环境保护为服装企业经营的出发点，为了减少经济发展对生态环境造成的破坏，服装企业在生产、营销等经营环节中都充分考虑社会利益、经济利益和环境利益，把绿色的、环保的、无污染的、节约资源的产品或者服务提供给消费者，并最终满足消费者环境保护的需求。它扭转了以往服装企业经营过程中只重视经济利益、忽视对生态环境破坏的现象，力争解决经济发展与环境保护之间的矛盾，实现人与自然的和谐共存和经济的可持续发展，具有积极的现实意义。

二、服装绿色营销与传统营销的比较

服装绿色营销是对传统营销的继承与发展。就营销过程而言，二者并无差异，如市场营销调研、目标市场选择、制定企业战略计划及营销计划、制定市场营销组合策略等。但服装绿色营销作为一种新兴的营销方式，与传统营销在营销观念、营销目标以及营销手段上均存在一定的差异，如图11-4所示。

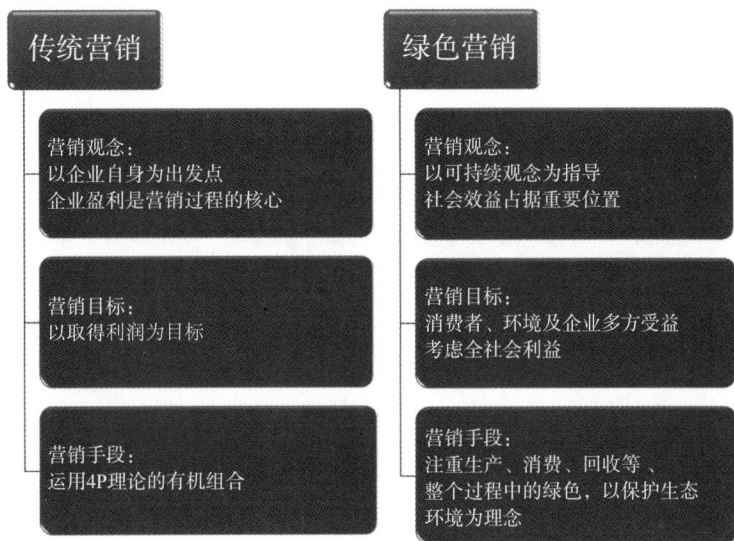

图11-4 服装绿色营销与传统营销的比较

1. 营销观念

传统市场营销观念是以企业自身为出发点，企业盈利自然是整个营销过程的核心。相比之下，服装绿色营销是以可持续观念为指导的营销观念，社会效益也占据着重要位置，即绿色营销观念表现为企业更注重社会责任和绿色环保。

2. 营销目标

传统营销企业经营都是以取得利润为目标，其整个过程由企业、顾客与竞争者构成，通过协调三者间的关系来实现盈利目标。而服装绿色营销不是单一的盈利关系，而是消费者、社会、自然环境及企业多方受益。服装绿色营销不仅考虑企业自身利益，还应考虑全社会的利益。

3. 营销手段

传统营销通过产品、价格、渠道、促销的4P理论的有机组合来实现自己的营销目标。服装绿色营销强调的"绿色"，注重在生产、消费及废弃物回收整个过程中的绿色，具体表现为降低污染的绿色产品的开发和经营，且定价、渠道、促销等营销全过程中都要以保护生态环境为主要理念的行为。

三、服装绿色营销的特征

与传统营销相比，服装绿色营销具有以下特征：

1. 绿色消费是开展服装绿色营销的基础

消费需求由低层次向高层次发展，是不可逆转的客观规律，绿色消费属于较高层次的消费观念。在人们的温饱等生理需要基本满足后，便会产生提高生活综合质量的要求，产生对清洁环境与绿色服装产品的需要。

2. 绿色观念是服装绿色营销的指导思想

绿色营销以满足需求为中心，为消费者提供能有效防止资源浪费、环境污染及损害健康的服装产品。绿色营销追求人类的长远利益与可持续发展，重视协调企业经营与自然环境的关系，力求实现人类与自然环境的融合发展。

3. 绿色体制是服装绿色营销的法制保障

在具有竞争性的市场中，必须有完善的政治与经济管理体制，制定并实施环境保护与绿色营销的方针、政策，制约各方面的短期行为，从而维护全社会的长远利益。

4. 绿色科技是服装绿色营销的物质保证

技术进步是产业变革和进化的决定因素，新兴产业的形成必然要求技术进步；但若技术进步背离绿色观念，其结果则有可能加快环境污染的进程。只有以绿色科技促进绿色服装产品的发展，促进节约能源和资源可再生、可循环再利用的绿色服装产品的开发，才是绿色营销的物质保证。

四、服装绿色营销的作用

（1）绿色营销作为一种全新的营销模式，利于企业占领市场和扩大市场销路。随着公共环境的改善和生活水平的提高，以保护环境为特征的绿色消费正影响着人们的消费观念和消费行为，成为一种新的时尚，世界各国逐渐掀起一个绿色消费的高潮。服装企业通过实施绿色营销，能够突破国际绿色贸易壁垒，加速我国纺织服装绿色产业链的形成，促进绿色服装品牌的诞生和发展，促进企业占领国际市场，使企业立于不败之地。

（2）服装企业实施绿色营销可以促进企业塑造绿色文化。企业绿色文化强调大家共同努力，为人类生存的地球和环境变得更美好而真正负起责任并付诸行动。其所具有的丰富内涵和强大生命力，既顺应潮流，又在道义和利益方面吸引人；既唤起人类的良知，又满足人们对利益的长远考虑。

（3）服装企业通过实施绿色营销，可以构建绿色服装企业形象，赢得独特的竞争优势，在日益激烈的市场竞争中立于不败之地。同时，使全体员工树立绿色营销观念，并在此观念指导下，实行清洁生产方式，在企业内部营造清洁和安全的工作环境，有利于企业职工身心健康，培育企业"绿色文化"。

（4）服装企业实施绿色营销，能够维护消费者的服装消费安全，保障服装穿着的人类健康问题。同时，能够督促消费者逐步转变传统消费观念，形成可持续的消费观念和健康的生活方式，并促进我国纺织服装业绿色法规的建设和发展。

第三节　服装绿色营销的内容及管理流程

一、服装绿色营销的内容框架

如图11-5所示，服装绿色营销的内容框架包含以下三方面：

1. 绿色生产过程

绿色生产过程是绿色营销的起点和基础。绿色生产包括服装服饰产品的设计、所需面辅料的生产和印染过程、服装生产加工过程、产品包装等各个环节的绿色化。

2. 绿色流通过程

绿色流通过程是指服装商品流通过程中所体现的绿色意识和行为，如采用绿色商品储运系统，建立绿色专营商店等。

3. 绿色消费过程

绿色消费过程涉及绿色消费观念、绿色消费行为及绿色消费环境。崇尚自然、返璞归真、消除污染的绿色消费已在现代社会中蔚然成风，消费者在购买服装商品时，也已普遍考虑服装产品的安全性、卫生性、舒适性、是否使用天然、无毒副作用的原材料以及废弃物对环境的影响等因素。

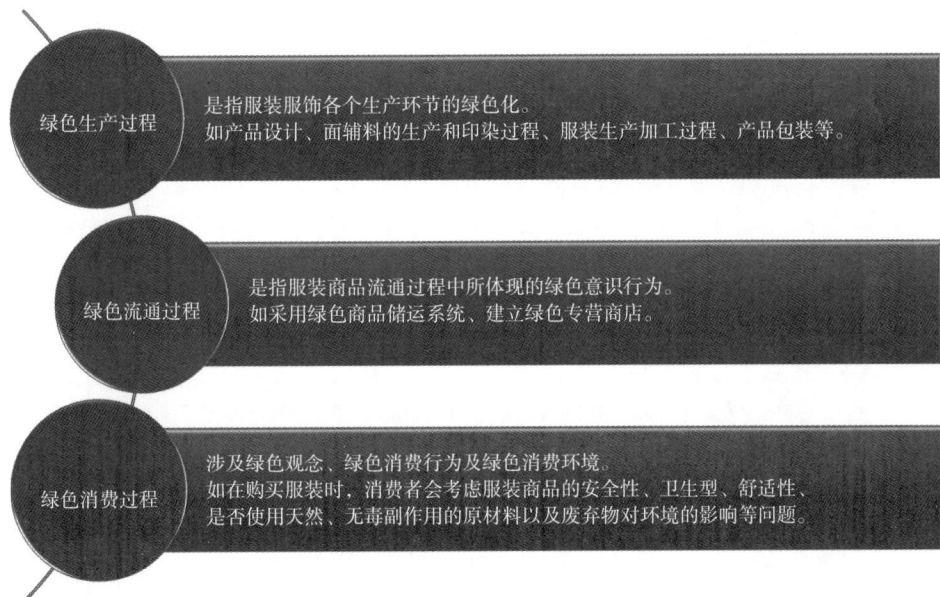

绿色生产过程　是指服装服饰各个生产环节的绿色化。如产品设计、面辅料的生产和印染过程、服装生产加工过程、产品包装等。

绿色流通过程　是指服装商品流通过程中所体现的绿色意识行为。如采用绿色商品储运系统、建立绿色专营商店。

绿色消费过程　涉及绿色观念、绿色消费行为及绿色消费环境。如在购买服装时，消费者会考虑服装商品的安全性、卫生型、舒适性、是否使用天然、无毒副作用的原材料以及废弃物对环境的影响等问题。

图11-5　服装绿色营销的内容框架

二、服装绿色营销的管理流程

图11-6为服装绿色营销的管理流程，具体如下：

1. 树立绿色营销观念

绿色营销观念即服装企业在营销全过程中都强调"绿色因素"，主要包括：注重服装消费者绿色需求的调查与引导；注重安全、优质、低能耗、少污染的绿色服装产品的开发和生产；注重服装定价中的绿色因素；在资源价值观中确立绿色营销观念；提高服装企业家绿色营销观。

2. 制订绿色营销战略

绿色营销战略主要包括制订服装清洁生产计划、绿色产品开发计划、环保投资计划、绿色教育计划、绿色营销计划等。在服装绿色营销战略实施当中，导入服装企业形象识别系统，对于提高服装生产企业自身保护能力、增强服装企业竞争意识和拓展市场具有重要的意义。比如，制定统一的绿色产品标志系统，加强绿色产品标志管理等。

3. 搜集绿色信息

绿色信息包括：绿色消费信息、绿色科技信息、绿色资源和产品开发信息、绿色法规信息、绿色竞争信息、绿色市场规模信息等。

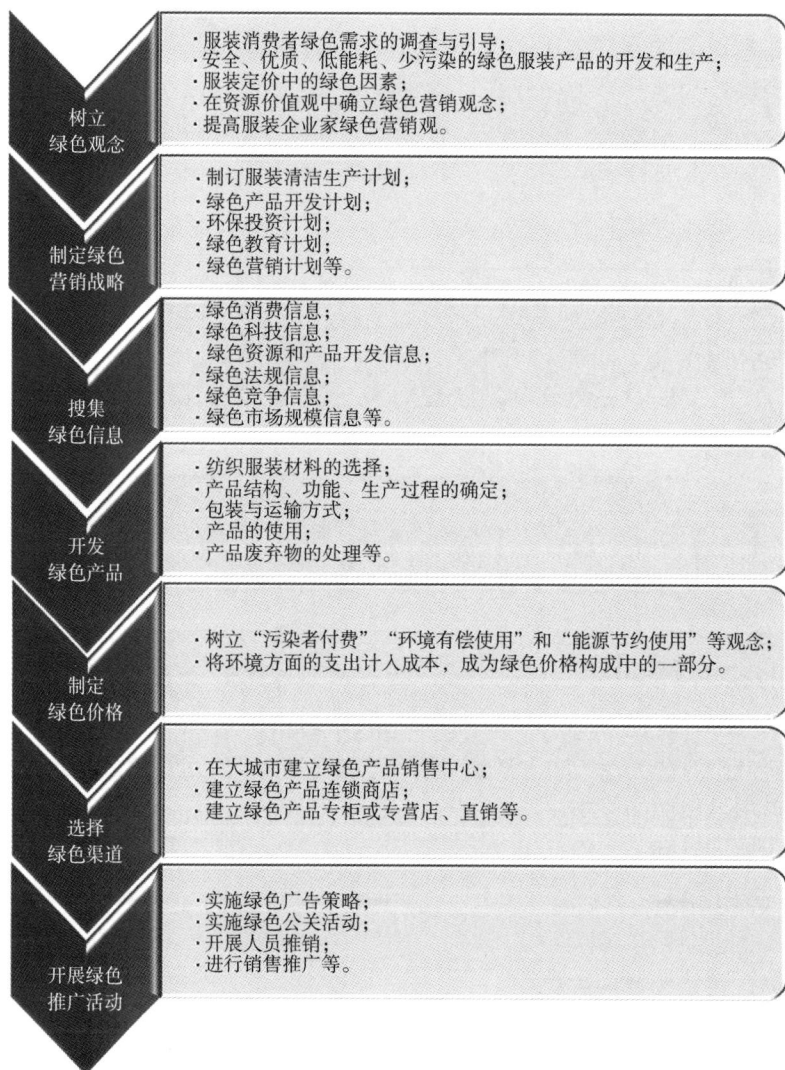

图11-6　服装绿色营销管理流程

4. 开发绿色产品

绿色服装产品开发是企业实施绿色营销的支撑点。开发绿色服装产品，需要从产品设计开始，包括纺织服装材料的选择，产品结构、功能、生产过程的确定，包装与运输方式，产品的使用以至产品废弃物的处理等都要考虑对生态环境的影响。

5. 制订绿色价格

服装企业在制定价格时要树立"污染者付费""环境有偿使用"和"能源节约使用"等观念，把服装企业用于环境方面的支出计入成本，成为绿色价格构成中的一部分。绿色产品在环保方面投入的增加使其成本高于普通产品，因而价格也应当定得高些。

6. 选择绿色渠道

绿色渠道包括在大城市建立绿色产品销售中心，建立绿色产品连锁商店，建立绿色产品专柜或专营店，直销等。

7. 开展绿色推广活动

绿色推广活动可从广告、公共关系、人员推销和销售推广等方面入手。比如实施绿色广告策略，其功能在于强化和提高人们的环保意识，使消费者将个人消费和人类生存危机联系起来，使消费者认识到错误的消费将影响人类的生存并最终有害于个体，这样消费者就会选择有利于个人健康和人类生态平衡的绿色产品。实施绿色公关活动，帮助企业更直接、更广泛地将绿色信息发布到细分市场，给服装企业带来竞争优势。

第四节　服装绿色营销策略

一、倡导服装绿色营销观念

营销观念作为指导整个产品流程的中心思想，直接关系着产品的趋势和走向，树立绿色观念就是要贯穿于服装产品从原材料选择、生产制造乃至包装、回收、废弃等全过程。比如，1918年创立于美国的知名户外登山鞋品牌添柏岚（Timberland）作为绿色服装营销策略的先行者，其体现社会责任的宣传海报（图11-7）："始终致力于可持续产品和创新、绿色环保举措以及社区服务，努力使我们的生活环境更美好。"无不彰显其所具有的社会责任感。

二、重视服装绿色产品策略

服装绿色产品策略中需要注意以下几个方面：

1. 注重绿色技术创新

因为绿色技术创新可以降低产品成本，是绿色技术从思想形成到推向市场的全过程。在纺织服装领域可以进行原材料的创新，或是努力开发运用天然材料，或是对传统材料进行生态化改造，从而控制好产品生命周期的源头；同时，在服装产品的生产和加工过程中，注重伴随而来的生产和加工工艺的改变并进行相应的技术创新，包括开发以零排放为目标的污染预防技术，开发以减少废弃物污染环境为目的的末端治理技术等。比如，Timberland在2020

年所倡导的可持续发展行动计划中承诺100%服饰产品将采用经过认证的有机棉，或可循环利用的优质棉（图11-8）。

图11-7　Timberland的社会责任宣传海报
（图片来源：Timberland官网）

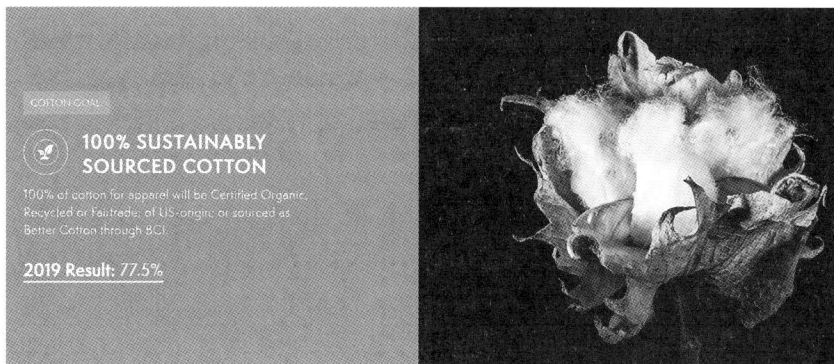

图11-8　Timberland 2020年绿色行动的目标
（图片来源：Timberland官网）

再如，李宁公司与日本著名的纤维制造商帝人株式会社合作，使用环保ECOCIRCLE面料而推出的环保服装系列中，ECOCIRCLE的前生可能是旧衣服、废报纸，甚至可乐瓶等，然而它可以像普通织物一样被裁剪成时尚服装，当这种衣服旧了、脏了的时候，消费者可以把它送到指定回收地点，通过粉碎再次制成衣物，一件衣服在如此无限循环往复的过程在中实现永生；Levi's回收旧牛仔裤，倡导低碳简约型生活方式；ZUCZUG女装品牌主打手语系列，从环保的有机棉材质、循环再生的纽扣，到可自然分解的塑装袋，在保证穿着舒适的同时尽量减少对居住环境的破坏，并在衣服的领标处对有机棉产品加以说明；还有，国际上许多设计师在产品设计中纷纷采用棉纤维（有机棉、彩色棉、不皱棉）、Lyocell纤维以及麻类纤维、植物蛋白纤维、天然环保纤维或甲壳素纤维、奶类蛋白纤维等；设计师Emily Todhunter为专门从事社会和生态纺织加工的O-Ecotextiles公司推出的有机面料系列产品，所有纤维都经过无毒加工，使用的是大麻、竹子、马尼拉麻、亚麻和蚕丝等天然纤维，甚至使用的颜料都具备有机证书。这些纤维的种植过程是有机的，避免使用杀虫剂和化学制品，无须大量使用淡水。

2. 加强绿色服装产品的设计

在服装的设计过程中，要综合考虑材料选择、产品制造、品牌、功能、包装、回收、节能、无污染、安全等各种因素。也就是说，要引入产品生命周期观念，采用生命周期工程设计，目标是使所设计的产品对社会的贡献最大，而对制造商、用户和环境的成本最小；运用产品生命周期评估技术进行绿色产品设计，对整个生命周期的各阶段进行分析设计、成本评估，并将评估结果用于指导设计和制造方案的决策。比如，在服装产品设计阶段就考虑产品整个生命周期内的价值，除包括产品所需的功能外，还包括产品的可生产性、可测试性、可运输性、可循环利用性和环境友好性，把产品对环境的影响减小到最低程度。

例如，Timberland男式地球守护者—原始皮革—6英寸靴子（图11-9）采用了可拆开的产品设计方案，且充分利用回收的、可再生材料，其中透气的织物内衬由50%的PET（回收塑料瓶）制成，耐用的橡胶凸底由15%的再生橡胶制成。当此款产品在寿命终止时，多数部件又可以被回收而再利用在新鞋款中。这正符合了该品牌"宁可多回收一些部件，也不希望消费者丢弃整双鞋子"的初衷。

最近，Timberland品牌与其母公司VF集团的其他品牌一起发布了9款最具代表性产品的完整供应链透明度足迹图，如图11-10所示。这些源头地图可在VF的可持续性网站上获得，有助于确保VF服装和鞋类生产从原材料提取到VF配送中心的每一步骤都符合公司的质量、可持续性和社会责任标准。交互式地图显示了区域内供应商的数量和位置，用户可以放大查看每个供应商的近况，包括现场检查、核实和员工访谈。

3. 绿色服装产品生产

主要指服装生产过程应是"清洁生产"，包括清洁生产过程和清洁产品两方面。清洁生产既可满足人们的需要，又可合理使用自然资源并保护环境，其实质是一种物料和能耗最少的人类生产活动的规划和管理，将废物减量化、资源化和无害化。

图11-9　Timberland地球守护者鞋子展示图
（图片来源：Timberland官网）

例如，来自瑞典的户外品牌火柴棍（Haglofs），强调了以消耗最少资源的方式进行生产，做到在生产制造环节的节能减碳，尽量减少对环境的危害。该公司可持续发展总监Lennart Ekberg先生提到，火柴棍最关注从产品本身去解决可持续发展的问题，主要涉及产品本身原料的来源和产品生产过程两方面，即原料端和制造端。从原料选择到生产过程，该公司采用了全球最严格的相关认证标准蓝色标志标准（Bluesign Standard）。以2012年的服装产品为例，超过1/3的服装完全采用了通过蓝色标志标准认证的面料。在产品制作过程中，除了产品本身制造过程环保外，火柴棍首选通过公平服装基金会（Fair Wear Foundation）认证的工厂进行合作，旨在督促服装行业的生产商关于员工福利、待遇、工作环境和环保等各项问

图11-10　Timberland鞋子供应链足迹图
（图片来源：Timberland官网）

题的改善。

再如，李维斯（Levi's）继推出ECO有机棉牛仔系列后，又推出了无水（Waterless）系列，将节水的环保新工艺用于牛仔裤的生产过程中，在制造成本与普通牛仔裤相当的情况下，整个工序耗水量平均降低了28%。据李维斯官方公布数据称，2011年春夏牛仔裤销量超过150万条，总计节约用水达1600万升左右。Levi's在其官方网站上以漫画形式披露了牛仔裤从面料生产到后整理的全过程，让消费者了解到，将衣服穿在身上毕竟不用耗费任何电或汽油，但对棉花以及其他化纤材料需求量的不断增加却消耗了大量的水资源和肥料。除此之外，从生产运输直到最终的清洗和保养，也需耗费大量能源。

据报道，2019年8月23日，全球32家时尚和纺织业巨头在法国共同签署了一份具有历史意义的*Fashion Pact*《时尚公约》，设立可持续时尚联盟，围绕减缓气候变化趋势、恢复物种多样性、海洋保护等三大主题做出了郑重的承诺。参与本公约签署的包括法国的奢侈品集团开云（Kering）、香奈儿（Chanel）、爱马仕（Hermès）、意大利的奢侈品集团阿玛尼（Giorgio Armani）、英国的奢侈集团博柏利（Burberry）、美国的运动品巨头耐克（Nike）、中国香港的利丰集团等著名时尚和纺织企业。其中，国内全球知名科技纺织与时尚品牌运营商如意控股集团（以下简称"如意集团"）是唯一受邀加入该联盟的中国内地企业。

为了践行全产业链绿色发展，如意集团淘汰了高污染、高耗能、高排放、低效率的落后产能，建立起了两大天然纤维原料基地、六大绿色化纺纱基地、七大智能化面料制造基地、八大数字化服装制造基地。为了进一步推动集团的可持续发展进程，如意研发了全新的生产、制作技术，并借助数字科技的力量打造了独特的绿色工厂体系（图11-11）：

（1）绿色设计。通过优选原料、技术革新、工艺优化、循环利用与创意设计打造独特的绿色设计平台，以客户为中心，结合科技、时尚与环保理念实现产品绿色设计。

（2）绿色标准。主导制定并颁布实施绿色相关的7项国家标准、8项行业标准、4项地方标准，先后通过ISO 101环境管理体系认证与国际环保纺织协会OEKO-TEX Standard 100认证。

（3）清洁生产。停止使用传统染色技法与有害化学物质，研发环保"乙醇染色技术"，实现纺织品无盐无水染色，降低面料染色时间、实现节能减排。

（4）绿色供应链。研发"高效短流程嵌入式复合纺纱"技术，缩短制作流程，提高原料利用率；自主研发检测单锭等成套信息化系统，提高工人工作效率；建设数字化色彩管理系统，缩短生产周期，减少制版成本和工艺流程，降低污水排放和能源消耗；使用基于大数据和云计算的"无缝纫服装技术"，降低原辅料损耗，缩短生产周期。

图11-11　如意绿色工厂体系示意图

4. 推行绿色环境标志

绿色环境标志是由政府部门、公共或民间团体依照一定的环保标准，向申请者颁发并印在产品和包装上的特定标志，用以向消费者证明该产品从研制、开发到生产、运输、销售、使用直到回收利用的整个过程都符合环境保护标准，对生态环境和人类健康均无损害。绿色环境标志是服装企业国际营销中突破绿色壁垒的关键证明。目前，纺织服装领域中具有代表性的绿色标志有以下几类：

（1）欧盟ISO 14000（图11-12）环境管理系统。要求欧盟国家的产品从生产前到制造、销售、使用以及最后的处理阶段都要达到环境管理系统所规定的技术标准。这一系统提供了以预防为主、减少或消除环境污染的办法。

（2）欧洲纺织品服装生态标签认证。欧盟在纺织品服装领域主要有生态标签和生态纺织品认证两种绿色标签，相应的有"生态标签"认证标准（Eco-label）（图11-13）和"生态环保纺织品"标准（Oeko-Tex Standard 100）（图11-14）。这些已成为鉴定绿色纺织品服装

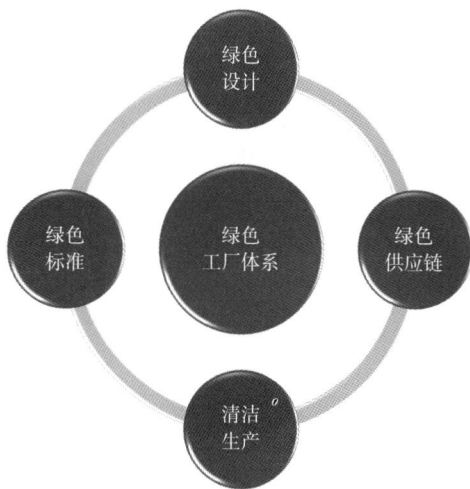

图11-12　ISO 14000概念图
（图片来源：百度百科）

图11-13　Eco-label标志
（图片来源：百度百科）

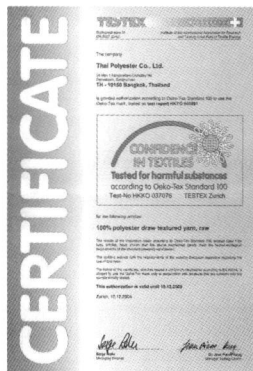

图11-14　Oeko-Tex Standard 100标签
（图片来源：百度百科）

的重要标准。它主要要求相关生产企业实现生产过程清洁化、无毒化和无害化。生态标签标准涉及纺织品原料、生产、产品本身和耐用性等方面；生态纺织品认证主要关注纺织品服装本身，前者比后者的要求更严格。

MADE IN GREEN by OEKO-TEX（图11-15），作为可追溯的产品标签，想要获得此绿色标志，服装纺织品或皮革制品必须通过有害物质检测，且在注重环保、具有社会责任的工厂中生产，从生产过程和最终成品两方面保障产品的生态性，由此被绿色和平组织认定为最严格的标签之一。

图11-15　MADE IN GREEN 绿色标志
（图片来源：海恩斯坦官网）

5. 品牌和包装绿色化

服装企业在给产品命名和选择品牌时，要符合绿色标志的要求，符合"环境标志"。在品牌和包装的设计过程中，要突出环境保护意识，使人们在接触到该产品时，就会联想到优美的环境和生态的平衡。

6. 重视售后服务绿色化

尽量考虑服装废弃物的再生利用性、可分解性，并提高包装品及其他废弃物的回收，旨在避免造成环境污染、减少浪费，同时提高资源的重复利用率。对于那些不能回收或利用率太低的服装废旧物，可以通过绿色降解来解决。绿色回收是指在整个生产链条上产品的废弃物的回收。比如，Timberland有近80%的鞋类中含有回收材质，所有回收回来的橡胶大底、麻制的鞋帮、鞋带以及靴子内部的构造部分，均要经由设计、产品开发以及生产团队的不断测试后方可再利用。此举一方面减少了废弃物对环境的破坏，另一方面又提高了资源的重复利用率，可谓一举多得。

三、强化绿色分销渠道策略

服装经过绿色生产过程之后，便进入绿色流通过程。只有实现流通过程的绿色营销，才能使生产出来的服装最终到达消费者的手中。为了实现流通环节的绿色化，企业可建立专门的绿色专营商店，或者绿色商品储运分销网络，即绿色分销策略。服装的绿色分销策略包含分销渠道的选择、绿色宣传分销渠道以及绿色服装回收通道的建立三部分。

1. 分销渠道的选择

借鉴国外成功的连锁店，考虑到与消费者距离的远近以及与消费者沟通互动的便利性，分销渠道选择以零级渠道和一级渠道为主。

2. **绿色宣传分销渠道**

通过不断宣传企业的绿色化营销战略，有助于消费者了解和接受分销渠道的绿色概念，帮助企业在消费者心中树立良好的企业形象，引领绿色消费，取得良好的社会效益和经济效益。从长远来看，流通环节的绿色化可以很好地帮助企业打造文化软实力，对于提高企业的社会影响力来说具有积极作用。

3. **服装绿色回收通道的建立**

回收废旧服装可以有效防止污染，提高资源利用率。例如，2013年，美国户外品牌巴塔哥尼亚（Patagonia）推出服装修补回收（Worn Wear）项目（图11-16），旨在鼓励消费者在服装生命周期内，重复使用和回收商品，减少垃圾和环境废料，最终实现其改变消费者与商品之间的关系的目的。Patagonia还与日本帝人集团合作，通过构建服装绿色回收通道，共同推出衣物循环回收利用计划，客户可将他们穿旧不用的服装再利用作为新的原料。据报道，使用穿旧不用的排汗速干衣回收作为新的涤纶原料，对环境的影响远低于用原生原料来做新的服装，可节省约76%的能源，并减少71%的温室气体排放。

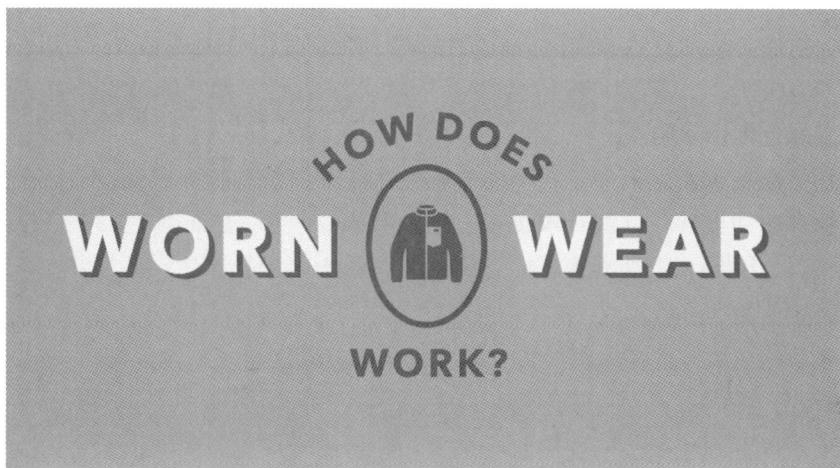

图11-16　Worn Wear服装回收计划的海报
（图片来源：Patagonia官网）

四、关注绿色价格策略

服装绿色营销中，价格一直是一个棘手的问题。而要实现服装绿色营销，绿色价格策略是重中之重。服装绿色营销价格策略能否实现取决于企业服装绿色价格的制订策略与消费者绿色认知价值两者之间的博弈结果。

1. **绿色价格的制订策略**

绿色价格是指企业将用于环保方面的支出计入成本，构成绿色价格中的一部分，因此，绿色服装中的环境有偿使用费导致绿色服装的价格高于普通非绿色服装商品的价格。但长期以来，由于消费水平的限制，国内居民在购买服装时依旧非常看重价格，所以相对较高的价格便形成了消费者购买绿色产品的一大障碍。据相关报道，消费者声称愿意支付不高于20%

的价格购买绿色服装，但在实际购买过程中，大部分消费者却依旧会忽略环境影响而选择购买低价格的服装，由此不难看出消费者在价格价值和社会价值之间的权衡结果。这就要求服装企业在开拓市场的初始阶段将绿色产品价格控制在合理区间，使消费者有能力去尝试和消费，而当消费者从最初的尝试慢慢发展为必要行为时，企业则可以适当地调整价格体系，增加企业效益。

绿色价格受消费者的需求、产品的成本和价值以及竞争状况三个因素的影响，由于以上三个因素均动态变化，因此，要求服装企业根据三个因素之间的内在关联性实施绿色服装产品组合定价策略，其实质是发挥价格的调节作用，协调好消费者与企业或者企业与社会之间的关系，最终达到保护环境和企业盈利的目的。

2. 消费者的绿色认知价值

消费者的绿色认知价值即消费者在接受制定的价格策略上的接受程度如何。为了提高消费者对绿色价格的认知、价值判断能力以及接受程度，要求服装企业采取一些措施以影响和引导消费者的价值判断。首先要提高企业的信誉度，其次是增加产品价值，做优质产品，最后要通过宣传增加附加值属性。只有做到以上几点，才能实现消费者的价值判断与服装产品的价值策略的一致性，从而有效发挥价格策略在服装绿色营销中的重要作用。

五、突出绿色促销策略

绿色促销策略要求企业摒弃以往单纯的刺激、鼓励消费的传统模式，引导消费者形成绿色消费的习惯和生活方式。这就要求企业内部要形成专业素质强的绿色营销团队，对外通过一系列促销策略，引导和鼓励消费者树立绿色消费观念、接受绿色产品，并在消费者心目中树立绿色服装企业的良好形象。

绿色促销策略主要体现在绿色广告和绿色公关两方面。

1. 实施绿色广告

从我国现阶段的绿色服装的发展阶段来看，广告的开展应以引导消费者树立可持续的消费观念为主。例如，Timberland的"无船地面，我们要种一棵树"的广告宣传（图11-17），正是基于消费观念的引导，逐渐引起消费者的注意，并吸引消费者参与到服装行业的环保活动中。

2. 绿色公关

绿色公关主要包含两方面：一方面要加强企业内部绿色制度的制定，培育和宣传绿色企业文化，开展绿色企业的建设；另一方面要注重对外公关活动的开展，在各类服装博览会、服装发布会上利用媒体力量开展绿色环保宣传。例如，户外服装品牌巴塔哥尼亚（Patagonia）以插画（图11-18）、短片、电影（如《坝之患》《旧衣新穿》）等形式宣传环保理念、展示绿色服装的制作流程等信息，吸引了众多顾客的注意；同时，Patagonia利用逆向思维反向操作，在美国最大购物节"黑色星期五（Black Friday）"上推出"不要购买这件外套"的广告（图11-19），鼓励消费者维修旧物，拒绝过度消费。这种不按常理出牌的营销方式，不仅吸引了许多消费者，而且为该品牌树立了良好的社会口碑。

图11-17　Timberland PLANT THE CHANGE概念图

（图片来源：Timberland官网）

图11-18　Patagonia展销会插画

（图片来源：WGSN）

图11-19　Patagonia黑色星期五广告海报展示图
（来源：搜狐网）

PART 2　项目实操

一、项目目标

掌握绿色营销的意义和作用，了解企业开展绿色营销的策略和方法。

二、项目任务

选择当前某一"老字号"服装品牌，分析该品牌的市场营销策略，探析其进行绿色营销的必要性，并制定相应的绿色营销策略，完成项目策划方案。

三、项目要求

班内同学自由组合，3~4人为一组。选定合适的品牌展开调研，需有过程记录，最终以原始资料为基础数据，完成该品牌的绿色营销策划方案。

四、开展时间及形式

课后实践环节。以二手资料收集为主、企业负责人访谈和现场走访为辅展开项目研究。

五、项目汇报

以PPT形式进行小组项目汇报，注意提供过程记录和调研报告。

PART 3　项目指导

一、准备工作

1. 确定分组

班内同学自由组合，3~4人为一组进行调研。

2. 选定目标品牌

关于"老字号"服装品牌的信息搜集与筛选，确定目标品牌。

二、实施指导

在绿色营销策划方案设计中，明确策划的基本流程：

1. 服装品牌定位

在品牌定位上，要树立绿色营销观念。整个企业都应以绿色营销观念为指导思想，在战略制订到具体实施过程中，始终贯彻一种绿色理念。

2. 服装产品的设计与开发

从绿色服装产品研发，到整个绿色营销流程的制订，均直接决定着服装品牌绿色营销战略能否成功。在产品设计与开发中，需考虑产品本身的安全性和卫生性、产品的降耗节能性、产品的易回收处理性等。

3. 服装产品的价格

服装产品的价格应考虑当前与长期的成本趋势、消费者的价格敏感性以及市场的绿色化程度，进而制订合理范围内的价格。

4. 服装产品包装绿色化

服装产品包装绿色化主要表现在：减少产品的包装物，使用可重复使用的包装材料，以及使用可降低材料制成包装物等。

5. 绿色促销活动

绿色促销活动包括绿色广告、绿色公关、绿色人员推销和营业推广等环节，需在经典环节做出创新。

6. 开辟绿色渠道

绿色产品有效的铺货，即产品的可获性，会影响绿色价格，并影响企业的绿色形象。

7. 引导绿色消费观念

根据服装绿色消费双向性的特点，一个完整的绿色营销过程应包括对消费者习惯和消费倾向的引导和教育；而对于引导消费者的绿色观念，应包含在服装绿色营销的各个环节。

PART 4 案例学习

"为地球请命"的环保主义者——巴塔哥尼亚（PATAGONIA）

作为全球功能与生活方式服饰设计与营销的领导者PATAGONIA，被誉为美国户外品牌中的古驰（Gucci）。与其说它是一家企业，不如说它是一个喜欢"为地球请命"的环保主义者，其企业宣传中无不透露出环保的气息。

一、积极投身环保事业

2001年，该公司创始人Yvon Chounard先生与Blue Ribbon Flies的创始人Craig

Mathews共同创立名为"1% for the Planet"的组织（图11-20），承诺每年将营业额的百分之一捐给环保非政府组织（NGO），致力于拨款给基层环保组织以增加其行动成效。自1985年以来，巴塔哥尼亚已经向国内和国际基层环保组织提供了超过8900万美元的现金和实物捐助，使当地社区发生了较大的变化。

二、注重环境保护与资源节约，减少供应链对环境的影响

PATAGONIA在全球率先向自己征收地球税，把该公司在全球各地销售额的1%用于当地的地球保护。在资源节约方面，PATAGONIA公司总部所有电力均来自室外太阳能电池板，最早发起资源再生的号召，回收上千吨的可乐瓶用于制造再生材料服装，反对使用会使土地恶化、让人致癌的化肥和农药，所用棉花均为天然无害的绿色生态棉。正是因为PATAGONIA积极倡导环保绿色的理念，使得包括美国总统克林顿在内的政治家和演艺明星均以拥有PATAGONIA服装为荣。

PATAGONIA公司与科研公司合作研究发现，25个回收的塑料瓶可以重新制造一件羊毛（fleece）抓绒外衣（图11-21），成为全球首家利用回收塑料瓶制造fleece抓绒衣服的品牌，改变了以往抓绒衣只能用原聚酯纤维（Virgin polyester）为原材料的现状。从1993年到2003年期间，共"拯救"8600万个塑料瓶。利用回收塑料瓶代替原聚酯纤维每制造150件fleece抓绒衣服，就能节省42加仑的燃油和减少排放0.5吨的有毒气体。

1994年，Chounard先生决定在两年内将PATAGONIA品牌的服装全部改用有机

图11-20 "1% for the Planet"的LOGO
（图片来源：PATAGONIA官网）

图11-21 含有51%的回收材料的Re-Tool系列女士抓绒衣
（图片来源：PATAGONIA官网）

棉。当时，棉制服装（图11-22）占公司总销售额的20%，如果改用有机棉会使成本增加多少，或收入减少多少均是未知数，许多合作的棉花供应商纷纷拒绝参与此事。因为当时种植有机棉的农夫并不多，一些棉花供应商对有机棉的市场潜力深表怀疑。果不其然，1996年该品牌于采购棉布的成本较1995年增加了三倍，棉制品系列由91个减少到66个。Chounard先生无惧困难，破釜沉舟，定了三个目标：成功推销品牌的有机棉产品、带动服装界其他公司使用有机棉、鼓励种植有机棉花。其中，后两个目标能否达成依赖于第一个目标的达成情况。最终，PATAGONIA公司凭着降低有机棉产品的边际利润，拉近了有机棉与非有机棉产品价格的差距，成功使顾客转买有机棉产品。

图11-22　Patagonia有机棉卫衣
（图片来源：PATAGONIA官网）

三、积极倡导消费者形成可持续的消费理念

该品牌推崇4R理念，即减量化（Reduce）、维修（Repair）、再利用（Reuse）、再循环（Recycle）。减量化是指企业设计耐穿且流行的服饰；维修是指企业给消费者提供无偿维修服务；再利用是指企业给顾客创造销售与捐赠的旧衣物服务平台，无须客户自身处置旧衣服；再循环是指企业通过最为环保的方法来回收旧衣服，然后运用于产品加工中。2010年，公司通过举办环保主题活动，在其商店设置警示语，载明"若非必需，慎重购买"的标语，强烈倡议旧衣物的回收与再利用，劝服消费者慎重考虑选择新衣服。企业负责人Yvon Chounard表示：在过去的几年中，经济下行使得消费者降低了衣物的消费支出，消费者更倾向于购买质优耐用的衣服。公司希望民众能考虑环境因素，只消费必需的物品，摒弃任意浪费，降低生活支出。

为了了解如何最好地确定公司目前和未来工作的优先次序，巴塔哥尼亚目前正以"行星边界"的概念为指导，向2050年迈进。由斯德哥尔摩恢复力研究中心（Stockholm Resilience Center，SRC）开发，基于28位国际知名科学家的研究，"行星边界"为气候变化、海洋酸化、陆地系统变化、生物圈完整性等关键变化领域设定9个预防边界。基于这个框架，公司将为提供各项业务的重要影响程度排序，指导公司应该通过做什么而减轻人类驱动的环境变化。

PART 5   知识拓展

绿色营销绝不仅有表面的"绿"！

目前，以环保为主打的绿色营销正日渐成为服装品牌营销的关键词。在"全民环保"意识被唤起之际，品牌和服装企业无疑是消费者了解相关信息的重要渠道之一。而现阶段，不少服装企业对"绿色营销"的理解却仅仅停留在表面或者字面，缺乏对其深层次的理解。绿色营销绝不仅仅是在特定的日子里做些"绿色"海报发发倡议、也不仅仅是在社交媒体上点赞转发绿色环保的相关信息。相反，服装绿色营销是一个涉及服装全产业链的系统体系，是以满足社会和企业的共同利益为目的的社会绿色需求管理系统。

一、H&M实现"旧衣回收"数字化

作为瑞典时装零售巨头的H&M一直被认为不够环保，目前正致力于重塑形象。2013年2月，H&M在全球展开旧衣回收活动，通过3600多家门店向顾客回收1000吨闲置衣物，实现纺织品的闭合循环。2019年4月3日，H&M与阿里巴巴旗下的天猫、闲鱼和支付宝蚂蚁森林合作，首次将旧衣回收项目放在线上来完成，期望吸引更多消费者关注可持续时尚的未来。消费者只需登陆H&M的天猫旗舰店，点击首页"旧衣回收"入口，就能通过闲鱼完成线上回收衣物操作。快递员上门取走旧衣后，消费者便能领取天猫旗舰店优惠券1张。

2013年2月，H&M集团和德国SOEX Group旗下专业从事废旧纺织品再生利用的I：Co公司合作，共同推出了全球服装收藏计划项目（图11-23）。I：CO公司是一家集收集、分类、再利用于一体的全球合作伙伴，提倡将捐赠衣物进行专业的分类处理。在H&M集团内，H&M、Weekday、Monki、& Other Stories和Afound的所有门店，为顾客提供二手纺织品的回收，他们将回收的衣物鞋子分为三类分别处置：可再穿的将作为二手衣服出售、可再利用的将被转化为其他产品、可回收利用的将制成新的纺织纤维。同时，每收集1 kg纺织品，H&M集团便将其中的0.02欧元捐赠给当地慈善机构。

二、阿迪达斯（Adidas）发布全新环保跑鞋 FUTURECRAFT.LOOP

近年来，阿迪达斯开始强调环保、可持续的理念。2015年，阿迪达斯携手海洋环保组织Parley for the Oceans推出海洋环保系列，其鞋面采用从海洋废塑料和非法深海刺网中回收而来的再利用纱线。2019年4月，阿迪达斯在纽约发布了第一款"为重制而作"（MADE TO BE REMADE）的FUTURECRAFT.LOOP跑鞋（图11-24）。该鞋每个部件均由100%可重复使用材料制成，且不使用胶水，属于一款整体可回收的运动跑鞋。首代FUTURECRAFT.LOOP跑鞋限量200双，由品牌商于纽约发布会上赠予来自全球各地的200位体验者。在体验者试穿一段时间后，阿迪达斯公司将其收回并经清洗、粉碎和溶化等过程进行二次生产，最终打造出另一双全新鞋款，这就意味着一双鞋的终结将促使另一双鞋的诞生。这种创新理念为运动行业生产模式的转变带来了启发。该系列跑鞋被美国《时代杂志》（*TIME*）周刊列为2019年100项最佳创新产品之一。

图11-23 H&M全球服装收藏计划项目宣传海报
（图片来源：H&M官网）

图11-24 阿迪达斯环保跑鞋FUTURECRAFT.LOOP概念展示图
（图片来源：搜狐网）

三、环保艺术展

2019年4月22日，在一年一度的世界地球日，不少品牌都以环保和绿色为主题，发起了一系列营销活动。国潮品牌MYGE在北京打造了一场名为"零塑都市"的环保潮流艺术展。品牌希望通过艺术展的形式，引发人们对于环保的思考。作为国内颇有人气的潮流品牌，MYGE以参展的三位国际级插画艺术家Jon Burgerman、Josh Cochran和Jun Cen的原创作品为灵感，设计出限量产品系列，为艺术展览注入了鲜明的风格和力量，吸引众多年轻人积极参与并关注环保议题。女装品牌茵曼携手何香凝设计学院等，在广州举办了第三届"衣起重生"环保艺术展。展览中品牌通过接触获奖作品的体验区、带来视觉冲击的灯光及镜面区，以及环保手工互动区，营造出沉浸式的环保艺术氛围，带领消费者深入思考环保的意义和价值。

　　总之，随着公众环保意识慢慢觉醒，越来越多的服装品牌开始借助"绿色营销"与消费者互动沟通，利用环保包装，或开发融合前沿科技的可持续产品，加之亮眼设计和创新材质，不仅可以吸引消费者关注，更有利于提升品牌形象。当然，环保并不仅是品牌和企业的社会责任，更需要大众的积极参与。对服装品牌而言，学会将环保的信息融入消费者日常生活中，不要把绿色营销停留于表面的"绿"，而是加深他们对品牌与环保的关联，从人与地球的角度来看待绿色营销，才是一场有意义的绿色营销。

参考文献

［1］赵平.服装营销学［M］.北京：中国纺织出版社，2015.

［2］常亚平，吕彪.服装市场营销学［M］.武汉：湖北美术出版社，2006.

［3］刘小红，刘东，陈学军，等.服装市场营销（第4版）［M］.北京：中国纺织出版社，
2019.

［4］潘力.服装市场营销管理［M］.沈阳：辽宁科学技术出版社，2005.

［5］杨以雄.服装市场营销［M］.上海：东华大学出版社，2010.

［6］陈伟民，温则平.服饰营销学［M］.北京：中国轻工业出版社，2004.

［7］梁建芳.服装市场营销［M］.北京：化学工业出版社，2013.

［8］梁建芳.服装市场营销［M］.北京：中国纺织出版社，2002.

［9］张纪文，苗勇，钱安明.服装市场营销［M］.合肥：合肥工业大学出版社，2009.

［10］卢泰宏.消费者行为学（第3版）［M］.北京：中国人民大学出版社，2018.

［11］张星.服装流行学（第3版）［M］.北京：中国纺织出版社，2015.

［12］朱华，窦坤芳.市场营销案例精选精析［M］.北京：中国社会科学出版社，2009.

［13］徐鼎亚.市场营销学（第五版）［M］.上海：复旦大学出版社，2015.

［14］严中平.中国棉纺织史稿［M］.北京：商务印书馆，2017.

［15］郭燕.改革开放30年中国纺织品服装出口贸易发展阶段分析［J］.纺织导报，2008（06）：
18-22.

［16］孟杨.市场改变中国，催壮行业——纺织服装专业市场30年［J］.纺织服装周刊，2007
（47）：28-33.

［17］佚名.中国纺织品服装出口贸易发展分析［EB/OL］2008-7-7.

［18］美国国际咨询研究所评各国纺织劳工工资情况［EB/OL］.2009-2-11.

［19］马雪飞，张晓明，周灵.浅谈时装表演的经济效应［J］.商场现代化，2008（21）：27.

［20］张雅妮，全鹏.浅谈广告设计中的POP广告［J］.科技资讯，2009（28）：220.

［21］杨立.企业市场进入策略中营销渠道决策研究［D］.成都：西南财经大学，2004.

［22］余世明，晁岳磊，缪仁将.自动售货机研究现状及展望［J］.中国工程科学，2008，10
（07）：51-56.

［23］李清娟，王劲.百货店发展问题研究［J］.商业研究，1997（11）：12-13.

［24］徐印州，高辉.论无店铺销售［J］.广东商学院学报，2004（05）：9-13.

［25］张庚淼，陈宝胜.营销渠道决策系统分析［J］.科技与管理，2000（01）：22-25.

［26］宁俊，李晓慧.服装营销实务与案例分析［M］.北京：中国纺织出版社，2000.

［27］谭颖，李文安.市场营销学［M］.北京：中国纺织出版社，1994.

［28］曹亚克，王亚超，马翠华.服装市场营销教程［M］.北京：中国纺织出版社，2000.

［29］Chandon P，Wansink B，Laurent G. A Be-nefit Congruency Framework of Sales Promotion
Effectiveness［J］. Journal of Marketing，2000，（64）：65-81.

［30］ Kahneman D， Tversky A. Prospect Theory： An Analysis of Decision under Risk［J］. Econom- etrica，1979，（47）：263–291.

［31］ Kotler P. Marketing Management：Analysis， Planning， Implementation， and Control. 9th Ed.［M］. New Jersey： Prentice Hall Inc.，1998.

［32］ Kramer T， Kim H. M. Processing Fluency versus No velty Effects in Deal Perceptions ［J］. Journal of Product and Brand Management，2007，16（2）：142–147.

［33］ Nunes J C， Park C W. Incommensurate Re- sources： Not Just More of the Same［J］. Journal of Marketing Research，2003，（40）：26–38

［34］ Raghubir P J， Inman J， Grande H. The Three Faces of Consumer Promotions［J］. California Management Review，2004，46（4）：23–42

［35］ W. Ronald Lane ，J. Thomas Russell. 广告学［M］.宋学宝，翟艳玲，译.北京：清华大学出版社，2003

［36］ 马士华.新编供应链管理［M］.北京：中国人民大学出版社，2013.

［37］ 侯方淼.供应链管理［M］.北京：对外经济贸易大学出版社，2004.

［38］ 马士华.供应链管理［M］.北京：中国人民大学出版社，2017.

［39］ 梁建芳.服装物流与供应链管理［M］.上海：东华大学出版社，2009.

［40］ Jeremy A Rosenau， David L Wilson. Apparel Merchandising——The line starts here.［M］. New York： Fairchild publications， Inc. 2001.

［41］ Leslie Davis Burns， Nancy O Bryant，（Oregon State University）. the business od fashion —— designing， manufacturing and maketing［M］. New York：Fairchild Publications， Inc. . 2002

［42］ 陈培爱.广告学概论［M］.北京：高等教育出版社，2014.

［43］ 李国强，苗杰.市场调查与市场分析［M］.北京：中国人民大学出版社，2010.

［44］ 佚名.疫情之下，常熟天虹服装城与商户的携手逆袭之路［EB/OL］.2020–07–25.

［45］ 佚名.纽约展线上展举行，16个国家和地区450家公司互联互通［EB/OL］.2020–07–24.

［46］ 池莉.记忆中那些消失的本土老品牌［EB/OL］.2011–03–28.

［47］ 若雨.真维斯真再见了？［J］.国企管理，2020（3）： 104–106.

［48］ Hellopr.德国CY服装品牌整合营销［DB/OL］.海诺公关（公众号），2014–05–14.

［49］ 刘润.红领：大数据时代最牛的"裁缝"［J］.商业评论，2015，（5）：60–67.

［50］ 范福军，钟建英，卢德华.试论服装行业产业链整合［J］.纺织导报，2010（04）：22–25.

［51］ 赵艳丰.破解沃尔玛供应链管理"硬伤"［J］.物流时代，2014，000（009）：79–81.

［52］ 杨建.获取全球供应链竞争优势的战略要点［J］.石油石化物资采购，2011，46（11）：38.

［53］ 许慧.当代大学生消费观存在的问题及其对策探析［J］.法制与社会，2020（16）：139–140.

［54］ 沈晓悦，赵雪莱，李萱，等.推进我国消费绿色转型的战略框架与政策思路［J］.经济研究参考，2014（26）：13–25.

［55］ 甄珍.从玛丝菲尔到歌力思，国产女装突出重围［J］.中国纺织，2016（2）：114–116.

［56］ 周琳.对话Z时代，逆市中森马打造"有记忆度的品牌"［EB/OL］.2020–06–10.

［57］ 李菊.基于CLO3D的虚拟服装设计［J］.科技资讯，2019，17（04）：22–23.

［58］刘威风，曹晓芳，杜世杰，许笑凡. 百货业服装商品价格构成分析及调查研究［J］. 时代经贸，2016（17）：73–76.

［59］曾丽君. 我国无店铺销售发展的困境及对策研究［D］. 长春：吉林财经大学，2011.

［60］徐敏. 电子商务环境下传统服装企业营销渠道冲突管理研究.［D］. 金华：浙江师范大学，2012.

［61］张晓珍. 我国进口跨境电商市场营销策略研究——基于网易考拉案例的分析.［D］. 北京：对外经济贸易大学，2018.

［62］王妃. 新媒体时代企业危机公关策略研究［D］. 南昌：江西财经大学，2015.

［63］朱冠霖. 基于服装品牌在新媒体营销中的策略分析与研究［D］. 长春：吉林大学，2017.

［64］宣耿珺. 休闲服饰行业新媒体营销策略研究［D］. 兰州：兰州理工大学，2014.

［65］孙建昆. 社交媒体的营销意义［J］. 互联网周刊，2013（23）：38–39.

［66］曹毅. 社会化媒体在市场营销中的实践探索［J］. 环渤海经济瞭望，2020（04）：34–35.

［67］胡娜，张倩芸. 微信营销在服装行业中的运用［J］. 企业改革与管理，2020（10）：109–110.

［68］毛羽. 移动互联网时代微博营销策略分析［J］. 全国流通经济，2019（36）：113–115.

［69］第45次《中国互联网络发展状况统计报告》

［70］第46次《中国互联网络发展状况统计报告》

［71］李明文，许田甜. 试析新媒体环境下的用户行为特征［J］. 新闻知识，2017（06）：46–48.

［72］白艳慧，王宏付. 服装品牌联名营销策略分析［J］. 服装学报，2019，4（04）：366–371.

［73］王荣荣，沈雷. 新零售模式下服装品牌的营销策略分析［J］. 毛纺科技，2019，47（04）：62–65.

［74］余宏明. 绿色世纪我国纺织服装业的绿色营销［D］. 苏州：苏州大学，2004.

［75］邢万忠，谭志强，温洪宪，郑建科. 论绿色营销与中国纺织服装产业发展方向［J］. 纺织报告，2018（03）：50–51，66.

［76］许凝. 品牌服装企业绿色营销对消费者感知的影响研究［D］. 北京：北京服装学院，2012.

［77］姚洁，熊兆飞. 服装业发展的"危"、"机"之道——浅谈绿色服装营销［J］. 山东纺织经济，2010（03）：50–52.

［78］崔晓凤. 服装企业绿色营销策略研究［D］. 北京：北京交通大学，2007.

［79］王舒灏，向星烨，徐雅琳，傅师申. 纺织服装绿色营销的特点与功用［J］. 纺织科技进展，2013（02）：82–85.

［80］赵艳丰. 服装企业如何玩转"绿色营销"［J］. 中国纺织，2014（02）：94–97.

［81］张丹青. 基于绿色营销的大学生服装消费行为研究［D］. 杭州：浙江理工大学，2016.

［82］梁建芳，程婉莹. 服装可持续消费行为的研究现状及困境分析［J］. 丝绸，2020，57（06）：18–25.

［83］朱蓉，方刚.户外运动品牌的绿色营销策略分析——以巴塔哥尼亚为例［J］.商场现代化，2019（01）：25-26.

［84］商琳.基于女性消费行为研究的服装品牌绿色营销探究［D］.杭州：浙江理工大学，2018.

［85］王小雷，王洋.服装设计中的可持续设计策略研究［J］.纺织导报，2018（08）：80-83.

［86］周晓蓉.针对亚麻服装品牌绿色营销实施策略的研究［D］.大连：大连工业大学，2013.

［87］张亮，臧莉静，吴东利，王士林.绿色服装生产认证体系探究［J］.纺织导报，2008（08）：88-89.

［88］ZHENG Y，CHI T. Factors influencing purchase intention towards environmentally friendly apparel：an empirical study of US consumers［J］. International Journal of Fashion Design, Technology and Education，2014，8（2）：68-77.

［89］MORGAN L R，BIRTWISTLE G. An investigation of young fashion consumers' disposal habits［J］. International Journal of Consumer Studies，2009，33（2）：190-198.

［90］JACOBS K，PETERSEN L，HORISCH J，et al. Green thinking but thoughtless buying? An empirical extension of the value-attitude-behaviour hierarchy in sustainable clothing［J］. Journal of Cleaner Production，2018，203：1155-1169.

［91］CIASULLO M V，MAIONE G，TORRE C，et al. What about sustainability? An empirical analysis of consumers' purchasing behavior in fashion context［J］. Sustainability，2017，9（9）：1617.